国家级一流本科专业建设成果教材
创新型大学生素质教育教材

化工美育

熊翠蓉　孔　岩　等编著

化学工业出版社
·北京·

内容简介

《化工美育》作为化工类专业创新教材，将美学知识与化工专业知识相融合，旨在提高学生审美感知并激发其想象力，进而通过在专业课程中的情感体验培养学生的创新思维能力。本书的一大特色是深入探索课程美育，内容广泛，在涵盖美育综述、美学代表人物及其思想的基础上，列举大量化工专业课程与美育相结合的实例，创造性地设置“专美结合”专题，引领学生在化工专业课学习中实现审美教育的自然渗透。

本书为普通高等学校美育通识教材，是化工、化学、生物、药学、材料、能源、环境以及食品等相关专业的“专美结合”教材；是创新创业教育教材；也可供“文工及文理”交叉学科工作人员参考。

图书在版编目（CIP）数据

化工美育 / 熊翠蓉等编著. — 北京 ：化学工业出版社，2025. 8. —（国家级一流本科专业建设成果教材）. — ISBN 978-7-122-48432-1

Ⅰ. TQ；G40-014

中国国家版本馆 CIP 数据核字第 20251UA931 号

责任编辑：吕　尤　徐雅妮　　文字编辑：罗　锦
责任校对：宋　玮　　装帧设计：刘丽华

出版发行：化学工业出版社
（北京市东城区青年湖南街 13 号　邮政编码 100011）
印　　装：北京云浩印刷有限责任公司
787mm×1092mm　1/16　印张 14¼　字数 323 千字
2026 年 2 月北京第 1 版第 1 次印刷

购书咨询：010-64518888　　售后服务：010-64518899
网　　址：http://www.cip.com.cn
凡购买本书，如有缺损质量问题，本社销售中心负责调换。

定　　价：69.00 元

前言

近年来，美育已逐渐摆脱冷落与误解，受到国家及教育部门的空前重视。在我国，化工行业人才的培养主要依赖高校化工专业的培养方案，学生通过本科阶段的学习和实践，获得相关工程知识、能力和素养。然而，分科教育和标准化不利于学科交叉和科学应用的发展，特别是文理分科疏离了自然科学与人文社会科学的联系，当代大学生难以将自身知识能力与社会对复合型人才的需求相匹配。传统教学理念与方法已难以适应当前创新型人才培养的需求，因此，编撰一本契合时代需求的化工美育教材，推动教学改革，显得尤为重要。这正是本书编写的初衷与宗旨。

当前，美育课程已成为化工专业不可或缺的必修（必选）课程之一，肩负着培养学生想象力与创新思维的重任。本书旨在通过“化工＋美育”的教学方法，打破传统教学框架，实现化工专业课程的审美化教学，进而提升学生的学习效率与创新思维能力。本书的编写基于南京工业大学化工学院专美结合实践基地创新团队丰富的课程实践经验，特别融合了南京工业大学化工学院与药学院学生协同专业课的实践成果，如美育实践项目(DIY)、学生美育微课及微情景剧等，这些实践成果为教材编写提供了宝贵的素材与灵感。作者团队凭借深厚的高校美育与音乐教育背景，以及在化工专业长达20年的教学研究与实践经验，对教材进行了精心编排与设计，力求将工程学科的严谨性与美学的灵活性完美融合，以适应行业发展的新趋势。

在追求教材与时俱进的过程中，作者对教材内容进行了多方面的创新。

1. 教材内容创新。引入最新的行业研究案例、实际问题和跨学科内容，形式多样，图文结合，增强教材实用性，激发学生联想与想象能力，重视实践价值，注重情感迁移能力的培养。

2. 教学方法创新。设计互动式学习活动，如讨论问题、小组项目或在线协作等，提高学生的参与度和学习效果。利用多媒体工具与在线资源，如网页链接、教学视频等，融合信息化、智能化技术，打造数字课堂，实现线上线下双向互动，增强教材的互动性和可访问性。

3. 跨学科整合。开放融通，将化工专业知识与美育的根本特征——情感体验深度融合，深度拓展化工教材中美的内涵，通过整合不同学科的知识与方法，促进学生综合思维能力的发展。

4. 有效评价机制。积极听取师生用户评价，将教材建设视为一个持续改进的过程，定期收集用户反馈，并根据反馈进行更新和优化，实现教材的不断精进与完善。

综述部分涵盖传统美学史及当代美育历程等内容，为读者提供全面的美学概览与指导。此外，在具体内容方面涵盖了50多个美学点，从物理化学、化工原理、化工热力学、传递过程、化学反应工程、化工设计、化工工艺学及化工过程分析与合成等八大核心课程出发，对专业教材中美的内涵进行深度挖掘与拓展。各章节条理清晰、结构严谨，详细介绍课程概况、设计思路及目标要求等内容，构建起完善的知识体系。每章末尾还设有思考题、小游戏及 DIY 活动等内容，强调学生在化工美学领悟中的主体作用。同时，通过介绍美学大家如叶朗、曾繁仁等人的研究成果与贡献以及美学作品赏析等环节的设计，有效地连通理论与实践，为学生的后续研究提供丰富的想象空间与可能性。综上所述，本教材有着独特的优势与创新特征，能够更好地适应化工专业教育、美育发展以及人才培养与行业发展的需求。

本教材是南京工业大学化学工程与工艺专业“国家级一流本科专业建设”的重要成果之一。全书由熊翠蓉、孔岩负责整体策划与编写工作。周浩力参与第 1 章的编写，周诗健参与第 2 章的编写。刘畅、亓士超、徐志军和符开云分别参与“专美结合篇”化工热力学、传递过程及化学反应工程章节内容的审稿工作。本教材在编写过程中，得到了冯新、管国锋、陈红喜、张晓艳、朱育丹等老师和化学工业出版社编辑的大力支持，在此，谨致谢忱。

本书是我国高等院校“化工＋美育”第一本教材，她的顺利出版离不开南京工业大学化工学院专美结合实践基地创新团队的辛勤付出与持续绽放，离不开化工美育实践课程师生的积极配合与热情参与，更离不开作者家人的理解与支持，在此我们致以最诚挚的敬意与感谢！

作为一部旨在填补国内美育发展空白的作品，我们相信这本诞生于美、浸润于美的教材能够为读者带来深刻的情感体验与思考，激发广大师生对美育的热爱与追求。同时我们也深知，由于人力有限，书中难免存在不足之处，恳请广大读者批评指正并提出宝贵意见。最后我们衷心希望，这本教材能够不负众望，为培养全面发展的人才、推动我国美育事业的繁荣发展贡献一份力量！

熊翠蓉

2024 年 12 月于南京工业大学沉毅楼

教材导读

本教材经过精心策划，分为三大核心部分：美育综述、美学代表人物及其思想，以及专美结合。通过设计精妙的专美结合教学案例，本教材在引导学生扎实掌握化工专业知识的同时，积极培育其审美素养与创新思维能力。教材不仅专注于理论知识的传授，还特别强调学生实践能力的提升，力求在化工教育的广阔舞台上，实现美学理论与美育实践的和谐统一。通过引导学生深入感受化工之美，激发他们的无限想象力，进而培育出卓越的创新能力。

（1）结构安排

第 1 篇　美育综述

教材开篇对传统美育、当代美育以及高校美育进行全面的综述，勾勒出我国美育由古至今的发展历程，概述高校美育发展现状，分析美育实践成效，为学生提供“美育到底是什么”的宏观认识框架，为后续学习奠定坚实基础。

第 2 篇　美学代表人物及其思想

本篇介绍了美学领域的杰出人物，学习他们的美学理念能够拓展学生的美学视野，了解他们对美学的探索实践，能够激励学生学习榜样，精益求精，实现自我价值：介绍提出“美在意象”观念的叶朗先生，强调美育对创造性能力培养的重要性，重视科学与艺术之间的联系，对化工类专业学生的学习有指导意义；介绍中国美育奠基人曾繁仁先生，讲述美育中国化的概况，同时建立起生态美学与化工类专业的联系。本书希望借助这两位美学人物在读者中形成更深刻的情感体验，帮助学生更好地理解当下时代呼唤、人民需求的美学理念，全面掌握教材内容。

第 3 篇　专美结合

本篇介绍了化工专业八门核心课程的内容以及美育课程设计方案与目标，在此基础上，针对每门课程精心选取了 6～10 个化工专业知识点进行审美元素挖掘，旨在突破审美教育与化工专业教育衔接的难点，抛砖引玉，帮助读者明确专业教育融合美育的学习方向。此外，教材还介绍了化工领域的重要人物及其研究历程，向读者传递其丰满的人格魅力并创造良好的情感体验，激励学生不断追求卓越。

作品赏析

本部分精选了涉及亲情、友情和爱情题材的中外美术经典作品进行赏析。通过视觉艺术形式的直观呈现，帮助学生更深入地理解美的概念、形式与内涵。同时，这些作品所蕴含的丰富情感与深刻内涵也将触达学生的心灵深处，引发其精神共鸣与情感共鸣。在欣赏作品的过程中，学生的审美感知能力将得到显著提升，进而丰富其气质、灵魂与人格。

美学 DIY

书中巧妙设计了美学 DIY 任务，鼓励学生在动手动脑的亲身实践中体验探索未知、克服困难的乐趣，从而强化审美理论知识的实践应用能力，实现情感、态度与价值观的培养。同时，DIY 任务作为专美结合教育模式下评估学生学习的有效手段，将美育实践内容纳入课程考核，助力学生综合素养提升。

（2）学习目标

专业知识的深化　通过学习化工美育教材，学生能够提前了解相关化工专业知识点，为接下来的专业课学习奠定基础，并激发对化工行业的浓厚兴趣。

美育视野的拓宽　鼓励学生在日常生活中发现化工之美，培养创新思维与审美体验，使思维更加灵活多元，生活更加丰富多彩。

创新能力的强化　通过教材学习，学生将显著提升自身的创新能力和美学素养，能够实现对问题的联想突破，成为符合行业需求的新时代化工人才。

（3）使用建议

在高等教育课程体系中，美育课程的设置需全面细致规划，针对本教材对应的化工美育课程，建议设置为 2 学分，并将其巧妙融入化工专业课程体系，实现专业教育与美学教育的深度融合。

正如“一千个读者眼里有一千个哈姆雷特”，每个人表达美的观点都有所不同，感受也不同，本书仅是抛砖引玉，旨在激发读者的思考与想象力。紧跟专业课程简介的美育设计和美育目标看起来是针对授课教师的备课内容，但因为大学生具有良好的理解能力和自主学习能力，具有驾驭课堂的外在和内在基础，且审美活动是自由的，所以并不局限于某一种特定的授课形式，可以是传统的教师带领学生学习的模式，也可以是翻转课堂的模式。期待大学生能够成为专美结合课堂的主人，去大胆自由地想象并表达自己的审美观，从而营造师生共同参与的审美教学氛围。

课程设置

建议在化工类专业的第一学年使用本教材进行化工美育教学。在大学早期引入，目的是通过化工美育熏陶激发学生对化工学科的兴趣和期待。围绕审美化课程内容，采用审美化教学方法，达到审美教育目的，在充满想象、激情和灵动的氛围中，帮助学生建立起对专业的初步认识，用审美的眼光看待化工类课程，激发他们的学习动力，锻炼学生的创新思维能力。

另外，也可以在保持化工美育学分独立的基础上，让化工类专业课程与化工美育课程并行。教师在课程学习前公布美育实践方案、过程学习要求，学期中进行跟踪指导，学期结束前回收美育实践作业和理论研学报告，通过融入美育教材内容，使学生在专业知识的学习中不断拓展对化工美学的认知。同步进行的教学模式使专业教学和美育相得益彰，能够促进学生在“专美一体”的学习过程中更好地消化和吸收专业知识，强化专业教育与美育的关联，提升师生对美育重要性的认识，让专业学习过程充满美感，更轻松有趣。

学习方法

主动学习与思考。鼓励学生主动学习，发挥主观能动性，勤于思考，积极提问，通过阅读推荐书目和参与讨论，提升自己的美学认知水平。在专业知识学习的过程中主动感知美学内涵，把握其间联系。采用新颖教学模式，提高学生主体的课堂参与度，注重立德树人。

理论与实践的统一。学生可在教材指引下对化工中的美学应用等展开讨论分析，结合化工行业真实案例，设计化工美育 DIY 活动，实现化工专业审美教学理论与实践的有机结合。

多媒体技术的利用。学生可以扫描教材中的二维码欣赏色彩丰富的图片，从而深入学习化工专业知识，提升审美化学习的沉浸式体验效果。

考核方式

学生根据教材思考题内容自选 DIY 任务和理论研学内容，教师每学期对其美育实践成果和理论学习展开评定作为结课考核依据，独立于化工类专业课程评定，确保学生能够在独立实践中深化美育体验。

师资配备

鉴于当前专美结合教师普遍缺乏的现状及美育学的专业性特点，建议化工类专业课教师通过学习相关专美结合教材及美育类教学参考书，提升自身素养与能力水平以胜任教学任务。同时强调专美结合师资培养的重要性与紧迫性。

（4）结语

本教材旨在传递化工美育知识的同时注重创新精神的培养。我们期待学生能在化工的广阔天地中发现美、认识美并创造美，最终成为兼具深厚美学素养与卓越创新思维能力的新时代化工人才。

目录

第1篇 美育综述

在中国悠久的文化长河中，美育一直扮演着不可或缺的角色。从古代先哲对“美”的探索与诠释，到近现代学者将西方美学理念引入中国并尝试将其与本土文化相融合的努力，美育不仅是一种教育方式，更是连接人类心灵深处情感与智慧的桥梁。它帮助人们认识世界、理解自我，培养出具有高尚情操和创新精神的新时代人才。

综述部分包含传统美育史论、当代美育历程两章，旨在梳理中国美育思想的发展脉络，回顾不同历史时期美育实践的特点与成就，针对当前美育面临的挑战引发思考并提出建议。编著者团队希望通过对传统美育资源的挖掘以及对当代美育历程的总结，为读者提供一个全面而深入的理解视角，激发更多关于如何更好地实施美育的讨论与实践。

综述将中国传统美育按时间划分为先秦两汉时期、魏晋南北朝时期、隋唐五代时期、宋元明清时期、“西学东渐”时期，聚焦中国古代的美育思想变革，阐述相关学者在美育领域的努力：介绍从原始社会到汉代美育思想的萌芽和发展，强调礼乐制度在美育中的重要性，以及儒家、道家等思想流派对美育的贡献；分析魏晋时期审美意识的觉醒和美育思想的框架搭建，特别是“魏晋风度”对美育的影响；探讨隋唐时期美育思想的发展，强调艺术与教育的结合，以及科举制度对美育的影响；详细阐述了宋代理学家的美育思想、明代美育思想的多元化发展，以及清代美育思想的衰落与复兴；介绍西方美育思想传入中国的过程，强调梁启超、王国维、蔡元培等学者对美育的贡献，为后世美育思想构建完整框架。

在完成对我国古代美育发展历史上重要节点的探讨后，综述进一步分析了新时代背景下中国美育的发展现状。尽管近年来美育受到了前所未有的重视，但在实际操作层面仍然存在诸多亟待解决的问题。例如，在中小学阶段，美育往往被边缘化，未能得到应有的关注；而在高校层面，美育则面临着课程设置不够系统、评价标准缺乏等问题。为了应对这些挑战，学者提出一系列优化策略，包括改善校园环境氛围、完善美育课程体系以及健全评价机制等。

当代美育经历了从美育与心理的融合，艺术、美学与美育的融合，全面审美教育观——大美育到教育美育和高校美育的历程，分别探讨美育心理学的发展，强调美育在促进个体心理发展方面的作用；分析跨艺术美育的重要性，突出艺术与美育的紧密联系；提出大美育的概念，即打破艺术教育的传统界限，让美育融入日常生活和社会实践之中，强调了美育在家庭、学校和社会中的全面性；讨论了教育美育和高校美育的现状与发展方向，强调了高校美育在培养创新型人才中的重要作用。

综述部分还包含思考题、DIY 活动和美学作品赏析，旨在引导读者深入思考美育的意义和价值，并通过实践活动加深对美育的理解和体验，借助丰富的历史资料和理论分析，全面展示了美育在中国的发展脉络和当代实践，为读者提供系统了解美育的视角。

第1章

传统美育史论

自古以来，中国从不缺少对“美”的阐释和对审美的教育。古人虽然未曾明确提出“美育”的概念，但仍致力于将审美与教育结合并融入生活，培养人们的审美理念，留下了丰富的美育资源。

如廖群先生所言：“作为人类文化中一种更多诉诸心理愉悦、形式感觉和情感想象的特殊文化现象，作为人类在实践中逐渐酝酿萌生的意识和创造，审美文化的产生，其上限可能会稍晚于物质文化的出现。以‘自然的人化’为界定的广义的文化，可以说是从人类在石头上敲下第一道人为的痕迹就开始了的，而审美文化，却是在人类打制一连串的石器之中或之后发生的。”

中国传统美育拥有数千年的漫长历史。从原始社会人们制造工具时注重其是否整齐规范、初步体现美感，到19世纪末20世纪初中国沦为半殖民地半封建社会美育园地日渐荒芜，在这绵延数千年的历史中，涌现了众多文人名士致力于进行美育实践、提倡美育理论，留下了丰富的美育资源。

1.1 先秦两汉时期

从中国现有的考古遗存来看，早在原始社会人们就开始解读“美”，发展审美观。美育活动总是与艺术、宗教活动相结合的。随着诗歌、音乐、舞蹈等艺术活动和宗教祭祀活动的发展，原始人在生产中无意识地创造了美，培养了审美意识和审美情趣。旧石器时代的遗址中出现的制作精良的骨针、石珠、项链等实用价值不大的装饰品，说明当时的人们开始追求美感（图 1-1）。新石器时代的遗址中出土的多样的陶器也表明，随着人类社会的逐步发展，在发展审美观念的同时，人们也在生产中创造美，将审美融入生活。

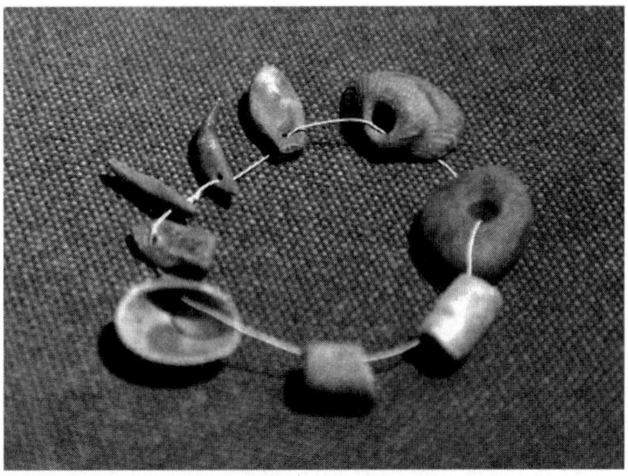

图 1-1　旧石器时代装饰品——项链

中国社会发展到夏、商、西周时期，随着原始社会的解体和社会思潮的发展，美育思想开始萌芽和发展。美育活动在不知不觉中与艺术活动、宗教活动紧密结合，于周王朝开创了礼乐文化的新纪元。礼乐制度，源于父母子女之爱、仁孝之爱、夫妻和睦之爱，不断拓展为君臣义、父子亲等五伦，君臣之间、夫妻之间、大人和孩子之间有秩序，朋友之间有信任。仪式和音乐的审美形式也反映在随时间变化的社会秩序中。一切善行都会给人带来愉悦感，这本身就是一种美的感受，而将善、真、礼以音乐教育和诗歌的形式直接呈现，可以使修行礼仪的过程更加愉快、生动，更令人惊叹。多数仪式活动中的音乐本身就可以使身心感到轻松愉快，缓解紧张情绪。上述礼、乐、诗教义的交叉、融合、互助，正是悦乐精神在道德和审美领域的充分体现。《礼记·乐记》云：“情动于中，故形于声。声成文，谓之音。”“凡音者，生于人心者也。乐者，通伦理者也。”又讲：“乐者，音之所由生也。”“声”“音”“乐”体现了三个不同的层面：“声”是人类情感本能的表达；“音”是通过艺术修饰且满足社会需求的“声”；“乐”以“音”为基础，承载着人们的道德价值观。这也符合从社会要求到道德规范的要求，是美育的最高境界。

春秋战国时期，伴随着“礼之毁、乐之崩”等重大历史变迁，美育思想也产生了新的内容。其中最明显的是思想流派的冲突——百家争鸣。儒家、道家等各家学派都提出了自己的美育思想（图 1-2）。

图 1-2　春秋战国时期各个思想流派及代表人物

儒家美育观点主要包括孔子、孟子、荀子的美育思想。其中，儒家创始人孔子的思想以“仁”为核心，融“仁”与“乐”于一体，在礼乐制度的基础上总结和发展，形成了其独特的审美思想。孔子认为艺术教育是补充德育不可缺少的手段，这使得儒家重视乐教。“仁”即爱人之意，其本质是规范人们的外在行为和陶冶人们的内在精神，树立人们的道德原则，教育人们的心灵，培养人们崇高的道德观念，使人们不断追求最高的道德良善。这样的主张对当时乃至今天的美育都有着深远的影响。其对后世的最大影响就是通过艺术教育人心，重视乐教。孔子说：“人而不仁，如礼何？人而不仁，如乐何？”“文之以礼乐，亦可以为成人矣。”孔子以《诗》《书》《礼》《乐》为教材，教导门生大约有三千人，其中精通六艺的有七十二人。由此也可以看出“仁”是孔子美育的思想基石，而“礼乐”作为孔子美育教化的方式途径，能够培养学生的高尚品格与道德情操，使其获得精神享受，促进其全面发展，造就“仁义之士”。“仁”规定了美育之走向，美育是方式，是手段，进行美育便是为了得仁，如果没有仁之目标，便也无所谓美育了。因此，“仁”不仅指明了美育的方向，也决定了美育的衡量标准。美育的成功实际上取决于仁爱教育的成功。如果一个人在美育的训练下，从孝爱的“亲子之爱”发展到“博爱众生”的仁爱大爱，那么，对这个人的美育就是成功的教育。孔子的儒学思想以“仁”为核心，以“仁”为其美育的指示灯，在孔子的美育思想中，始终贯彻“仁”与“乐”的融合。在孔子之后，孟子也十分重视礼乐的教育功能，并在孔子美育思想的基础上进一步发展。孟子提出，“礼”并非外在强加的规则，而是源自内心深处的驱动力。陈寅恪先生认为他的自由为一种内心的行动，一种追随内在声音的自由，这种自由强调心灵深处的美德修养。孟子倡导将外在的约束转化为内在的自我提升，从而突出了人的主观能动性和自我完善的能力。通过这种方式，个体不仅遵循了“礼”，也展现了出于内心的真诚和对美德的追求。孟子的美育思想贯穿整个春秋战国时期；他认为仁德教化的言语不像有同样作用的音乐那样容易被接受，好的政令并不像好的教育那样容易赢得人民的爱戴。在教育中，我们必须清楚地认识和深刻理解人伦的含义，“性善论”中还提到，人们在家庭和社会生活中都要注重仁义，才有可能构建和谐有序的社会；在君王层面，也要讲究仁义，以诚待人，才能激活民众的潜力，国家才能长久稳定。人们发自内心的行动，可以提升人们内在的美育修养水平，激发人的潜能，践行仁义，从而实现孟子“人皆可以为尧舜”的美育目标。

道家的美育主张主要有“老庄”的美育思想。老子并不是要求人们去追求美，而是要顺着自然的规律去达到美的境界。老子说：“圣人云：我无为，而民自化；我好静，而民自正；我无事，而民自富；我无欲，而民自朴。”这与儒家注重礼乐教育的美育思想不同，在老子看来，为政者不应该对人们的生活进行过多的控制，应让社会自然地发展和改变。对于美育的实施，老子从“道法自然”的思想出发，主张顺其自然，不加干涉。老子曾说过“知者不言”，靠别人的话来教书，对人是有害的。首先，因为语言是风波，无助于人的美化，常给审美带来干扰；其次，因为宇宙万物都是自然创造的，不需要外力；再者，因为词不达意，言语只能感受人类已知的世界，而无法涵盖人类无法认知的事物。所以，顺其自然是最好的美育之道。

庄子非常重视个人的审美修养，提出了“天地有大美而不言”的审美主张。美是超功利的，美在于自然无为。他提倡无忧无虑，以顺其自然的生活态度，享受具有审美意义和艺术色彩的理想生活。庄子生活在西周时期，那时礼乐制度已名存实亡，他不认同孔子以仁救国的思想，认为儒家所传授的仁义礼智已成为诸侯争夺权力的工具。庄子曾说过：“吾闻中国之君子，明乎礼义而陋于知人心。”在他看来，在儒家仁义教义下长大的君子，对于礼义道德是非常清楚的。但他们不知如何了解人们的内心和灵魂。僵化的礼义教育使人趋于雷同，失去了初心，无法达到精神的解放和自由，也就失去了美育的意义和作用。

无论是儒家对礼乐教化传统的支持和发展态度，还是道家顺其自然注重本心的思想，抑或是墨家墨子的“非乐”思想，每个流派的美育思想各不相同，但都对美育思想的发展起到了积极作用，对中国美育思想产生了重要影响。

汉代对先秦诸子的学说采取包容、开放的态度。直到汉武帝时期，儒家思想才成为封建统治的主流思想。从此，儒家美育成为中国古代传统美育的主体。这一时期写成的《乐记》是中国历史上第一部系统论述美育思想的专著，也是美育思想成熟的标志。《乐记》系统地论述了儒家礼乐思想，仍然以礼乐教育为重点。这是对“礼”与“乐”的社会功能和教育功能、礼乐的起源以及礼乐关系的首次理论概括。《乐记》所探讨的音乐美育思想的范围相当广泛，以“性情论”为基础，涵盖了“乐”的本质和特征、“乐”与政治的关系、“乐”与现实生活的关系、“乐”的作用功能等等。后世的美育思想虽然在不断演变发展，但总体来说仍然以《乐记》为基础。随着汉末的政治动荡和战乱，儒家美育的衰落是不可避免的，与此同时，道家美育思想不断传播，为当时的人们提供了新的思想空间。

1.2 魏晋南北朝时期

汉朝大一统帝国的建立标志着先秦百花齐放的美育思想的结束，为后世的美育思想带来了根本性的影响。汉武帝推崇儒学使得儒学思想定于一尊，但时代的发展不会允许只有一种声音的存在。东汉以降，儒学渐渐走向神佛化，政治腐败、战乱纷起，儒学的衰败不可避免。王充在《论衡·自然》中提出的“违儒家之说，合黄、老之义”宣告着魏晋那个摆脱儒家伦理思想束缚、崇尚个性自由的时代即将来临。

在中国古代美育思想发展过程中，魏晋南北朝是一个需要重点关注的时期，虽然这一时期的理论成果并不丰富，但这个时期却是审美意识觉醒和美育思想观念框架搭建的绝佳时期。“魏晋南北朝时期是继春秋战国之后又一个宣扬人性、崇尚自由的时代，不同于春秋战国把人从天的权威下解脱出来，魏晋南北朝是将人从儒家的政教理论体系中剥离出来，更加强调人性的自由。”魏晋南北朝虽然仍旧是一个战乱动荡、精神痛苦的时代，但却是精神上极自由、极解放的时代。据此，宗白华点评：“魏晋南北朝也是最富有艺术精神的一个时代。”

魏晋人士喜清静，善辞藻，比风度，爱游山玩水，痴迷书画，充分发展爱美天性；南北朝时人们热爱美、追求美，把自然之美创造为艺术之美，使得丰富的宗教艺术在名山大川中诞生，这就是美育观建构出的“魏晋风度”。所谓“魏晋风度”就是一种超越审美、随心所欲的人生态度，它促进了人格独立，激发了人们对精神自由的向往。

“竹林七贤”作为魏晋人士的代表，他们超脱世俗、蔑视礼教，有着丰富多彩的生活情趣（图 1-3）。《世说新语》作为描述竹林七贤日常生活小故事的书籍能很好地反映出这个时代美学观念的发展与成就。《世说新语》体现出来的这个时代的美学理念主要体现在以下几个方面。

言谈和辩论之美。陈寅恪先生将《世说新语》誉为一部汇集了清谈艺术的巨著，书中记载了多达六十个与清谈相关的人物和事件。这反映出清谈在当时不仅是魏晋时期士人社交生活的一部分，更是一种重要的文化活动，与宴饮等社交形式一样，占据了他们日常生活的重要位置。《世说新语》中，王羲之“东床坦腹”的故事展示了他不因择婿而故作姿态，保持了自然本真的风度；孙承公游山玩水、王子猷雪夜访戴安道的事迹，体现了他们随性而为，兴之所至即行、兴致尽则返的生活态度（图 1-4）。至于王子敬在顾氏园的游历，尽管因直言不讳而遭到主人的指责，但他表现出的“夷然不屑”态度，更是彰显了一种超然物外、不为世俗所动的魏晋风度。除了他们在清谈时表现的超凡脱俗和天

图 1-3　竹林七贤

马行空，他们更重视表演者所展现的风韵和独具一格的才情，其中描写嵇康"身长七尺八寸，风姿特秀"，形容潘岳"有姿容，好神情"，等等。当他们在清谈时，围观者即使听不懂内容，也会为他们的风度和才情所倾倒，因为在他们看来，这不仅仅是一场枯燥乏味的辩理活动，更是追求美、创造美、享受美的过程。于是，魏晋士人内在的思辨精神和对美的追求在清谈活动中一览无余。

图 1-4 王子猷雪夜访戴安道

追求自由之美。经历东汉末年的动乱之后，魏晋时期的士人都将自己置于战乱、家国之外，他们追求一种自然舒适、无拘无束的生活情趣，要求人们的所言所行都顺从自己的本心，要求人们的行为不是对礼法一味地遵循，一切都求其真、任其性、适其情、尽其兴而已。《世说新语》中的记载很好地体现出他们更注重自己的感受，不被世俗的评价所束缚。“越名任心”是对那个时期士人精神追求的极高概括，抛弃名誉名节，只做此时此刻想做之事，不在乎外人的看法，听从自己内心的想法，奔向自由舒适的人生，正因为人身自由而洒脱，才造就了魏晋时期审美的深化和创新，是当时人们审美追求和人生追求的契合点。

讲容止，尚神韵之美。魏晋人士很重视穿衣、仪态、举止之美（图 1-5）。他们无论是对美的理解还是对美的评价都是独具一格、任性放达的，他们对美的赞赏也是毫不吝啬的，书中描写竹林七贤之一的嵇康，“嵇康身长七尺八寸，风姿特秀。见者叹曰：‘萧萧肃肃，爽朗清举’”；写潘岳的美，说他正值少年时走在街上，他的容貌都能引来妇女牵他的手；写到卫玠，写他因为美貌被人围观，因为围观的人太多像一堵厚墙困住了他，使他本就羸弱的身体情况更加恶化，竟然病重而死。这样直言不讳、毫不吝啬地对美貌进行描述，恰恰是魏晋士人在审美风格上的一种体现。学术界也有很多关于《世说新语》中魏晋时期人物形貌描写的研究。有一篇对《世说新语·容止》中人物形貌描写的独特手法进行了探析，文章中列举了很多容貌描写，每个人物都有自己的个性与特点，这些文字将他们描绘得栩栩如生，他们的形象跃然纸上。论文作者指出，正是通过各种独特的表现手法（图形画像、连类取譬、映衬对比等），人物才更为鲜明生动，促成了《世说新语》中人物描写形神兼具、气韵取胜的独特审美品位。

图 1-5　魏晋人士的特殊穿衣之美

魏晋士人的生活总是自由而充满诗意的，他们的豁达洒脱使得有限的人生被无限扩大。在乱世中追求一种恬淡安适、不卑不亢的生活态度，这种审美化、艺术化的人生境界和生存智慧，对于我们培育具有魏晋人士风韵的审美人格是极为宝贵的思想参照。魏晋南北朝时期，儒家虽然衰落，不再拥有独尊的地位，但是其在思想界与道、佛相互融合，相互渗透后，展现出了完全不一样的独特思想。刘勰在《文心雕龙》中就展现了儒道融合的倾向。他的基础思想是主张儒家美学的“文”“质”统一、“情”“理”合一，但在《文心雕龙·原道》中完全运用道家的“自然”论来论证“文”之存在的合理性、必然性。这一时期，思想的融合使得传统的艺术观、美育观更加贴近艺术和审美本身，这是我国传统思想的一大进步。

1.3 隋唐五代时期

隋唐时期结束了汉末以来长达四百余年分崩离析的格局，终于拉开了“大唐盛世”的序幕。这个时期国力强盛，疆域广阔，社会安定，政治稳定，经济繁荣，空气中都充斥着自由的气息，所以这个时期的思想文化发展迅速。隋唐时期的美育思想主要发挥了艺术与教育的功能，“承袭了先秦两汉以来美育思想的发展，把人的道德提升、情感体验、自我修养与完善视为审美创作与实践的重要目的”。同时，更强调在日常生活中的感悟与体验，突出生活化的审美活动，在日常起居中，在交往应对中，在山水自然中，体悟那种超越功利、身心自得的自由与快乐，使随心适性的生活充满诗性的愉悦。

隋唐时期的美育思想以隋文帝、隋炀帝、唐太宗等帝王的王道教化思想为开端，“为了实现这一目的，他们注重思想道德的完善与提高，推行礼乐教化，使人的心性完善与情感愉悦相结合”。隋文帝和隋炀帝的“尊道治国、德化天下”；唐太宗的“儒道佛三家并用，重视儒学”均体现了隋唐时期美育思想的深度发展。

隋唐时期由于科举制度的变革，科举考试逐渐具有客观性、实用性、民主性。这一举措不仅使读书人专注于学习和研究经典，使其成为知识创新和社会发展的重要力量，还使社会结构发生了变化，无论身份尊卑贵贱都有实现自身价值的方法。他们博古通今，把他们对生活的感悟和体验渗透到政治、哲学、宗教、教育、文学、书法、诗歌、绘画等多个领域。

“唐代的艺术尤其是书法和绘画的繁荣，形成较为成熟系统的艺术理论思想，对后代中国的艺术精神的涵养起到了重要作用，在审美教育中也起到了重要作用。”

初唐名臣虞世南是初唐书法界代表人物之一。虞世南不仅仅把书法当作一种技能，而且把书法当作一种表现自己内心思想的艺术。他将书写一个字的过程看作一种创新的过程，把一个汉字看成一个完整的统一体。“他追求心悟于至道、书契于无为，注重书写时的感受，强调出于心、应于手的自在自得的状态，突出笔、墨、纸、砚、心、手为一体的独有的审美创作与愉悦。”他所表现的书法的精髓就在于每一个字的呈现都是一次新的创作，他所论述的从来不是如何写好书法，而在于如何感受书写的乐趣，使艺术生活化、常态化，而不是将艺术束之高阁。

初唐最重要的书法家孙过庭擅长草书、楷书、行书。他的《书谱序》（图 1-6）“融合了儒家和道家的思想，认为做人最基本的就是修身立德，把做人的修身之本作为书法修炼的前提”。他和虞世南同样认为书法不单单是写字，而是和绘画、音乐一样的创作，并且认为书法创作必须为独创，不能循规蹈矩，又不能没有规矩。“孙过庭把儒家的礼乐教化与道家的大美至乐融合在书法创作的境界之中，把书法作为生活的构成，使艺术成为生活所必需”，他所想要达到的境界就是人和书法共同成长，人在经历许多之后有了独特的个性和审美，书法在融入人的精神后有了更深层次的内涵。

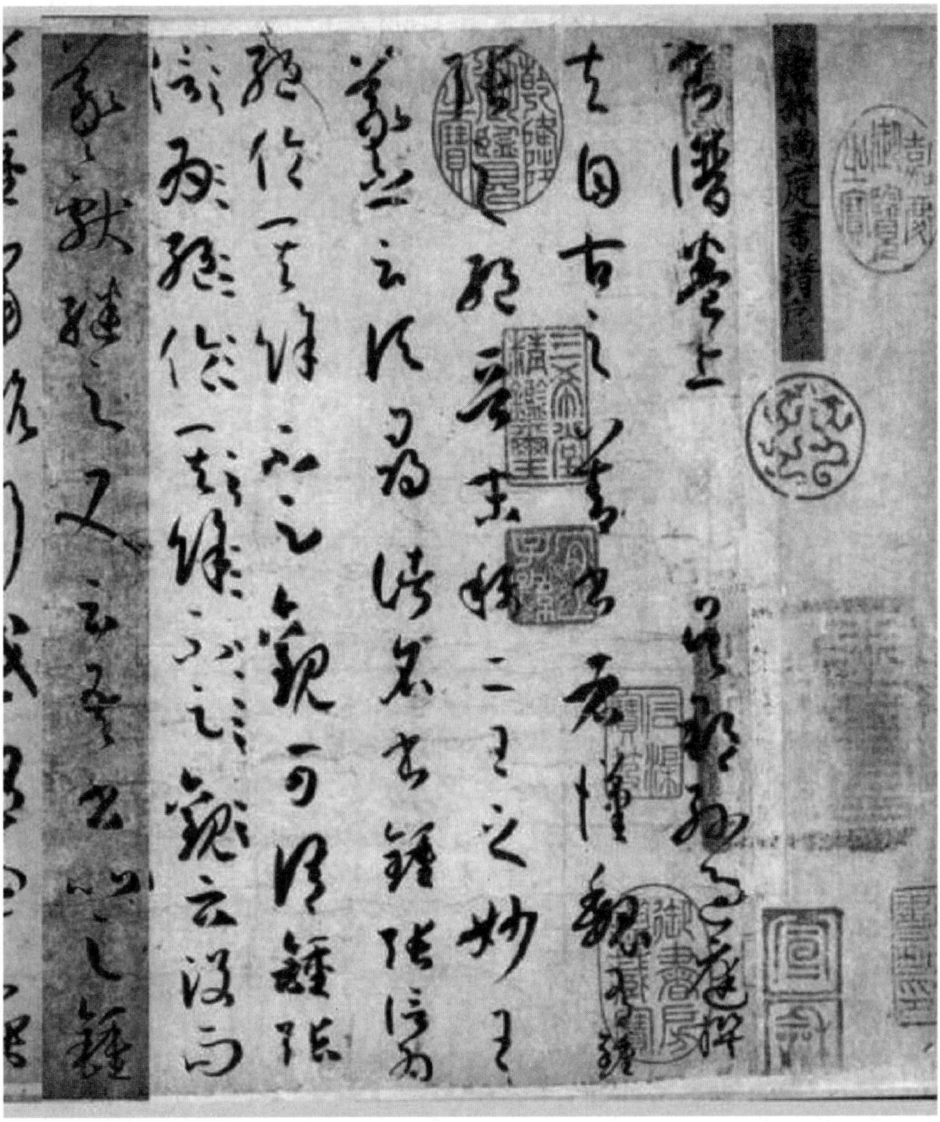

图 1-6 《书谱序》

盛唐时期，对于书法艺术的审美观念发生了显著的变化，“初唐人所追求的中和之美逐渐被狂放无羁的自由境界所取代”。这种变化的典型人物就是张怀瑾，张怀瑾书法中的美育思想可以概括为“神游无形、思极天人、心手相应、笔精墨妙”。他认为字体要有风骨，要具有充满力量的美感，而不是字体肥大、拖泥带水。他反对初唐人的观念，否定王羲之的尽善尽美，认为草书是极具美感的、自由的，而且草书的书写形式也更加随性自由（图 1-7）。

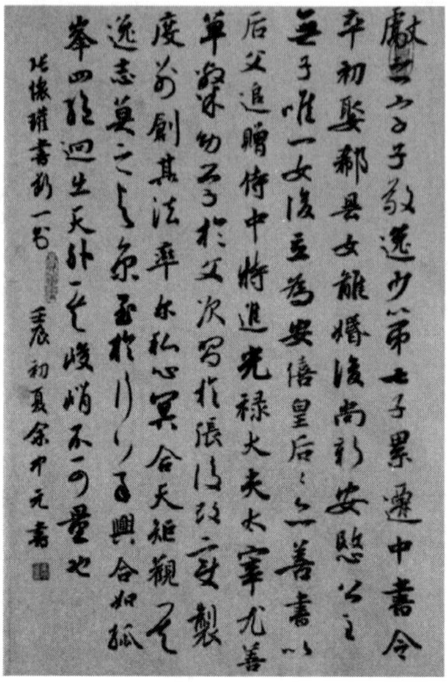

图 1-7　张怀瑾书法

韩愈是唐代著名的文学家，同时也是儒家思想的继承者和传承者。他的思想是“复杂的、多向的”，他主张以儒家思想为主，将其他思想融会贯通、兼容并蓄。他是一个勇于创新的人，他所倡导的古文运动，取得了巨大的成就，改变了当时文人的书写风格。“韩愈主张以德治国，注意修身养性，在日常生活中感悟审美情趣，要不断学习、经常自我反省才能保证心性的纯净。”文章是韩愈对自己所理解的事物的一种解悟，他借有形的诗歌、文章来表达自己无形的审美理解和感悟，就比如文人在游山玩水时，借山水表达自己的壮志；在失意时，借酒表达自己的悲情。他的美育思想中包含着交友之道、处事之道、育人之道，有很强的功利目的，他想通过潜移默化的方式，培养为社会做出贡献、有着经世之才的人。

柳宗元与韩愈是唐宋八大家中唯二的唐朝时期的文学家，柳宗元也支持以德治国，尊重并继承、发扬儒家思想。“柳宗元的美育思想根植于儒家传统的仁义道德观念，以完美的人性作为道德修养的目标，追求人之心性之本，复归于人心之纯正宁静。”他把哲学、宗教、艺术、人生等融合在一起，以情感为基础，融入审美体验和审美创造，把情感体验和日常感悟紧密连接。他提倡享受精神自由，找到人生价值。

对隋唐美育思想进行研究，我们了解到我国传统的育人理念、审美体验、美学精神，同时我们可以根据古人的脚步，创造、探索出有效的美育理念，“真正做到艺术常态化、人生艺术化，至善至美，更达到极乐”。

1.4　宋元明清时期

王国维称赞宋朝的文化教育发展：“天水一朝，人智之活动与文化之多方面，前之汉唐，后之元明，皆所不逮也。”宋代文化教育事业的繁盛，为美育思想的繁荣提供了优渥的土壤。

程颢评价宋初人们追捧佛道两教的言论：“昨日之会，大率谈禅，使人情思不乐，归而怅恨者久之。此说天下已成风，其何能救！”从程颢的记载中也可以看出宋初美育思想的发展存在困境，儒家的礼乐教化传统受到佛、道两家的冲击，礼乐制度基本崩坏，所以重建儒家的礼乐制度成为宋代学者们的历史任务。

“理学家的思想中不仅有‘美’的教育，更有‘崇高’的教育，而后者更是这一时期美育思想的特色所在。”宋代美学领域出现频率最高的就是以朱熹为代表的理学家们，他们总是以一副“存天理，灭人欲”的庄严模样出现在人们面前。在大众眼中，作为纯粹科学的理学似乎和美育思想大相径庭，但其实并不是如此，“美育包括从现实生活中所获得的一切具有审美价值的情感体验在内。无论是立足于感情还是个人兴趣，又或是能实现对个人欲望的超越，都属于审美教育所要培养的感情。只有同时兼顾美的教育和崇高的教育，我们对美育的理解才是完整的。”由此可见，宋代的理学家是从另一个角度去挖掘美育思想，使得美育思想更为完善充实，创造了理学美育思想最为独特的本质：“不离伦理而又超越伦理的美育境界。”

欧阳修，唐宋八大家之一，他为美育思想做出了巨大的贡献。首先，在文学艺术方面，他从思想、创作以及人才培养等方面进行整顿。《六一诗话》的编撰，使得宋代发展出一种特殊的理论形态——诗话，“从审美教育角度来说，诗话的趣味性很强，它比严肃的诗歌理论更富有吸引力，也更容易被人接受。”他将道德教化和审美情趣融入诗话中，表现出不同的审美取向，这是一种新的潜移默化的思维模式。其次，是关于礼乐问题的论述，“三代而下，治出于二，而礼乐为虚名”，欧阳修将礼乐问题归纳为不仅是教化工具，而且是更深层次的政治工具。

宋代哲学家、教育家朱熹在中国思想史上、文化史上有着极为崇高的位置。在美育思想史上，朱熹是理学美育思想的集大成者，他美育思想的本体论依据是“理气二元与理拗不转气”，他的美育心性论体现在“心统性情”，他认为美育功能是“消融渣滓”，他还从山水中悟出美育思想“应观物我同根处，剖破藩篱即大方”，他的美育思想涉及颇多，也丰富多彩。他通过强调“乐教”的重要性，来展示自己的人格美育的特点。朱熹要求注意以歌舞、吟诗、讲故事之类使儿童“乐学”。“朱熹人格美育之道可概括为‘兴于诗、立于礼、成于乐’与‘天地之教’，可统归于‘游于艺’的范畴。而在‘兴于诗、立于礼、成于乐’之间，则不是简单的时间次序之先后，而是存在着化育层次的不断深入性。”人格美育是朱熹乃至其他理学家美育体系中的最高形态，体现了理学家对人文主义的关怀（图 1-8）。

图 1-8　朱熹

明代美育思想是一个相当庞大的思想体系，它的“资料分布之广泛、言说形式之多样、所涉问题和任务之繁多”，使得美育思想不断巩固发展、蓬勃发展。明初的社会风气、审美观念在很大程度上受朱元璋的影响。初步建立的统治地位，需要运用以儒家思想为内核的政治法统，所以朱元璋高度把控着诗歌的文学创作，更呼吁实用主义，以雷霆手段使温文尔雅的礼乐教化变成残酷的专制主义。重压之下，必有反抗。明代中期文学家复古派前七子的领袖人物李梦阳提出真正的诗歌在民间，把审美教育从高高的庙堂上带到民间，为明朝中后期的美育民间化发展奠定了基础。

明代著名思想家、文学家王阳明是明代中后期在美育领域较为重要的人物，他所提出的阳明心学是公认的明代学术思想主流。阳明心学之所以具有如此高的地位，是因为它对后世的政治、教育、艺术等产生了全方位的影响（图 1-9）。阳明心学不是简简单单的理论成果，而是“王阳明结合自己丰富、坎坷的人生经历所创发出来的性命之学，故而具有强烈的实践性特征”，这就说明阳明心学不能止步于理论层面，它是需要回归到生活、教育实践中去的。“阳明心学的修身教化论强化了儒家道德体验模式中的情感主义色彩和审美化倾向，将儒家的人文化美育精神和宋代以来的内圣之学推向一个新的阶段”，于是明末清初出现了一大批内容丰富、故事情节引人入胜的戏曲、小说，这都是人文化美育理念的成果。

晚明时期，小说、戏曲的急速繁荣发展彰显传统美育在形式和内容上产生了深刻转变。究其社会原因，是晚明时期商品经济的发展使人们解决了基本的温饱，开始追求在勾栏瓦舍中满足世俗情欲。我国的四大名著其中三部就是在这个时期创作，在说书人的一次次拍板声中诞生的。这个时期的美育思想已经更加自由开放，书中对美的描述更是细致入微，比如“身长九尺，髯长二尺；面如重枣，唇若涂脂；丹凤眼，卧蚕眉，相貌堂堂，威风凛凛”，寥寥数字就将一个正气凛然的关公展现在人们面前（图 1-10）。在这个时期，不仅文学作品大量涌现，还诞生了文学史上影响深远的情本主义思潮的倡导者李贽、汤显祖、冯梦龙等。“他们借‘至情说’表达的尚情抑法、以情抗法的美学主张将晚期宗法社会中的情、理矛盾凸显出来。”他们倡导“情”为首，冲击着儒家长期建立的道德观念，但其实他们所提到的“情”不应该只是一己私欲，而应该是一套完善的能够裁度社会的新律例，但由于跨度太大，在士大夫之中产生了道德危机，最终导致明朝覆灭。

图 1-9　阳明心学

图 1-10　关羽像

王夫之是明末清初的三大思想家之一，他著作等身，运用自己丰富的才学构建了一个包罗万象的思想体系，这个思想体系涉猎广泛。其中，关于美学的思想可以概括为两个方面。首先，“王夫之反对以本能作为人性的内容，主张从后天变化去发展具体的人性，这些观念构成其美育思想论述的逻辑起点。”这也就说明王夫之觉得人性是“习”得的，是受后天外部环境影响的，于是这就凸显了美育的重要性。其次是王夫之的“诗教美育论”，他将诗歌和儒家思想融合在一起，探索如何继承和发扬儒家美育思想。因此，“王夫之的美育思想既是对两千年儒家美育理论的继承和总结，又根据自己的哲学立场和易代之际的社会文化境遇赋予古典美育以新的精神特质”，所以王夫之是中国古代史末期最为重要的人物之一，他起着承前启后的关键作用。

在中国儒家美育发展史上，颜李学派对美育思想的贡献是尤为突出的。其主要代表颜元，是明末清初的思想家，他积极继承和发扬孔子的教育思想，主张德、智、体全面发展，主张培养文武兼备、经世致用的人才。他坚决反对宋明理学。他认为礼乐诗三者应该充分融合，运用“乐”“诗”的艺术性和审美情操来提升“礼”的完整程度。

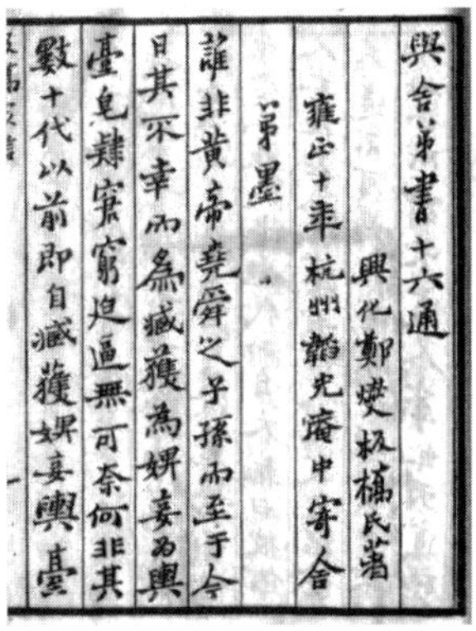

图 1-11 《板桥家书》

清初，郑板桥不仅是“扬州八怪”之一、著名的书画家，还是一位杰出的教育家。“他亲自编撰的《板桥家书》不仅成为传统儒家道德理念的教育范本，更提出了不少具有历史进步的教育主张，比如博爱众生、平等待人等等。”这些教育主张也从基础上为板桥美育思想提供支撑（图 1-11）。

从上面的明清美育人物介绍中，我们可以看到美育思想家都集中在明末清初时期。由于闭关锁国和越来越严苛的封建专制制度，清朝中后期，没落的封建统治及封建思想与市民阶层、市民意识、思想解放、追求个性的冲突始终存在。就比如，雅俗之辩古已有之，但是到了明中叶，通俗文艺及其思潮的兴起，雅俗之争才成为一股不可抗拒的历史潮流。小说、戏剧比文人的诗文具有更普遍的社会性，因为小说、戏剧更加切近现实生活，更具真实性，为世人所喜闻乐见，这是其一。其二是其形式、语言更贴近人们的说话风格，老少皆宜，是很多人茶余饭后的娱乐首选。明中叶以后的美育思想发展的新方向是努力使“今”“俗”文艺从“古”“雅”文艺观的束缚下解脱出来，使审美教育冲破贵族的“小圈子”而向大众普及。不断出现的为通俗文艺辩护的理论家，使这一方面的审美理论得到不断的充实、发展和系统化，其间在清朝中后期出现空白，直到“五四”时期的“文学革命”和白话文运动的兴起，这一历史使命才得到延续。

我国封建社会后期，有关美育的实践和提倡美育的理论依旧凤毛麟角，美育园地日渐荒芜。但终究会出现一批又一批的革命者寻求救国之道，他们从西方引入大量知识，为中国近代美育的兴起提供了理论准备，从而进入“西学东渐”时期。

1.5 “西学东渐”时期

“西学东渐”是明朝后期海上贸易发达后，近代的西方思想传入中国的事件。“西学东渐”可以分为三个阶段，这三个阶段思想不断完善、成熟。赵伶俐教授在她的《百年中国美育》中将1900—1911年间（也就是第三个阶段）的美育观念概括为习性美育观，这个阶段侧重于如何构建美育的教育体系，也是下文所介绍的大部分学者所处的时期。

梁启超是维新派的一员，维新派不同于洋务派只学器物，他们也深入学习了西方的思想。他和康有为都积极主张推进西方艺术课程，是我国最早引进西方美学并尝试与中国传统文化思想相结合的先行者。虽然在梁启超的著作中，我们很难找到“美育”的相关字眼，但他的教育思想中包含了对美育的思考。梁启超先生在《美术和生活》的演讲中，极力捍卫了美在人类生活中的地位和价值。他坚信“美”是生活中不可或缺的要素，如果生活中缺少了美，人们将难以自在地生活，甚至无法生存。在这次演讲中，梁启超不仅强调了美的重要性，而且对其价值给予了充分的肯定。在当时这种思想非常前卫，却拯救了岌岌可危的中国。试想一下，如果一个国家失去了对美的思考，它的人民就会变得麻木，民族就会成为无趣的民族，就容易被别的国家从文化上入侵。

梁启超在一次演讲中进一步重申趣味的重要性，他大胆地将“美”与“趣味”联系在一起，认为美的核心内容就是趣味，而趣味就是生活的原动力。所以先生认为在当时的中国对人民进行审美教育是很有必要的，而且在趣味施教的年龄上，梁启超提出这个教育是全民的、终身的教育，每个人在不同阶段会产生不同的趣味，要顺应个人意愿，不能强迫学生接受教育，否则就起不到趣味美育的效果。正是由于美具有如此的“趣味”和“情感”，现实中的美总是对人产生强大的情感诱惑，这种诱惑既可以是正向的也可以是负面的，所以也要教育孩子正确发现自己的趣味，获得更好的审美享受。梁启超的趣味教育理论在借鉴西方美学理论的基础上，把中国传统美学思想融合其中，使其拥有独特的内涵，促进了现代美学的发展。

王国维先生开创了中国现代美育理论的先河，在王国维身上，西方学术思想的影响非常明显，他是第一个把“美学”这个概念从西方引进中国，并对此进行较为系统地继承和发扬的人。王国维先生认为当时的中国人没有高尚、内容丰富的精神生活，追名逐利，精神空虚，他把这种现象归结为“是一种精神上的疾病，非以感情治之不可”，于是必须实施、发展美育。因为在他看来，美是超脱世俗的存在，所以美育活动也就是一种纯粹的、没有欲念的自由精神活动，美育可以减少人的痛苦，阻止当时的人民在吸食鸦片中麻痹自己的精神。

“正确的美育应该能促进德育和智育的发展，成为辅助德育和智育的有效手段。”这既充分肯定了美育的独立价值，又重视了美育对德育和智育的辅助作用。由此见得，王国维先生对美育的认识是比较全面的。

“以美术代宗教”的观点是王国维先生首次提出的，他认为美术可以与上流社会的宗教相媲美。这个观点为蔡元培先生以美育代宗教的观点奠定了基础。王国维先生意识到了美育的独立地位，以中国传统的观念去同化西方的美育观，他的美育思想在当时的中国算是开创性的。他是中国美育从古代向现代过渡的桥梁，起到了承上启下、继往开来的作用。

和近代很多知识分子一样，蔡元培也深受西方思想的影响。蔡元培先生曾经留学德国，学习美学、心理学等学科知识，这段特殊的学习经历为后面推行美育奠定了理论基础。

蔡元培先生生活的年代就是我国从传统社会走向近代社会的转型时期，是中西方文化剧烈碰撞的时代，而这段时期美育的基本特征是从宗教伦理到科学技术的转变。在这样的时代背景下，蔡元培在王国维之后，对美育进行了系统研究和阐述，提出了“以美育代宗教”的学说。蔡元培首先肯定了宗教中的美育因素，也肯定了宗教给人带来的精神上的慰藉，但他觉得这样的慰藉是不纯粹的，所以不能用宗教代替美育。蔡元培先生认为能够拯救人民的精神只能是美育，因为“美育是自由的，而宗教是强制的；美育是进步的，而宗教是保守的；美育是普及的，而宗教是有界的”。

除了这些我们熟知的大家，“西学东渐”时期人才辈出，思想发展非常活跃。胡适提倡实用主义的平民教育，他强调要注重普及教育，建议政府办义务教育；陶行知则在生活教育时进行美育实践，他主张用生活来进行美育，防止美育的培养和生活脱节，他通过“知行合一”的理论学说来证明实践在美育中的重要作用；朱光潜先生毕生致力于美学研究，他的美育思想是“人生的艺术化”，他认为美感教育是所有人都应该拥有的，认为每个人的生命史就是自己的作品：完美的人生就是完美艺术品甚至完美人格的体现。

“西学东渐”时期的学者充分融合了中西美育思想，不仅在当时的中国具有理论和实践意义，对现在的美育发展也意义非凡。这些理论相辅相成，为后世的美育思想构建了一个完整的框架。

思考题

1. 试分析美育思想的发展和历史事件之间是否存在必然的联系，可以以科举制度的变迁为例进行讨论。

2.《后汉书·第五钟离宋寒列传》中有言“以身教者从，以言教者讼”。我国近代思想家、教育家梁启超先生把言传身教这一理念发挥得淋漓尽致，他一生育有9个儿女，全都成为国家栋梁。请同学们收集梁启超的家风故事，思考家风为何影响力如此之大，并在课上以车轮战的形式讲述自己收集的故事和这个故事对思想政治、家庭、社会以及后代的影响。

本章DIY

1. 根据本章文字内容结合自己的理解绘制美育思想进程时间轴，标出重要人物和重要事件，并在课堂上展示。

2. “西晋风流付竹林，山王嵇阮本何心”，这句诗向我们展现了竹林七贤所处的时代背景，他们自由随性、不拘小节，他们的形象和故事深入人心。请同学们 3～5 人组成一个小组，选择一个有关竹林七贤的故事，在课堂上进行不少于五分钟的情景演绎。

美学作品赏析

《千里江山图》北宋·王希孟

《千里江山图》是宋代才子王希孟对锦绣山河的颂唱，他以“咫尺千里之趣”的表现手法震撼世人，在画卷中，有层峦叠嶂的山谷、奔流不息的江河、空中的薄云与飞鸟、奔行忙碌的人们……其画作细节令人叹为观止。全图可谓气势恢宏却又细腻精致，是中国画青绿山水的代表作，传递出王希孟对于大好河山的赞颂与热爱。下面让我们将视线落于我国近现代画家的身上，在文化交流发展的时代，他们引入西方绘画的写生方法与创作理论，为中国画的发展注入了新的活力。

扫码阅读彩图

《群虾图》齐白石

齐白石先生为画好虾身体的透明度，常把虾放在清水盆里长久观察，细细揣摩，这便是写生方法的体现，而后用墨色的深浅浓淡展现了虾身体透明的质感。寥寥数笔就能使水中虾活色生香，灵动非凡；逸笔草草，恰到好处，这正是“逸”的体现。

《千里江山图》和《群虾图》都形神兼备，都是“诗中有画，画中有诗”的体现，展现了中华文化中特有的既辉煌华丽又矜持内敛的美学理念。如今，跨越千年的中国画依然在为世界艺术多样性发挥自己的作用，随着我国国力的日益强盛，全世界也将愈加聚焦于这种可视为“世界艺术瑰宝”的古老绘画形式。

《康乃馨，百合，百合，玫瑰》萨金特

《康乃馨，百合，百合，玫瑰》是萨金特表现瞬间光影效果最突出、最著名的一幅油画。1855 年萨金特去拜访住在伍斯特郡百老汇的科茨沃尔德镇的米勒夫妇，见到他们的两位孩子后由此得到这幅杰作的灵感。在暮色笼罩的花园里，两个天真充满好奇心的小姑娘正在点燃手中的中国灯笼；闪烁的灯光与女孩脸上的红晕以及花园中的鲜花交相辉映，冷暖两种既相互对比又相辅相成的色调，共同构成了画中的温馨图景。此画是在户外创作的，因此萨金特那段时间每天只有几分钟时间可以捕捉所需的光线。不过萨金特先生在那段时间里播下的种子在不久后也已然开花结果：这幅画后来被送到英国皇家美术馆展出时，收获了无数赞赏，人们评论说："它是那样光彩夺目，以致周围其他画作黯然失色。"

第2章

当代美育历程

当代美育的历史背景与时代特征是，西方的新思潮涌入还未拥有完善科学理性体系的当代中国，这导致了传统文化与传统精神信仰受损严重。经济落后和观念老旧是当代美育发展的重大阻碍。但随着时代的发展，中国经济的崛起和国民素质的提高为美育的发展带来了新的机遇。

西学东渐后在长达一百年的时期内，美育的发展相当缓慢，面临着不小的困境。虽然蔡元培先生将美育写进国家的教育大纲，但是美育被过多地赋予启蒙的色彩，其教育体系依附于德育之中，缺乏足够的独立性。尽管美育在当代发展的滞后与中国当代教育的落后现状和国民人文科学素质的欠缺有密切关系，但近年来，随着国家对美育的重视和投入，美育的发展路程逐渐变得平坦。

教育部在近年来多次发布关于美育发展的报告和数据，其中最新的《中国教育现代化 2035》明确指出，美育是全面发展的重要组成部分，对于培养学生的审美情趣和创新能力具有重要意义。与 2003 年的数据相比，我国人民的整体素质已经有了显著提升，中高层次的人才数量也在不断增加，这都与美育的推广和普及密不可分。

1949 年新中国成立，审美教育目标在此时初次提出。1951 年首次将美育纳入国家的教育方案。由此看出，1949 年到 1957 年，美育在教育界始终是有一定的地位的。但是从 1957 年开始，谈美被说成是小资产阶级的情调，新中国的美育事业被迫中断（图 2-1）。随着改革开放的深入和国民素质的提高，美育逐渐得到了恢复和发展，成为现代教育体系中不可或缺的一部分。各高等学校和高职院校已将美育作为一门必修课纳入培养方案。

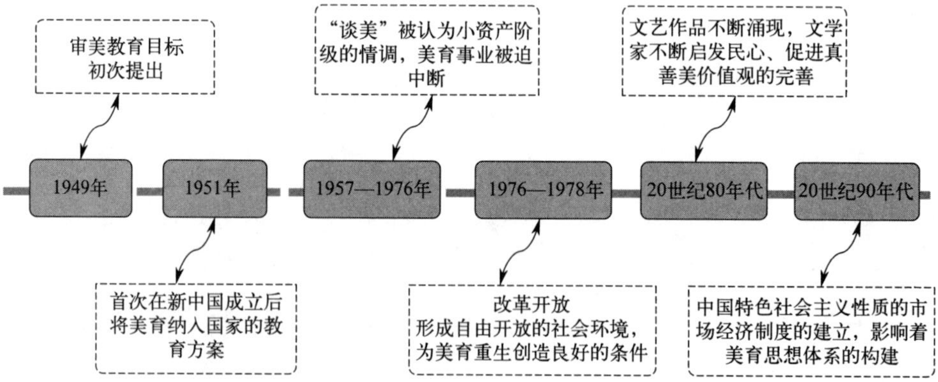

图 2-1　1949 年后美育发展历程

改革开放以来，自由开放的思想环境为美育的重生创造了良好的环境。

20 世纪 80 年代的文学思潮涌动着深刻的人道主义气息。从美育的视角来看，这一时期文化的迷茫与挑战激发了一群愿意为民发声、引领时代的文学家，他们利用文艺的力量来启发民众，对民众进行教育。文艺作品在美育方面的功能，主要体现在启发民心、促进真善美价值观的重塑上，这就是美育出现的意义和功效。美育起到的作用越大，社会氛围也就越和谐美好。

20 世纪 90 年代，随着中国特色社会主义市场经济制度的建立，中国的社会经济也由落后到进步，中西方文化交流更为便捷，对这个时期的美育思想构建影响颇深。

在社会各界人士的努力下，美育的功能逐渐得到了认可，国家对美育的重视程度加深，集中表现为美育在国家政策文件中的地位不断加强。与此同时，美育思想和美育研究实践也蓬勃发展，新的思想、新的理论不断涌现。

2.1 美育与心理的融合——美育心理

美育理论是教育理论一个重要的分支，美育理论除了包含定义、地位、内涵等基本观念之外，最需要解决的是美育原则问题。“美育的第三级原则，即实施方法原则，应当来源于美育过程中受教育者的心理特点和美育分类目标。”因此对美育心理活动进行研究是得到美育实施方法必不可少的途径。

美育学科体系由美育理论、美育实践、美育史三部分构成（图 2-2）。其中，美育理论主要包括美育哲学、美育心理学和美育社会学三个分支。“美育心理学”研究美育依据和基础，研究美育心理过程的特点和对接受教育者可能产生的种种心理影响。20 世纪 80 年代在美育理论组成的三个部分中，最薄弱甚至是空白的领域就是美育心理学。由于美育心理学是直接研究美育过程中人的心理活动特点和规律的，所以它应当是美育科学中一切涉及人的理论和美育实践的基本依据和出发点，因此它的薄弱和空白必然导致美育理论及其实践难以深入。

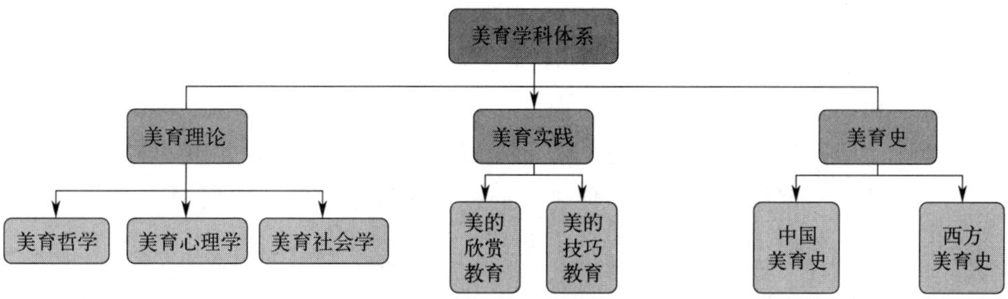

图 2-2　美育学科体系

“爱美之心人皆有之”是一句体现美育心理学的谚语，它不仅是一种普遍的社会心理和个性发展的体现，还能尊重个人的心理发育，陶冶人的“美商”，造就完善的人格。因此美育蕴含着其他教育方式不能实现的功效。

长期以来，美育一直被看成纯教育学问题，未能进入心理学研究范畴。1979 年在潘菽教授的《教育心理学》编写大纲讨论会上，增列“美育心理”内容的建议未被采纳，于是书中“学习心理”占据绝大部分的篇幅，只有几个章节是从学科教育心理学角度出发的，并没有有意识地从美育心理的高度加以论述和提升。

美育是关于人的心灵的教育，是关于人的精神发展的教育，研究美育理论就不能离开美育心理的研究，离开美育心理的美育哲学就只是停留在表面的理性结论，无法深入，美育体系中的美育实践也会因为缺失目标和方法而脱离实际，达不到预期的效果。

中国著名教育心理学家刘兆吉先生在长期从事心理学和文艺心理学的教学和科研中注意到艺术作品、艺术审美活动会对人的心理发展产生特殊影响和教育功能，于是他萌生了有必要进行美育的心理学问题研究的想法。刘兆吉教授在1981年以后连续发表了多篇有关美育心理的论文；1983年4月刘兆吉教授发表的《试论美育心理学中的几个问题》第一次提出了“美育心理学”概念；1986年发表的《创建美育心理学刍议》提出了美育心理学的学科建构问题。1987年在刘兆吉教授的努力下，“美育心理学研究”被列入全国教育“七五”规划国家级重点科研项目；1991年9月刘兆吉教授的《美育心理学》一书问世，标志着这一学科的初步建成（图2-3）。自此，“美育心理”的研究规模不断扩大，研究内容不断深入，也创造出了更好的成果。

图2-3 中国第一部美育心理学高校教学参考书

“美育心理，是教育心理学的一部分，研究美育过程中学生的心理活动和心理品质的形成。”这是刘兆吉先生在1983年版的《中国大百科全书·教育卷》中对这一词条下的定义。仔细拆分这个概念，可以明确得到美育心理研究的对象和预期能够实现的成果。其主要内容是用音乐、美术、书籍的文艺美和日常生活中的自然美为教育方式，感染学生，激发他们的美感和提升他们发现美、鉴赏美、创作美的能力，促进他们智力和身体的健康发展。

各个年龄阶段、各种文化层次、各种职业背景的人接受相同的美育，会产生迥然不同的心理活动和效应，这就给予了学者们研究的方向，对这些无人涉及的课题进行细化的研究，将是各年龄阶段美育目标和实施原则制订的基础。

如何针对大学生群体进行美育心理的培养呢？“美育心理的培养，既是目标教育，又是素质教育，因此在培养美育心理的过程中，要充分地尊重人、理解人，把受教者导向预期的目标，使之获得应有的素质。”走进学生内心的方式就是要与他近距离地沟通。大学生是有自我意识的群体，适当的、正确的引导才是使他们美育心理培养成功的关键。“有意识有目的地按照美育规律，采用恰当手段，适时、适地、适量、适度地将美的事物诉诸受美育者，使其产生预期心理反应，并留下积极、清晰、深刻的痕迹，形成良好的审美心理、知识结构和能力结构以及其他诸种心理效应，这就是美育心理过程的目的性和诱导性。”通过这样的方式去培养美育心理，是十分清晰且成功的。

许多学校教学楼门口都有一面镜子，当我们使用镜子时，就会看到那句名言："以史为镜，可以知兴衰；以人为镜，可以明得失。"镜子表面上是供师生整理仪容仪表所用，实际上在使用的过程中，他们通过回顾名言产生了心理反应，会注重自己的言行举止、为人处世之美。这就是美育心理会对大学生审美教育产生的潜在影响。

从以上对美育心理发展进程、内容和美育心理过程的介绍来看，美育心理的诞生是顺应时代发展的。在20世纪80年代被教育心理学家刘兆吉教授正式确立下来后，就以旺盛的生命力和极为广阔的研究前景吸引众多的研究者。但是美育心理作为一个刚刚被提出的概念，还有很多需要完善的地方，需要更多理解美育、热爱美育和美育心理的学者前赴后继。刘兆吉教授，作为美育心理学的奠基人，曾形象地比喻说："美育心理学目前仅相当于'半坡文化'时期的简陋茅屋，而要建造起高耸入云的摩天大楼，还需要无数富有创新精神的学者，通过几代人的不懈努力来共同实现。"

2.2 艺术、美学与美育的融合——跨艺术美育

美学界以滕守尧及李范为代表，把美学、艺术与教育结合了起来。滕守尧认为，美育就是按照审美规律和艺术进行的，将美学原则渗透于各科教学后形成的教育。他解释说，美育的第一内涵是美育与艺术、美学之间有密切的联系，但它们并不完全相同，各有其特定的含义和重点。艺术是指人类创造的各种形式和表现，包括绘画、音乐、舞蹈、文学、雕塑等；美学是指对审美现象进行系统研究和分析的学问；美育即审美教育，不同于艺术与美学，它更倾向于关注个体的感受、情感反应和认知过程，其不仅是传授艺术技能，更重要的是通过对艺术作品的赏析，培养学生们的审美意识，感悟作者想传递的价值观。中国现代美学与美育，彰显了对美的研究和对人的教育及两者发展的密切联系，具有强烈的跨学科特点。

美育的第二个内涵是"运用审美规律指导的一般学校教育"。照审美规律实施的艺术教育，"不是一般的重技巧的艺术教育，它是自始至终渗透着美学方向的教育，它是自始至终贯彻艺术史和多元文化的教育，它是艺术鉴赏的教育"。这样，他把美的发掘由教育系统外部推进到教育系统内部，将"美"扩展为教育系统内部和外部的美。而之所以推动艺术、美学、美育三者结合，提高学生乃至全社会的审美能力，归根结底是要让人们成为真正意义上的"人"。

《论修养》一书中，朱光潜先生遗憾地指出："我们的先民在文艺上早就本极优秀，而子孙却数典忘祖，面对极珍贵文物不知欣赏，沉迷于浅狭的功利主义中，结果趣味卑劣、生活干枯、心灵空虚。"这句话阐述了朱光潜先生对于美育现状以及青年心理问题的担忧。我们在读诗、听音乐，或是欣赏戏剧和电影后，往往会有种说不出的感觉，情绪受作品内容牵引，此时是喜是悲都无妨，哪怕是悲伤也无须握住一滴泪滴——毕竟艺术的美好之处就在于让人们释放掉平常在现实里不能释放的东西，使我们的内心重新变得圆满，好像感受到自己在这个世界上有一种伟大的使命，这种感觉其实就是我们通过审美艺术找寻到

的遗失的情感。人总该是“诗意地栖居在大地上”的，而在如今这个快速前进的时代，世界各个地区也似乎都存在着重物质、轻文化，重经济、轻精神的倾向，许多人受功利主义驱使而主动或被动地忘了生活的原本意义。我们的物质生活愈加丰富，精神生活却愈加空虚，习惯了“两点一线”，忘却了曾经“读万卷书，行万里路”的自由奔放，迷失在周而复始的生活里，生活变得毫无诗意。针对这个问题，提高人们在美感上的修养，使人们重新拥有一双能够发现美的眼睛便是解决之道。审美艺术可以使我们摆脱功利主义与理性逻辑的束缚，超越个体生命的意义，从而获得精神上的自由（图 2-4）。

图 2-4　诗意地栖居

想必读到这里，你也应该明白跨艺术美育的重要性了。愿这样一节以培养学生审美修养为目标的较为轻松的课程，能够让你感觉像走在车马喧哗的路口时邂逅一棵盛放的白玉兰，使经历一天枯燥无味学习的你眼前一亮。

2.3　全面审美教育观——大美育

简媜在《我为你洒下月光》一诗中写道：“世间，恒能引动我的，唯日月星辰之姿，山川湖海之美。”诚然，世间的美不限于音律与画面间，那么美育的范围也不应仅限于此。

滕纯先生认为，“美育是无时不在、无处不在的”，他认为“大美育”之“大”有两层含义，一是指“各门功课、各种教育活动都含有美育因素”，二是“除了学校美育以外，还包括家庭美育和社会美育”，这种美育观跳出了艺术教育的藩篱，充分展现了美学的教育功能，为“按美的规律塑造人”提供了一条思路。

好的美育教育应该是引导学生自己发现美，而不是指挥学生应该完成某件事情。美育的主旨便是提高人们在美感上的修养，使人们重新拥有一双能够发现美的眼睛，重新用孩童般无功利性的思维去感受这个世界。沈从文在《三个女性》一文中写道；“我们认识美，接近美，只有沉默才是最恰当的方法。人们的歌声，同人类的文学一样，都那么异常简单和贫乏，能唱出的，能写出的，皆不过是人生浮面的得失哀乐。”的确，我们对美的认识，悄然无声地萌芽在我们面对美好事物时身临其境的感受之中。课堂上，欣赏的艺术作品是一种美；课堂外，赏春花、夏日、秋月、冬雪，看大漠孤烟，观长河落日（图 2-5）等诸多景物是一种美；回到家中，领悟家人的良好品行也是一种美……唯有以这种课上课下结合，引导学生自己去感受美，才能更好更全面地塑造学生的审美教育观，这便是“大美育”的优势所在。

图 2-5　大漠孤烟、长河落日

在古代，儒家对“诗礼乐”的高度重视，正是因为他们知晓美育是德育的必由之路。道德并非死板的条文，而是真情至善的流露。让我们将大美育观进一步向前深入推进，发挥其独特优势，引导学生自己发现美，培养学生的审美欣赏、审美表现、审美创造能力，从而促进学生德、智、体、美、劳等素质的全面和谐发展。

2.4　教育美育和高校美育

教育美学，顾名思义，是教育学与美学相互交融形成的交叉学科。它将美学的实用范畴扩展至教育领域。同时，对于教育学而言，教育美学提供了美学教育的理论支撑。这一学科不仅丰富了美学的应用范围，也为教育实践提供了审美维度的指导和理论依据。

从美学的角度看，教育领域存在着美，就像建筑美学、工艺美学、园林美学中存在着美一样，我们可以以美学为基点去研究教育美学，但是也要知道，美学在教育美学中起到的远远不止工具性作用，而是提供了一种有关教育的全新的世界观和价值观。

叶学良等人在《大学美育》中提出的“教育美育”概念，强调了美育在整个教学系统中的全面性和深度，超越了特定学科或阶段的局限（图 2-6）。这一概念拓宽了美育的研究视野，使其成为一个更为全面和深入的领域。与 20 世纪 90 年代之前相比，当时的教育美学研究主要停留在借鉴层面，而陈建翔当时在《美育是一种境界》中提出：“现有的美育观念往往只关注教育中利用的外部美，忽视了教育本身应有的美。”他认为，尽管人们考虑了利用各种美来培养人，但很少思考教育本身该如何实现美这一核心问题。这一观点是教育美育的一项重大飞跃，展示了美学不仅仅是教育的工具，更是教育的根本目标。

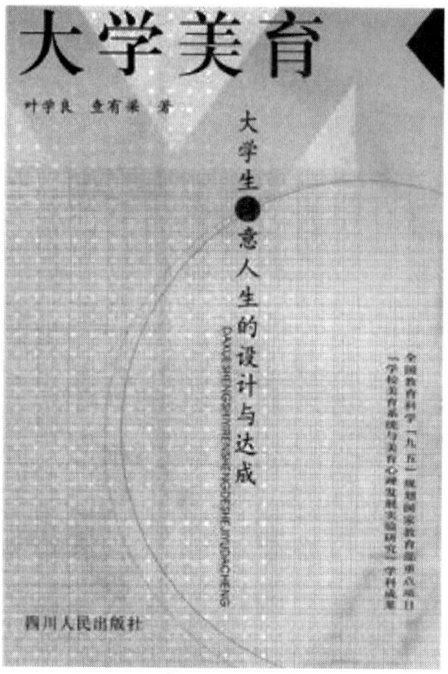

图 2-6 《大学美育》叶学良

教育美学所要求的是美的思想完全渗入教育方方面面的全新体验，是实现“化客观规律性为主观能动性”的任务，这号召我们要把教育变成立美、审美统一的活动，要将立美、审美的精神渗透到教育领域的每一个环节，强调立美、审美不是教育体系中一个无足轻重的范畴。

教育美育旨在在教学形式、教学过程中融入美育的元素，形成寓教于乐的良好氛围，而高校美育在教育美育的基础上增加了空间限制，旨在对在高校范围内如何提升美学的浓厚氛围进行探究，是深度挖掘的成果。

2018 年，习近平总书记给中央美术学院 8 位老教授回信，并在信中就做好美育工作、弘扬中华美育精神提出殷切期望。这是国家层面对高校美育的肯定与指导。习近平主席肯定老教授提出的加强美育工作的意见，希望中央美术学院坚持办学方向，落实党的方针政策，努力将学院办成培养社会主义建设者和接班人的摇篮。

高校美育工作被进一步重视体现在 2019 年教育部颁布的 2 号文件《关于切实加强新时代高等学校美育工作的意见》，文件提出要切实加强和改进新时代高等学校美育工作，明确了高校美育工作的重点任务，列举了高校美育工作可实施的主要举措。

2020 年国务院出台的《关于全面加强和改进新时代学校美育工作的意见》，是对美育工作的进一步细化。文件中首次提出“融合”的理念，在学科融合、学段衔接、目标整合、教材贯通等四个方面实施构想，要求整合学校美育资源，全面深化美学教育改革。2022 年教育部印发的《高等学校公共艺术课程指导纲要》鼓励高校建设美育实践基地。

相关文件不断出台，高校美育不断得到重视，离不开党和国家的指导和高度关注。每一份文件的出台都代表着实践得到的新结果、新改进，美育不断向好发展，我们只要跟随党的脚步，就一定能实现美育深入人心、创新型人才辈出的美好景象。

“美育”一词虽然在我国出现时间较晚，但是随着经济、文化、科技的不断发展，人们对精神层次的追求不断提升，社会对创新型人才的需求量也日益增加，美育的重要性日渐凸显。高校美育作为美育教育中尤为重要的一环，有利于拓展大学生的宏观形象思维，培养大学生的创新能力。

自1903年“美育”一词引入中国以来，关于美育的思考和实践在学界的研究和探索从未停止。尤其进入新时代后，随着党和国家日益重视、创新型人才极度缺乏、高校美育类课程稀缺，各界学者和各位老师对美育一词的探索和实践日渐深入。

在20世纪90年代，为了满足高校美育的教学需要，在国务院倡导下，在教育部相关部门的支持下，我国高校美育教材建设取得了突破性进展，主要标志是《大学美育》《美术鉴赏》《音乐鉴赏》《影视鉴赏》系列教材的出版发行。这套教材的出版贯彻了党的教育方针，有助于加强社会主义精神文明建设，全面提高大学生的素质。

笔者以“高校美育”作为关键词进行搜索，知网上共有4173篇文章，而以“美育”作为关键词进行搜索，则有6.49万篇文章可供参考（截至2025年4月22日）。通过对以上文献的阅读，笔者发现学者已经看到美育带来的显著效果，当然也已经看到了高校美育现阶段的突出问题，如对美育的内涵理解不统一、师资力量薄弱、资源配置落后、缺少行业典范等问题。这些妨碍新时代高校美育发展的问题亟待我们解决。

如果将美育的研究按时间段划分为小学、中学、大学，又会有什么样的结果呢？根据笔者在知网上以“小学美育”“中学美育”“大学美育”为关键词得到的数据，如表2-1所示，可以很明显地看出中小学美育研究成果较为成熟，高校美育的研究成果较少，我们需要借鉴中小学美育的研究形式，推动高校美育研究进程。

表2-1　关于“小中大美育”在论文网站出现的频次对比（截至2025年4月22日）

	小学美育	中学美育	大学美育
知网论文	2399	1044	467

高校美育是教育美育的进一步升华，是各位研究者、学者的奋斗目标，高校美育应不断提出新的想法，不断创新，为培育创新型人才不断注入知识储备。

思考题

1. 探讨美育对个体心理发展的积极影响和重要作用。

2. 研究如何改善美育的教育形式和方法，才能使美育成为对学生审美能力和情感体验培养的有力支撑。

本章DIY

1. 以3～5人为一小组，完成以下美育相关任务。

（1）组内成员一起观看、品评经典艺术作品，结束后开个组内小会，谈谈个人见解和感悟，并以会议记录的方式向班级内的其他同学展示。

（2）组内成员编排有关美育的话剧，进行课堂展示，培养同学们的审美情感和创造力。

(3) 组织组内成员参观美术展或者观看文艺演出，以 PPT 的形式同大家分享自己对美的感悟和体验。

2. “稻熟江村蟹正肥，双螯如戟挺青泥。”秋高气爽，正是稻香蟹肥之时，可以说螃蟹是秋天的一个意象，请同学们展开联想，把螃蟹和秋天的其他意象（如菊花等）结合在一起，用颜料画一幅自己眼中的秋蟹图，并在课堂上进行展示交流。

美学作品赏析

《父亲》罗中立

扫码阅读彩图

《父亲》是当代画家罗中立于 1980 年创作完成的大幅画布油画，是现实题材与现实主义美术创作融合化一的典范。

该作品采用照相式的写实手法，刻画了我国 20 世纪 80 年代初期一位普通的、苦涩的、生活条件艰苦的老年农民。他脸上的皱纹与他身后黄土大地上的沟壑一样多，他的眼神饱含苦楚，却又透露出一丝期待，既像是默默与画前的我们诉说着自己曲折的过去，又像是告诉我们对未来仍有期许，让我们感受到那牛羊般的善良目光的“通视”。犹如耙犁一般的破伤的大手捧着一个破了又被重新锔起的粗瓷碗在喝浑水，身上的汗珠在炽烈阳光的照射下已变得透亮——画家的一笔一画无一不在刻画着这位农民辛勤劳作却生活艰苦的悲剧色彩，而画作的题目《父亲》更是把画作所表达的主旨上升到一个新高度。

《百万雄师过大江》李可染

《百万雄师过大江》是李可染于建国十五周年之际，以毛泽东所作《七律·人民解放军占领南京》诗意创作的革命历史题材画作。此画描绘的正是解放战争的关键战役——渡江战役的场景。解放战争末期，1949 年 4 月至 6 月间，解放军强渡长江，占领国民政府首都南京，此一役后，国民政府全线溃败，江河日下。因此渡江战役成为 1949 年中华人民共和国成立前最为关键的一场战役。

该画作形象地刻画了渡江战役汹涌磅礴，风雨飘摇的战斗场面。其中船只位于画面前景，棕色的船帆迎风飘扬，与渡江战役当时的实景如出一辙，展现了李可染严谨的作画态度。“虎踞龙盘今胜昔，天翻地覆慨而慷。”在画面远景中，以雄奇险峻而著称的古都南京在山林云海中若隐若现，在《七律·人民解放军占领南京》中，最后一句名言便是在阐明自然界如果有情，它会体察到兴盛与衰败这条亘古不变的规律。画中场景恰好对应此句，此刻的南京城即将回到人民手中。她比任何时候都更美丽，此般天翻地覆的变化不禁使人欢欣鼓舞。

《无题》吴冠中

初看吴冠中先生的这一系列作品，便觉正驻足在水乡某处拱桥上，穿堂而过的清风拂面而来，潮湿而舒适。早年在法国进修的吴冠中先生，很好地融会了中西风格，他强调“油画民族性”，为中国画增添了油画的厚重感与凝重感，“尤其是形式结构造型的表现力，增加了国画实处的质量感与虚处的丰富性”；一方小纸，跨越了传统与现代，也打破了真实与画面的隔阂，仅是看一眼，脑中想象的水乡景色便已然开花结果。

第2篇 美学代表人物及其思想

学习美学代表人物及其思想对于新时代的审美教育实践有着重要的指导意义。书中介绍的美学人物的研究经历与美学理论能够引发读者对现代理工科美育发展的现实意义的思考，本书重点介绍了叶朗与曾繁仁两位学者。

叶朗先生强调了科学与艺术之间的紧密关系。科学侧重于逻辑推理与实证，艺术以美育为核心，更倾向于主观感受与情感体验。但两者的内核是相通的，都是追求真和美。科学能给艺术带来更多丰富的表现形式。美育注重个人情感体验，有利于提高学生的共情能力，激发学生的学习内驱力，培养其社会责任感，同时，科学的发展离不开想象力与创造力，美育通过表达情感与思想能够激发想象力与创造力，有利于推动科学的发展。这恰恰回答了钱学森之问——“为什么我们的学校总是培养不出杰出人才？”高等教育应该将美育与科学知识传授结合，实现专业教育和美育的融合，让美育浸润学生的心灵，为专业教育注入动力，以培养全面发展的人才。

曾繁仁先生提出了走美育中国化的道路，他的生态美学理论强调人与自然之间的审美关系，对于工科行业可持续发展有一定的启发意义，蕴含着化工的可持续之美。化学工程作为支撑国民经济发展的关键行业，其发展带来的环境问题受到整个社会的关注。生态美学理论指导着化工行业的可持续发展，为解决生态问题提供了美学视角的方案，有利于兼顾化工发展过程中的社会效益与经济效益。

美学思想是主体较自觉地对美的内容进行思考的结果，体现了主体对事物的美的认识。美学思想为审美教育提供了理论指导，帮助人们更好地理解和实践审美教育。审美教育，通过提高人们认识美、理解美、欣赏美、创造美的能力，以提升人们的审美能力和审美素养。接下来介绍的美学思想提供了关于美的本质及开展审美实践活动的意义的知识，为如何进行审美教育提供了深刻的见解。

第3章

叶朗

3.1 人物简介

叶朗在宗白华、朱光潜等人的中国现代美学思想的基础上，吸收西方现代美学的研究成果，在审视西方20世纪以来的哲学思维模式和美学研究转向的基础上，对20世纪50年代以来中国美学的学术史进行了深入反思，特别反思了主客二分的认识论模式所带来的理论缺陷，继而从本体论的研究转向审美活动的研究，提出“意象”这一范畴是美的本体。从“美在意象”这一核心命题出发，将意象生成作为审美活动的根本，围绕审美活动、审美领域、审美范畴、审美人生，构建了以“意象”为中心的美学体系。

叶朗通过融通中西方资源，完成了对朱光潜意象审美理念的体系化重塑，促进了意象美学对现象学资源的吸收和化用，构建了基于意象范畴的现代美学体系。意象美学理论对高校大学生的学习有着重要的启发性意义。

3.1.1 完成对朱光潜意象审美理念的体系化重塑

早在20世纪初，朱光潜先生便率先提出“意象”这一概念，主张意象就是美的本体。他强调，“美感的世界纯粹是意象世界，超乎利害关系而独立”。但是朱光潜对于“形象”和“意象”两个概念并没有进行严格的区分，这也导致了他的学说对于“意象”具有模糊性。确切地说，他在意象的阐释与表达上，更多的是分散于其著作中的意象审美理念，并没有构建起一种完整的、系统的意象审美理论体系，而且其“意象世界”是从认识论视角出发的，是基于审美主体的意念、想象、情感所创构出来的审美世界，虽然具有美学价值，但是未能脱离主体的客观性。直至20世纪50年代之后，“意象”才真正成为他美学理论体系的核心范畴。

而叶朗则敏锐地捕获了其中寥寥带过的关于“意象”理论的论述，并对其进行进一步延伸和发散，提出了一套体系化的美学理论。从哲学研究的角度来讲，一个范畴只有在完整的体系中才能显现出其真正的意义所在。类似地，唯有把“意象”这一范畴放到完整的、系统化的意象理论当中，才能彰显出意象以及意象理论的价值，从而完成其从传统理念到现代美学的蜕变。叶朗的“意象世界”是一个相对独立的美学空间，具有自身的存在价值，已然摆脱了主客二分思想的枷锁，其内涵与中国传统美学中的“境”的精神内核更为契合。

在叶朗构建的意象美学理论体系里，“美”和“意象世界”“感性世界”“审美意象”有着家族式的内在联系，其阐释的重点是各概念之间的关联性。随着学术研究的不断深入，这些概念在不同时期被他赋予了不同的释义，如“这个完整的充满意蕴的感性世界就是审美意象，也就是美”；“中国传统美学认为，审美活动就是要在物理世界之外构建一个情景交融的意象世界，即所谓山苍树秀，水活石润，于天地之外，别构一种灵奇”；“美感创造一个充满意蕴的感性世界，创造出意象世界，这个意象世界就是美”；等等。但是他要表述的意思是贯穿始终的：“美”就是通过“意象”这一桥梁使之能为人所感知的“意象世界”。无独有偶，朱志荣的审美意象创构学说也突出了意象对美的阐释作用。

虽然美学界对于叶朗将“美”与“意象世界”等同这一观点颇有争议，但从中国传统学术研究角度出发，这一观点正好映射了中华文化的基因。叶朗在《中国美学史大纲》一书中，明确指出了中国古典美学的核心不是“美”，而是“美”的中心范畴——“意象”。故我们切不能只关注“美”这个词，也不能把“美”作为中国美学史的研究中心，否则，中国美学史就将变得单一化、贫瘠化，甚至枯燥无味了。循此逻辑，“美”一词发源于西方，但在中国传统美学中尚无与之相当的概念，其中的“境”大致能与“美”相对应，即为我们所言的“意象世界”。西方美学界素来重视以概念建构论述，尤其是近代以来，更是强调概念的严谨性与清晰性，因此“美”这一范畴也仿佛具有了一种独立于主体之外的客观性。但“美”在中国的传统文化中并未占据核心地位。中华传统文化的核心研究范畴是“境”（即“意象世界”）。所谓“境”，就是审美主体可以全然进入到的一种独特的境界，其形成仰赖审美主体、时机、文化语境等契机在某一瞬间的交汇，具有强烈的生成性和缘起性特征。唯有置身于这一境界之中，审美主体方能深入领悟到文学、艺术、自然世界的奥妙与独特魅力，而我们所处的这种理想状态正是叶朗不断强调的所谓的一个完整的、充满意蕴、充满情趣的感性世界，即“灿烂的感性”。

无论是叶朗还是朱志荣，两者的学说都是对“美”这一概念的阐述，两者的不同只是反映了中西方学术体系在具体表述上的差异，是殊途同归的。西方话语中有“美”的概念，但在中国话语习惯于用“意象”或“境”来表述“美”。与西方理性地研究“美”这一概念的各种特性不同，中国话语更倾向于以一种感性的方式去感受“美”，去把握美的整体氛围和意境。所以叶朗和朱志荣都试图以中国话语去重新理解和阐释“美”这一概念，在他们看来，应该回归到中国传统学术体系中去研究美是如何从意象中产生的，而不是仅仅着眼于“美”这个单独的概念来进行宽泛的探讨。

3.1.2 推动了意象美学对现象学资源的吸收和化用

叶朗的“意象世界”概念直接来源于朱光潜的文艺美学理论，它的核心思想吸取了胡塞尔和杜夫海纳等学者的思想精髓，促进了意象美学与现象学的融合。“在中国传统美学看来，意象是美的本体。”叶朗洞察到中国美学的心物观与现象学的意向性理论存在共通之处，接纳了胡塞尔的“意向相关项”思想，将“意象”看作是“意向性产物”，提出“意象的统一性以及作为这种统一性的内在基础的意蕴，都依赖于意向性行为的生发机制”，因为“‘意蕴’仅存在于人类审美体验活动中，而并不独立地存在于客观对象上”。他强调，“意象世界不是客观的纯物理世界，而来源于人的创造；意象世界总是被人所构想出来的，它离不开主体的审美活动”。他还引用中西方学者的言论来印证他的观点，如王阳明的“你未看此花时，此花与汝心同归于寂；你来看此花时，此花颜色一时明白起来，便知此花不在你心外”，海德格尔的“人是世间万物的展示口”以及萨特的“由于人的存在，才有万物的存在”等。

叶朗对于现象学资源并不是照搬式地“使用”，而是采取了“化用”的方法，也就是说他并不完全依照这些现象学术语和理念的学理逻辑，来剖析中国传统审美理论，而是会在深刻理解中国传统审美理论的基础上，适当地调整其含义而非纯粹地依照其原义，有时甚至会赋予它们新的内涵。叶朗借鉴了现象学资源中适合中华美学的成分，意在创构出一种出自现象学和中国传统审美理论而超越两者的意象美学理论。也就是说，叶朗要构建的是立足于但又不局限于现象学和中国传统审美理论的现代美学体系。

从某种程度上说，现象学促进了叶朗意象美学理论的构建，于他而言有着重要的意义，这类似于康德、叔本华美学之于王国维。恰恰是因为王国维没有完整、系统地接纳这两位学者的理论，使他跳出了这两种理论的窠臼，得以改造并融合两者中最契合其研究内容的部分，并充分发挥创造性思维，有力推动了中国传统美学的现代化转型工作。同样地，对于现象学，叶朗并没有置身其中，而是以一种较为客观、外部的视角来窥看现象学理论的，他对现象学的接受仍采用“中西互释”方式，其接受目的是汲取中西美学资源以具体深入地探讨“意象之于人生的意义”问题。他曾谦虚地说：“我对现象学没有研究。我读过现象学的一些著作，也读过我国学者研究和介绍现象学的一些著作和论文，但都不系统，也不深入。”得益于未对现象学进行系统性的研究，他也因此避开了不少系统研究过现象学理论的学者容易出现的问题——过度依赖现象学知识，从而无法跳出现象学的逻辑框架去产生新的思考，被困于厚障壁之中，出现背离文本的“强制阐释”问题。中国传统意象理论与现象学分别来自两个截然不同的学术话语系统，其核心观念的差异性较大，因此叶朗用意象理论的观点与逻辑来对现象学的“意向性结构”思维进行改造与调整，使经改造的现象学资源与意象美学理论体系相契合。实质上这一调整就是引入中国传统美学核心理念中“天人合一”之“境”（与他“意象世界”的观点相对应），以此矫正胡塞尔那种倾向于认识主体的思维模式（即所谓一切认识对象都在“我”的意向性结构内），力求在“我”与世界之间保持一种微妙的平衡关系，同时也突破了主客二分思维模式的限制。

回溯叶朗的学术研究轨迹，他从一开始便超越了“心与物”，转而去探寻“境”这一更为深远的思维，这也奠定了叶朗美学研究的基调。早在1964年，青年叶朗在剖析“意境”这一美学范畴时就明确指出，意境所呈现的世界和人们实际生活的现实之间，并非存在着一条难以逾越的鸿沟。换言之，叶朗对于那种脱离具体意象和情境，纯粹是出于精神层面的“美”持有审慎的态度。实际上，艺术与真的距离根本上是因为艺术的地位从属于真。“中国美学关于‘真’（‘自然’）的思想和西方现当代哲学中关于‘生活世界’的思想有相似和相通之处。”历经半个世纪的沉淀，当他提出“意象世界”范畴之时，有意识地强调这一范畴与胡塞尔的“生活世界”概念之间的联系，虽然他早已在深刻理解中华传统美学精神内核的基础上，对胡塞尔“生活世界”这一概念的内涵进行了改造，但侧重点很清楚：其一，是要反对构建一个“抽象的概念世界”“我们的世界是有生命的世界”；其二，是要致力于消解主体与客体间的二元割裂及对立视角，倡导一种关注人的生存与命运和自然界的万物的内在和谐统一的美学认识论；其三，是力主审美研究应植根生活沃土，深掘生活世界中的那些“充满生命情趣”的“万物”所包含的价值和意义，以免审美研究变为空中楼阁。中国传统美学深植于生活沃土，倡导在生活实际中寻找那些被隐匿、被忽略的生命之美，进而启发对个体生命在广阔社会世界和天地宇宙中位置与价值的哲思。意象，作为这一审美研究的载体，不仅映射出个体的审美趣味、生活态度，还展现了这种具体审美活动背后广阔的社会世界和天地宇宙，蕴含了多层时空交织的深刻意蕴，凸显了其连接个体与宇宙、生活与艺术的桥梁作用。

3.2 美学观念

19 世纪末到 20 世纪初，美学逐渐从西方传入中国，但不能说古代中国有“美”无“学”，美学在中国的发展源远流长。叶朗先生提到，在中国，美学早就存在了，只不过，前人将“审美”都融入那时的文史哲之中了。而近代中国，恰逢古今中外各种思想文化大冲击的时期，作为学科的“美学”在传播的过程中不曾经历“大浪淘沙”的层层筛择，几乎于同一个历史时期，各种美学思想在中国的舞台上粉墨登场。而这样的传播方式，一定程度上导致了我国如今美学研究呈现出中华传统美学思想没落和带有中华文化基因的美学体系缺失的现状。

叶朗先生深入学习和研究前人丰硕的美学理论成果，提出并进一步阐发了众多美学观念，如“美在意象”。

3.2.1 美在意象

美是人在审美过程中将情景相融而创构的意象世界。叶朗先生提到，自古以来，关于“美本身”或者说美的本质的讨论延续已久。对这一问题，西方学术界的探讨和争论不断。在 20 世纪 50 年代，中国迎来了一场美学大讨论，各种观点百家争鸣，但参加讨论的学者都将审美活动看作认识活动，所以观点未能摆脱主客二分思想的限制。从宏观的视角看，进入 20 世纪后，学者们将研究方向从美的本质转向了对审美活动的研究。

唐代柳宗元曾言“美不自美，因人而彰”，即自然界之景（如湖泊山川），本来并不是“美”。“美”具有主观性，若要成为“美”，就需要借审美主体也就是人的主观意识去挖掘、探索、点亮它，便如同柳宗元诗作中所述，“兰亭”因《兰亭集序》为后人所熟知，若非王羲之，清流激湍便徒然停滞于空山中了。唐朝马祖道一禅师曾提出一个命题——“凡所见色，皆是见心。心不自心，因色固有”，体现了“色”与“心”相互联系、密不可分。

“美在意象”从本质上突出了“心”这一主观因素在审美过程中的重要作用。宗白华曾说，“一切美的光是来自心灵的源泉：没有心灵的映射，是无所谓美的。”“心”能够将世间的“美”照亮，正是在“心”中，宇宙万化方能得到展现和闪亮。

叶朗先生的意象美学的建构与其对现象学的接触密切相关。其“意象特征论”受到了胡塞尔的“意向相关项”思想和杜夫海纳的“灿烂的感性”思想的影响；其“意象生成论”接受了胡塞尔的“意向性”思想；其“意象真实论”接受了胡塞尔等人的“生活世界”思想、叶秀山的美学思想，以及海德格尔的“真理观”和“艺术观”；其“意象意义论”接受了海德格尔的“此在分析”和“自由观”。叶朗接受现象学的特点为“中体西用”。这样的融贯中西，对于如何糅合中西方美学资源，从而在更深层面进行理论创新具有重要意义，同时又使“意象美学”迈上了一个新的理论高度。

叶朗认为，中国的美学研究工作自20世纪80年代起渐渐重归正轨。近代以来，中国美学立足于中华文化和美学传承，不断推动中西融合。在中国美学发展道路上，朱光潜美学和宗白华美学是距离当代美学学者最近的美学理论，因此要讲中国美学的延续和发展，就必须以这两位学者的美学理论为切入点。

20世纪80年代以后的意象美学便是朱光潜、宗白华美学的延续，同时也在原先基础上有了新的跃进，远超出前人研究的范畴。它不再单一地追求“意象”，不再以“意象”为研究中国美学的发展原点，转而开始立足于中国传统的意象美学理论，从现代西方美学的理论成果中汲取精华，建立起具有世界思维和现代意义的中国美学理论体系。譬如，深受朱光潜美学思想的启迪，汪裕雄在其美感研究中将哲学思辨与心理学分析有机结合，还把大量西方近现代哲学、心理学的理论研究成果融入其意象理论研究，并继承了中国传统美学中的虚静、发愤抒情等理论，对审美心理的外在表现与内在层次进行了深入的剖析。

一方面，叶朗十分重视对当代意象美学继承性与创新性的思考。他认为，在植根于中国传统美学的同时，不能局限于肤浅的“注释性阐释”研究层次，而是要在充分汲取与掌握学科化、系统化的现代学术研究成果的基础之上，在思想和理论层次上实现对传统审美资源的创造性转化和创新性发展，对当前所面对的重大学术问题进行深度的探索，并对自身理论进行创新性思考，取得具有创造性的学术成果。与时俱进，是一种理论前进的动力。唯有与当前的社会文化一同进步，不断地对美学理论体系进行时代化调整，并使之与新的社会实际相适应，方能推动美学体系结构和理论内涵与时俱进、不断丰富。另一方面，叶朗将“意象”作为艺术和美的本体，明确意识到，“意象”来自中国传统美学，不仅仅反映了中华文化的独特基因，也与西方现代美学精神有着深层的呼应。叶朗致力于将包括现代意象美学在内的美学理论与国际美学接轨，让美学理论达到中西会通的标准，在根植于中华优秀传统文化、立足中国美学的同时，也能作为一种开放性话语体系走进国际美学界，参与国际学术对话，在世界舞台上展现中国当代美学理论精华。

朱光潜、宗白华对中国传统美学“意象说”的吸收，各有侧重，但无论是朱光潜先生还是宗白华先生，他们的美学理念都呈现出世界性的大格局。作为美学“中国话语”现代建构的先行者，他们在注重中西比较融通的理论视野下，首先且重点突出了对中国传统文化价值的考察与传承立场。他们在自觉汲取中华优秀传统文化精神资源的同时，也始终秉持着“中国视角、世界格局”的原则。朱光潜先生意象理论的思路与方法影响着当代美学从更多的研究渠道进行深入研究，为现代意象美学的研究打下了坚实的基础，但其研究主要聚焦于意象范畴及其相关理论问题，未能自觉地以意象为核心构筑起一套具有整体性的现代意象美学理论体系，这具有一定的局限性。相比之下，宗白华先生虽同样未能搭建具有学派形态的意象美学理论，且其论述风格的思想深度胜于体系的严谨性，审美阐释中蕴含的哲理深度远远超过了纯粹的学理构建，从而在一定程度上削弱了朱光潜学说所展现的体系完整性。但是宗白华巧妙吸收了德国美学研究的精髓，将“天人合一”的哲学境界与“气韵生动”等古典审美观念，创新性地融入并提升到现代美学的时空观念之中，实现了古典与现代、东方与西方美学的融合。在两位美学学者观念的影响下，叶朗先生十分重视提升自己所研究的美学理论的世界格局，注重意象美学的国际对话能力，并且试图从现象学的视角，对中国传统的审美理念作出一个新的诠释。在叶朗的不懈探索下，当代意象美学作为一种系统化的理论形式出现在中国美学史的大舞台上，为中国美学史的发展揭开了一个崭新的篇章。

叶朗的意象美学是在二者的基础上逐渐发展成熟的，是朱光潜与宗白华美学理念的集大成者。叶朗的意象美学完美融合了两种理论的特点，它继承了朱光潜学说的学理性和系统性，同时也吸取了宗白华时空观念的宏大思想性。他不拘泥于从诗学和审美心理学等层次来探讨“意象”，而试图将“意象”放入存在论“天地之境”的时空观念之中，从而构筑起“大境界”的美学思想。其中传达的“天地”思想，蕴含了生生不息、不舍昼夜的秩序美与节奏美，体现了中华传统文化中的“天人合一”的理念。在“美善合一”思维的指引下，中国传统文化观念认为顺应了这种秩序和节奏，就算是抵达了内在充实的“美”，也符合仁智完满的“善”。而个体生命的有限性，也在这一过程中获得了深层次的寄托，将自己融入天地宇宙之中。这也恰好印证了“没有审美活动，人就不能确证自己的存在”。叶朗所构建的意象美学体系，承袭了这种“天人合一”和“美善合一”的传统，通过意象世界来照亮生活世界。在此框架下，个体生命经由审美体验，完成了对宇宙自然奥妙的领悟与把握，进而探寻到人在世间存在的本质价值与深远意义。这一过程，不仅促使个体在精神层面获得自由与欢畅的释放，更引领其融入天地间的和谐秩序之中，体验到超脱世俗的宁静与安稳。

3.2.2 对“主客二分”思想的批判

（1）“主客二分”美学思想的来源

受制于笛卡尔的心物二元论哲学，直至20世纪初期，西方美学的主流思想都是沿袭“主客二分”的思维模式发展的，直到海德格尔开始才慢慢看到“主客二分”思想的危害。而不同门类的美学思想未经“过滤”便传入中国，造成如今传统美学思想的日渐没落和具有东方文化色彩的美学理论体系的缺失。在这种状况下，“主客二分”的思想也对美学研究产生了负面的影响。

其实从字面意思上便可以对“主客二分”的思维模式形成一个较为简单的印象，就是将审美主体的“我”和世界分隔开来，把主体和客体视作两个相对独立的存在，然后用西方传统的客观的目光来审视这些主体或客体，关注其某些特点或者特性，去追寻所谓“美的本质”。因而无论认识美是主观的还是客观的，实质上都是利用“主客二分”的思维模式来对美学的问题进行探索和思考，这也就是“主客二分”思想的核心内容。

(2)“主客二分”思想的历史渊源

“主客二分”这一思维模式，可以说是起源于西方的。在西方历史上，柏拉图在《大希庇阿斯篇》中便提出了“美本身”的问题，并产生了他自己的观点，那就是“美是理念”，而这种理念是绝对客观的、先于现实世界中美的事物而存在的，由此可见，柏拉图认为“美”的本质是客观的。而这种将主体和客体分开的美学研究方式，最早可以追溯到古希腊的“毕达哥拉斯”学派，他们提出了“美是和谐”的概念，在这之后的历史里，许多的研究者都提出了自己的看法，但是都没能摆脱这种主客二分的固化思维模式。直到海德格尔和萨特等人才开始对这种思维方式进行反思和批判。萨特认为，人的存在彰显了万物的存在。人的每一种感觉都离不开意识活动，人类所看到的世界会随着人的举动而呈现出崭新的面貌。由于人存在于世界之上，所以便与万物建立起了某种联系，产生了繁复的关系。“我们使这一棵树与这一角天空发生关系，多亏我们，这颗寂灭了几千年的星，这一弯新月和这一条阴沉的河流得以在一个统一的风景中显现出来。”若是没有人的存在，世间的风景将会失去见证者，虽然它并不会因此而消失，但至少会陷入一种默默无闻的状态之中，直到有另一个意识来唤醒它。

从萨特的观点可以看出，他已然跳出了西方美学中“主客二分”的理念，将审美的客体与主体融合于一体，将其置于一个统一的体系当中，用统一的眼光去看待“美”，从而逐步地将美学研究方向从关于“美是什么”的研究转向“审美实践”的研究。

(3)“主客二分”思想的影响

第一，“主客二分”这样的美学思维方式，很容易将美学的研究带入美的“本质”的研究上去，而“美的本质”这一美学命题，已经被证明对美学的研究是无用的甚至是有危害的，因为关于“美的本质”的研究，其实只是在“美”这一命题下进行着的关于“人的本质”的研究而已。而这样的研究，已经脱离了美学研究的主航道，误入了哲学的研究领域。这也是20世纪50年代的“美学大讨论”最大的局限。而美学研究的重心，则应集中于对美的过程、对美的现象进行研究。因此，“主客二分”的思维方式很容易给美学研究带来障碍。

第二，“主客二分”这样的思维方式，只适用于特定的历史环境，但对美学研究本身会造成极大的负面影响。仍以20世纪50年代的那场美学大讨论为例，在这场大讨论中，主观和客观被完全地割裂开来，认为美要么是主观的，要么是客观的。这样的口号，自然适用于当时的社会环境，然而适用于当时的社会环境，并不代表就适用于美学研究本身的领域，因为在美学研究上，“情”和

“景”是无法用割裂的、孤立的目光去看待的，这样的思维方式加重了对“本质”的讨论和研究，而对于真正的美学学科本身的研究，却无益处。

（4）对于“主客二分”思想的批判

要想树立“美在意象”的新的美学观点，就必须批判和舍弃“主客二分”的思想方式。叶朗先生正是从以下几个方面对这种思想方式进行了批判和破除。

首先，对于“美是主观的”这一观点的批判。叶朗先生从中国传统思想中的禅宗出发进行了阐述，引用了慧能禅师的那首偈语“菩提本无树，明镜亦非台。本来无一物，何处惹尘埃”，从而成功地消解了那个纯粹主观的“美”。

其次，对于“美是客观的”这一观点的批判。叶朗先生也从中国传统思想中柳宗元的“美不自美，因人而彰”出发，从而消解了那个纯粹客观的、外在的“美”。

当然，除了对中国传统思想的继承之外，叶朗先生也吸收了西方美学思想的精髓，通过对审美活动的重新定义，将审美活动从原先的认识活动转变到体验活动上去，从根本上瓦解了“主客二分”这种思维的理论基础，从而使美学的思维方式从“主客二分”向“天人合一”转化。

而对于“主客二分”思维方式的破除，叶朗先生也将中国古代很多珍贵的美学概念纳入自己的体系中，成为“主客二分”思想的替代者，而这个替代者，就是“意象”的概念。在中国古代的美学思想中，“意象”这一概念所强调的，就是天人合一、情景交融、物我交融的思维方式，因为叶朗先生所引用的“意象”这一概念，正是“主客二分”最好的替代品，进而将美学的思维方式从“主客二分”转移到了“美在意象”。

而最后，针对从“主客二分”思维模式出发从而强调对“美的本质”问题的研究，叶朗先生同样提出了他的看法，对“美”的本质研究，实质上应该回归到对审美活动的研究中去。

3.3 学术访谈

季羡林先生十分关注中国文化传统的传承，认为书法、围棋、昆曲、二胡这些东西必须有人提倡，他主张在中小学中开设书法课，并让学生选修一种乐器。记者以此向叶朗先生提问他的看法。叶朗先生表示认同，并说：“我们要加强对青少年的艺术教育，这里面既要有西方的东西，又要有中国自己的东西。季羡林先生非常强调书法艺术。用电脑，很多孩子都不会写字了。”叶朗先生曾问学生为什么不手写，得到的回答竟是“手写的老师不喜欢，不如打印的清楚”，季先生的这个倡议，叶朗先生认为非常必要。此外，钱学森先生也强调，办大学最重要的是科学和艺术相结合。叶朗先生说道，“艺术，一方面培养创造性，一方面要培养人。人要有高远的人生境界，要有完满的人性，艺术起很大作用。强调艺术就要注重中国的传统艺术。如果传统艺术失传就很危险。一个民族之所以在世界上有独特性，就是有传统艺术和文化。我们有孔子、李白、《红楼梦》，如果没有他们，中国就不是中国了。这方面工作要长期下功夫。但如今仍有很多人未曾认识到这一点，他们更重视物质的、技术的、功利的东西，缺乏对文化、精神层面的滋养的重视。”

叶朗先生表示，因为历史的原因，我们传统的精神追求丧失了一些，但有些可以慢慢恢复起来，同时融入现代社会。随着时代变迁，传统的东西需要有些变化，与时俱进。比如上海的新天地，很传统也很现代，很有洋味也很中国。在我们前进的路上，既要批判性地接受西方的东西，也不能随意丢掉中国的东西，在融合中还必须有新的创造。

像叶朗先生这样的学者，可能一般都是在做很高深的学术研究，但叶朗先生似乎对通俗普及读物也十分看重。面对记者的此番疑问，叶朗先生谈到了自己多年前在台湾一家书店的见闻：在书店里看到十几个版本的《谈美书简》——朱光潜20世纪20年代写的书。此事令叶朗先生感到很惭愧，作为美学研究者，读者们还在看很多年前的书。尽管《谈美书简》是经典美学书籍，但毕竟时代不同了，我们理应有所更新。此外，叶朗先生自小深受朱自清、叶圣陶、丰子恺、朱光潜、夏丏尊等学者们的熏陶，时常呼吁作家们要面对青少年写一些人文方面的普及读物，但此类书很少，书店里适合青少年的书多是自然科学类和外文书之类的，因此，叶朗先生希望能够自己写出一本这样的书，同时也希望社会大众也能关注“普及读物”的这个问题。

推荐书目

《美学原理》

这本书是作者近五十年美学研究的智慧结晶。这本书兼具传承和创新，既吸收了蔡元培、朱光潜、宗白华美学思想的精华，植根于中华优秀传统文化，又以“意象”和“体验”为核心，力图将中西美学精华融合，以应21世纪人民所需。本书在字里行间体现了作者开阔的视野、颇有深度的思想，同时提高了材料的丰富性和趣味性，追求清晰、简洁和诗意的文字，以带给读者美的体验。通过阅读此书，读者能够获得思想上的提升和人生的启示，同时又可以陶冶情操，获得审美上的享受。

《中国美学史大纲》

叶朗是宗白华、朱光潜之后对中国传统美学贡献最巨大的美学家，其《中国美学史大纲》至今仍然是中国美学理论的扛鼎之作，其对中国人审美传统的体会和阐释比同时流传甚广的李泽厚的美学理论更有说服力，也更有生命力。

该书是叶朗先生十年美学探索的集大成之作，利用中国美学中的“意象”这一概念，搭建了一个宏伟的阐释框架，其中囊括了中西方的重要审美范畴。在目前西方学术话语的强势控制之下，该书树立了华语学术融贯中西的典范，也展现了中国传统美学精神巨大的包容力和生命力。该书的行文保持了叶朗先生一贯清晰流畅、韵味绵长的特点，几百张精美的图片，更是将阅读变成了一种审美体验。

《中国美学史大纲》是北京大学教授叶朗先生的名作，出版十多年来受到广泛好评，被许多大学选为教材。全书分为四个部分：开篇先阐述中国古典美学的起源，接着展开对中国古典美学进行分析讨论，并对中国古典美学进行总结归纳，最后谈到了中国近代美学。论述的时间跨度极大，自先秦至近代，内容涉及哲学、文学理论、诗歌、小说、戏剧、书画、园林等。作者在书中深入地剖析了关键性的、具有影响力的美学思想和著作，注重把握美学范畴和美学命题的演变和发展，因此本书又可以被视作一部中国美学思想史或中国美学范畴史。

思考题

1. 试谈叶朗意象美学理论对现代美学发展的进步性意义。

2. 富兰克林曾谈到，“美的欣赏是可以意会而不可言传的，这随个人的心境、志趣、嗜好而不同”，请结合意象美学理论分析这句话蕴含的美学理论。

3. 请欣赏毕加索的画作，如《哭泣的妇女》《格尔尼卡》，在空间错乱美之中思考艺术与科学之间的关系。

本章DIY

1. 请自行分组，根据本章内容制作一个 PPT，阐述意象美学理论体系的完善、发展过程，并展示。

2. 请 3～5 人一组梳理叶朗的美学思想，准备一块白板以及若干张卡片，每人轮流在卡片上写上有关人物的成就、美学观念以及代表著作，并贴在白板上，来共同完成人物梳理。

3. 舞台剧可以通过表演、演绎的方式来传达美学知识和思想。请自己设计美学剧本，自己设定剧场、布景、配乐、灯光、道具等，结合本章内容，编排一个舞台剧，以体现出意象美学理论的内涵。

美学作品赏析

扫码阅读彩图

罗曼·罗兰曾言：“自由向来是一切财富中最昂贵的财富。”因此人们渴望、向往自由，甚至愿意为此赌上一切。《争取自由的旅程——逃亡的奴隶》是美国杰出作家伊士曼·约翰逊于 1862 年创作的一幅作品，画面内容取材于他在南北战争马纳萨斯战役中的一次考察。该画描绘了一个奴隶家庭在黎明时分骑着马逃亡的故事，画家将奴隶家庭放在作品的中心，象征着此刻他们才是掌握自己未来自由与命运的主宰。高大壮实的黑人男子坐在马背中间，他正聚精会神目视前方，带着一家人快马加鞭逃离他们原先所在的地方，他身前的孩子似是睡眼蒙眬，而男人身后的妻子怀中抱着一个婴儿，她看着身后，或是在担心身后的追赶者，或者在向过去的一切告别。而位于画面远处的人群里武器正闪着亮光，象征争取自由的枪声即将打响。此刻，未来在这一家人的脚下自由而激烈地滚动。这幅画“捕捉到了奴隶制问题的全部范围开始显现的时刻。约翰逊把这些人放在了前台，这样一来，他们在全国辩论中的处境就更为突出了”，纽约大都会艺术博物馆馆长埃莉诺·哈维这样写道。

伊士曼·约翰逊《争取自由的旅程——逃亡的奴隶》

第4章

曾繁仁

4.1 人物简介

曾繁仁，作为山东大学教授与当代中国生态美学的奠基人之一，他十分注重科学与美育的融合，在生态美学领域有着突出的贡献。曾繁仁是美育中国化的倡导者，在美学及美育领域有着极高的声望与广泛的影响力，在美学研究领域打开了“美育之门”。

曾繁仁先生的学术研究涵盖了西方美学、文艺美学和生态美学领域。20 世纪 80 年代，他率先在中国探索美育的发展道路，对审美教育的各个方面进行了深入剖析与明确界定，为构建当代中国美育体系奠定了坚实基础。随着学术视野的拓宽，于 21 世纪初，曾繁仁先生将研究重心转向生态美学，不仅深化了“生生美学”的内涵，还致力于将中华优秀传统文化与生态美学相融合，探索出一条人与自然和谐共生的生态发展道路，是生态美学研究领域最有原创精神和学术影响的学者。

曾繁仁先生是我国美育的奠基人，为美育中国化作出了重要贡献。具有民族性的美育文化和美育精神能够造就具有中国心的青年人，同时美育也是一个国家强根铸魂的工作，加强美育教育是大势所趋。

因为美学与美育作为有着现代意义的学科，最早来源于西方，其资源也相对集中在西方，这在一定程度上导致了我们在美学领域缺乏文化自信，所以很长一段时间在美育领域，我们学习的主要是西方资源。曾繁仁先生认识到了中国本土资源的优势，其美学研究充分利用了中国本土资源，并合理地吸收了西方美育资源，将我国的美育教学和科研重心从原先只重视西方美育资源的运用，转变为融通中西的方式。这改变了长期以来我国美育“以西释中”的现象，将中国古典美学融入现代美学，以造就属于中国文化的生态美学，开启了对中国古典美育的探寻与发现历程，让中华文化在世界舞台上展现其博大精深，有利于增强民族的文化自信与自豪感。

针对“人类中心主义”导致的资源匮乏和环境污染等威胁人类生存的问题，曾繁仁先生提出了生态美学。生态美学与生态文明时代紧密结合，是一种“非人类中心”、与自然共处的态度，一种可以与自然环境中和、协调、共同促进的态度。与自然和谐共处也正是化工行业需要重视的问题。希望通过美育的中国化能给人们树立文化自信，增强民族自信。

随着可持续发展战略的推行，现如今正是曾繁仁先生所提出的生态美学需要融入化工教育之中，让生态美学观念深入每个学生的内心，把人与自然、社会以及人自身的生态观念融入生活当中之时，生态美学讲到最后还是人的思想境界、修养水平和文化层次的问题，以及人类能否以审美的方式去对待自然的问题。通过将生态美学融入化工教育，让学生理解如何实现可持续发展，以及重新审视人与自然、人与社会、人与自身、历史与现在和未来、开发与保护的关系。同时对于生态美学观念的理解与研究，也能让学生在化工设计概论这门课程中对于化工厂的设计建设考虑得更加全面。也正如曾繁仁先生所指出的，美学的人文指向最终要落实到人类文化素质的提高与完善。所以将美育融入化工教育当中是希望能够提高学生的审美素养与素质，通过审美教育培育学生对自然、社会、他人与自身的审美态度。

如今谈“化”色变的现象层出不穷，化工行业建设迫切需要生态美学思想的指引。化工行业的建设要改变以追求经济利益为首要目标的模式，关注化工行业发展中出现的生态问题和心理问题，重视社会效益、环境效益，争取做到加快有毒有害化学品替代，推进绿色技术改造，深化污染综合治理，减少污染排放，完善绿色制造体系，打造绿色化工，以实现化工行业的可持续发展。

4.2 美学观念

曾繁仁先生在审美教育研究中，强调了多学科整合的观念；在构建审美教育理论体系的过程中，关注科学性与时代性的统一。他认为美育不仅是一个关注人文主义、追求人的全面发展的人文学科，还与相关社会与自然学科息息相关。要发展美育，首先要具备广阔的学科视野，他主张将美学、教育学、社会学、心理学和脑科学等领域的最新研究成果融入美育学科之中，为美育学科的发展提供新的研究角度、方法和重要理论支撑。在曾繁仁先生眼中，美育即“包含感性与情感教育的‘人的教育’”，以培养富有“审美力”的“生活的艺术家”为主要目的，对培养正确的世界观、调节情感和协调与综合其他教育有着不可或缺的作用。并认为作为一种情感教育，美育不应该采取单一片面的、全然以智力因素为唯一评估标准的测试模式，“美育的途径是熏陶，感发”，应该探索更加全面化、多元化、个性化的并以审美素养为核心评估标准的测试模式。

曾繁仁先生还致力于将古今中西美育思想、范畴进行创造性的转换与融通。他对“以西释中”的研究方法十分警惕，认为这种方法忽视了中国文化的独特性，可能会导致对中国美育思想的曲解。中国的“天人合一”哲学观强调人与自然和谐共生，而西方“天人相分”哲学观更注重自我内心的修养，在此基础上他概括出了有别于西方“和谐论”的中国古代美育思想——“中和论”。

4.2.1 美育中国化

4.2.1.1 美育中国化探索的起因

长期以来我国的美育教学与科研中所运用的理论基础主要来自西方学者，经常采取“以西释中”的方法来研究中国古代美学，以西方的美学概念来阐释中国古代的美学理论与思想。在20世纪90年代有学者提出了在文艺学和美学研究的情况下，出现了中国化的“失语症”问题。更有甚者，黑格尔和鲍桑葵认为我们古代的美学是一种“前美学”的水平，没有上升到思辨理论的地步，导致一些学者认为中国古代只存在一种不完善的美育，这是一种文化不自信的表现，所以我们要警惕西方理论中的欧洲中心主义倾向。

进入新世纪，学者们在实践美学的探究道路上展现了多样化的方向。虽然许多学者致力于调整和完善实践美学的理论体系与范畴界定，但仍有一部分学者在权衡“中国文化根基”与“西方思辨传统”时感到为难。由于缺乏对美学自鲍姆加滕时代以来以感性研究为核心的深入理解，并且忽视了当前文化多元交融的复杂态势，中国美学在学科进步上仍面临困境，且未能有效应对人类精神迷失的难题。审美文化现象的日新月异更是让中国美学显得力不从心。思维模式的僵化、研究方法的匮乏以及对西方文化的过度依赖，给中国美学的现代化转型和社会文化发展带来了重重挑战。一方面，中国美学承接了西方美学的逻辑框架，在一定程度上导致了缺少自身特色的问题；另一方面，中国古典美学因生存环境、思维方式和哲学理念等的改变而缺乏相应的理论支撑与实际基础，导致其难以进行当代转化。

中华传统文化中有着丰富的中华美育精神，包括“乐以成人”的君子之教、“天人相和”的中和之教、“风骨刚健”的人格之教与“大音希声”的境界之教。我们应当将美育结合中国的国情，坚持美育的民族化，弘扬并传承中华民族优秀文化，进行创造性转化和创新性发展，树立文化自信。

4.2.1.2 美育中国化的要求

曾繁仁先生提出的美育中国化需要我们做到两点：美育应坚持民族化，以及弘扬中华美育精神。

具有民族性的美育文化与美育精神可以造就具有中国精神的美好心灵，同时为国家培养一代又一代的热爱民族与国家的新型人才。“美育”作为一种“以美育人，以文化人”的教育形态与文化形态在中国古代早已存在，并且具有丰富的资源。“美育”究其根本是一种艺术生存方式，因此它具有一定的民族性，将美育与我国的民族性结合起来将会更符合我国国情。由于文化发展类型的差异以及美育铸魂工作的决定，美育的中国路径需要继续探索。当代美育的中国路径应坚持创造性转化和创新性发展，要创造一种适应本民族发展的美育文化理论。

中国拥有五千多年的历史，拥有丰厚的文化底蕴以及丰富的美育遗产，美育的中国化离不开对于传统文化的批判继承与创新发展。后文所提到的“生生美学”正是曾繁仁先生在生态美学研究过程中对于中国传统生态智慧做出的总结。

4.2.1.3 美育中国化的现状

将人类的实践视为美的根源所在，实为马克思主义美学在中国本土化过程中的智慧结晶。正如曾繁仁先生所引领的中国化生态美学路径之探索，其核心要义可以精简地总结为“全球视野、世界资源、中国经验”，这一理念深深植根于中西方双重文化资源与传统之中，同时又对我国实践美学的认识论根基进行深入的审视与批判性反思。在这一基础上，我们转向了一个全新的视角：融合中国古典美学、现代美学与西方美学的精髓，构建一种独具特色的生态美学理论体系。该体系是以习近平生态文明思想为指引，通过中西生态美学思想交流、交融，在生态中心论与人类中心论之间寻找一种平衡点，建构起的一套兼具中国风格与中国态度的生态美学体系。中国拥有丰富的本土生态文明资源，构成了我们在生态批评领域中独树一帜的优越条件。中国的生态批评应致力于深入研究和借鉴中国传统生态文化的精髓，进而构建和开辟出自己独特的文化优势和开阔的发展前景。在此基础上，我们可以更加积极地参与国际对话，将中国的生态文化推向世界，实现中国生态文化的全球化。

曾繁仁先生在生态存在论美学的构建中，批判性地汲取了现象学各发展时期的核心理念，重建了生态美学的生态存在论理论根基和美学观，并深入挖掘和阐释东西方资源，对其进行现代转化，以期在中西美学的对话与交流之中展现出中国生态美学的全新的面貌。曾繁仁先生的生态存在论不仅为新时代人文学科的研究开辟了一条崭新的道路，还引领我们以更加开放的态度去看待西方的生态审美智慧，提升对中国生态审美智慧的信心，在继承中研判过去、现在与将来，在不断创新中深度认知和不断扩充本民族的文化经验，从而彰显出中华民族的独特文化优势，共同构建人类美好的物质家园和精神家园。

4.2.2 生态美学

德国生物学家恩斯特·海克尔在 1866 年首次提出了生态学的概念。这个概念的提出反映了人们对工业革命时代工具理性与形而上学统治的一种反思与超越的尝试。

如今环境污染日益严重、资源逐渐匮乏等问题的出现，提醒我们应该反思人与自然这一基本问题，探索如何从以人类为中心的观念转变为人与自然和谐共处的观念。生态美学的问题归根结底是人的存在问题。人类中心主义引发了日益严重的资源和环境问题，所以在环境污染等问题方面，人类的态度才是最重要的。自然环境是人类的生存之源，也是生活之源，人类需要认识到在人与自然的相互作用中人类并非处于中心地位，应以新的态度去看待、协调环境问题。

如今时代需要转型，这离不开美育的转型。如今正处于后工业“生态文明”的新时代，美育的生态转型已是不可逆转的趋势。从前，人类将自己视作天地的中心，无限度地使用自然资源，过度追求短期的经济增长和利润最大化，忽视了人与自然之间的联系。如今人类需要坚持可持续发展的经济模式，与自然和谐共生，以更加敬畏与谦卑的态度去对待自然，树立起正确的生态审美观。早在 20 世纪 80 年代中国就兴起的实践美学，始终将美学视作认识论问题，讨论美在主观、客观，或是主客观相统一的问题，而生态美学恰恰打破了这种传统的认识论的限制，将美学问题立足于唯物实践存在论。所以从我国美学学科的发展来看，它是对传统实践美学的一种超越。

曾繁仁先生近二十年的研究与探索，使得其生态美学理论已初步建立了比较完善的思想体系，拥有了较为坚实的理论基础，并已形成了一系列核心内涵和核心概念。他将生态美学定义为：生态美学是利用生态学的理论和方法对美学进行研究，将生态学的重要观点吸收到美学中，从而形成一种新的美学理论形态，是生态学与美学的有机结合。

生态美学是一种以生态为出发点、以人为中心的美学思想。基于人与自然之间的生态审美关系，生态美学包含了人与自然、社会以及人自身的生态审美关系，与生态规律一致，以最终实现人的审美化生存和诗意地栖居为目的。中国的现代生态美学，其意义不仅在于为生态审美提供了更深层的理论根基，而且在一定程度上其有望取代实践美学的实践功利伦理观，从而为人与自然和谐共存作了思想准备。

生态美学下的自然之美，不仅仅局限于自然物体外在或实体之美，而在于生物、环境之间相互作用之美；不是传统认识论所认为的人通过实践活动改造自然，而是生态存在论所追求的人与自然和谐共生愿景的体现；与注重比例、对称与艳丽等自然形态之美的传统美学或是“静观”的非功利之美不同，它强调的是人与自然共生、共存与共荣的和谐之美，不仅是物质上的，更是精神层面上的。生态美绝非黑格尔所谓的低级美，也不依附于人的朦胧感觉，它是一种高级美，反映了人在自然中的“诗意栖居”与“回归家园”的愿望。曾繁仁先生指出，生态美并非具体的、现成的美或审美客体，它与具体的美的形态（如自然美、社会美）相区别，是一种存在论范畴上的美。

目前生态美学关注的问题分别为：一、克服人类中心论，构建人与自然共生整体论。二、在美学理论中以“诗意栖居”代替“人化自然”。三、建设自立于世界的中国化“生生美学”。

从根本上说，生态美学是人类思想境界、修养水平、文化层次的问题，也是人类是否能够以审美的方式来对待自然的问题。

曾繁仁先生所倡导的生态美学，是在马克思主义唯物实践观以及有关的自然观的基础上提出来的，借鉴了中国传统“天人合一”的思想精华，蕴含着人与自然和谐共存的思想，极富东方特色。中国古代美学在生态美学中重新绽放光芒，尤其是中国古典美学中以“天人合一”为主导的文化主张，“心斋坐忘”“民胞物与”“善待众生”“道法自然”“生生为易”“天人合一”“己所不欲，勿施于人”等具有代表性的生态美学思想，可以很好地整合进新的生态美学建设之中。这些生态审美智慧，可以作为我们构建现代中国式生态文化的依据和基础，为未来生态美学学科的发展提供更为广阔的空间。曾繁仁先生从古典文化总结出的“中和美育观”，其核心恰是费孝通先生所归纳的“中和位育”四字，“中和”的核心内涵即共生，这也是生态文化建设的核心理念支撑。《礼记·中庸》将“中和论”置于哲学基石的高度加以阐释，是具有启示意义的。所谓“共生”，“共”意味着万物“和而不同”，“和”意为万物是共生共处共荣的状态。“中和论”的第二层含义为“生”，指出只有在“和”的状态下，万物才能延绵不绝、繁荣生长，展现出蓬勃的生命力。这一古老智慧在当代文明危机的挑战下重新绽放出绚丽的光彩，为我们提供了宝贵的启示与指引。

生态美学观，在科学发展观与构建和谐社会理论的指引下，植根于中国当代社会实际与理论根基，已然成为当代中国先进文化之一的生态文化建设的有机组成部分。我们应当紧密联系中国社会发展与理论建设实际，坚定地走人与自然和谐发展之路。

生态美学是新时代先进文化的重要组成部分，在建设美丽中国中有着重要的理论和实践意义，同时在应对当代生态灾难中具有重要作用。在当今世界自然环境日益恶化、人类生存受到挑战的情况下，在数字化、全球化和多元化的文化背景下，“生态美学”是一种在中国或东方农业中产生的原生文化形式，并在一定程度上成为一种美学形式，对解决生态问题具有重要意义。

4.2.2.1 生生美学

生生美学是曾繁仁先生所提出的，具有中国传统形态，具有重要的美学价值与生态意义。生生美学体现了中国传统渗透于天地生命的变化与创造之中，深植于“道”之“本根”，是一种交融于真善美和礼乐刑政之中的美学体系，亦是一种包含中国古代生态审美智慧、资源与话语的具有鲜明的民族气派与风格的生态美学体系。

“生生美学”植根于中国深厚文化土壤之中，建立在坚实的中华传统艺术的基础之上，具有浓厚的中国作风与中国气派，“生生美学”的文化根基体现为四个“基本特点”：其一，“生生美学”的文化背景是“天人合一”的文化传统；其二，“生生美学”的基本内涵是阴阳相生的古典生命美学；其三，“生生美学”的思维模式是“太极图式”的文化模式；其四，“生生美学”的艺术特性是线性的艺术特征。这些正是中国传统美学与西方美学的不同之处，为中国美学重放光彩提供了可能。

“生生美学”是对黑格尔关于“中国有无美学”和“中国有无艺术”美学之问强有力的回应。“生生美学”通过“生生”这种“天人相和”的“中和论”审美模式作为一种自然生态美学模式，将其推向国际，是与欧陆存在论美学和英美环境美学并立的建设生态美学中的重要一维。当前，我国社会已经进入新的生态文明时期，“生生美学”作为生态美学的中国话语顺应了这一时代发展趋势，成为反映时代精神的美学话语。相比西方美学，“生生美学”来源于中国古代丰富的传统文化，有着鲜明的民族特色与风格。生生之美，是一种天地各在其位的、中国特有的古典形态之美。“生生”一词来源于《周易》，“生生之谓易”“天地之大德曰生”，后成为中华传统文化的关键词。“易”的生态内涵包括“中和之美”“阴柔之美”以及“生命健康之美”等思想。“生生之谓易”通过“保合大和，乃利贞”而成为“生生之美”，一种天地各在其位的“中和之美”。

“生生”即以阴阳之道为标志的以新革旧，新陈代谢，生生不已，不仅仅是让人类一种生命生态，而是让人类和所有其他生命共生，最终达到“生生美美与共”的最高目标追求。

4.2.2.2 生态存在论美学

《中庸》的“天命之谓性”和“参赞化育”很好地体现了生态存在论的观点。其蕴含的生态存在论美学观不仅仅显示着在理解自然上的深邃智慧，更显示出一种诗意的、审美的存在方式。基于“生态论存在观”的哲学视角，生态存在论美学观以“审美存在”为逻辑起点，秉持着“生态整体论”的基本理论，运用生态现象分析方法，以培养人们的生态审美意识为路径，最终促成人类与自然和谐共生的生存状态，为中国生态美学的发展奠定了存在论的根基，同时在继承中国实践美学的“实践本体”的基础上，也对其内涵进行了更深层次的探索与拓展；平衡了人类中心主义和生态中心主义，为解决人与自然之间的矛盾做出了贡献，同时也达成了生态存在论的人文视野、生态视角和审美理念的深度融合和共同发展；超越了传统认识论美学的主客二分思维，实现了立足于本土文化基础上，在生态美学建构的过程中将中华优秀传统文化与外国文化资源相融合；从美学的角度出发，为解决新时代的生态问题贡献了中国智慧与中国方案。

相比于传统存在论美学，生态存在论美学不仅体现了存在论美学与生态美学的结合，还实现了超越与拓展，其进步性主要体现在五个方面：其一，扩充了存在的范围，生态存在论扩展到了“人-自然-社会”，而传统存在论关注的仅仅是眼下，没有长远的考量。其二，改变了对存在的内部关系的认识，传统存在论认为任何个体间的关系是互不相容的，而“生态存在论”以一种平等的方式看待个体之间的关系。其三，生态存在论美学进一步拓宽了观照“存在”视角，在传统存在论中，时空界限被明确界定为人此时此地的存在，而生态存在论美学观，从时间角度看是从可持续发展的思想来看待人的存在问题和审美价值内涵，从空间思维来说是将视野扩大到整个宇宙来看待人与地球的关系，揭示人只是整个宇宙中的一个渺小的存在，以启发人类保护地球的思考。其四，它进一步丰富和完善存在的审美价值内涵。传统存在论美学只看到审美主体有自由选择审美对象的能力，饱含着负面的审美价值，而生态存在论美学承认自然的内在价值，并着力构建一个人、自然、社会和谐发展并和谐共处的自然家园与精神栖息地。其五，生态存在论理论体系中融入了生态原则，是对当代美学理论的丰富与发展。曾繁仁先生之所以提出生态存在论美学是因为看到了“人类中心主义”所带来的工业革命时代对环境的严重破坏，所以需要我们摆脱“人类中心主义”，脱离人与自然对立的观念，重新树立并倡导人与自然和谐共处。

生态审美存在论突出了审美存在的重要作用，提倡以一种积极、包容、和谐的审美态度看待世界，并以美育为美学的中心，为中国现代生态美学在理论基础、精神维度、思维方式和实践途径等方面提供新的理论支持和思维方式，同时为推动新时代可持续发展和构建人类命运共同体贡献了一种具有美学思维的中国智慧和中国方案。

4.3 美育道路

曾繁仁先生真正的学术研究是自 1978 年党的十一届三中全会召开后开始的。当时他所在的教研室需要开设西方美学课，从 1981 年开始了西方美学课程的教学并于1985年出版了第一部学术专著《西方美学简论》，曾繁仁先生正式开启了文艺学与美学的教学科研生涯。他的审美教育也是从1981年开始的。

作为中国美学与美育领域的杰出学者，曾繁仁先生的学术贡献尤为显著，特别是在美育学科建设、美育现代意义的揭示、美育的革新等问题上，他的研究工作具有重要的里程碑意义。《美育十五讲》作为他早期的重要著作，不仅系统性地论述了美育的本质、目的、作用、学科属性、实施方法、研究路径等问题，而且还创新性地运用了跨学科的研究方法，是当前国内少有的美育专论著作，为美育的研究开辟了新的视野。于1985年发表的《试论美育的本质》中提出了美育的本质即“情感教育”，美育的目的在于培养我们感性和精神力量的整体，使之达到尽可能和谐。

20世纪90年代以来，曾繁仁先生的审美教学道路主要从以下四个方向进行：一是对审美教育的学科建设进行探索。曾繁仁先生提出了“美育学”这一概念，强调审美能力是美育学的基础或逻辑起点，主张以审美能力这一范畴为基点展开，进而构建一套完整的美育学理论体系。与此同时，他在构建美育的理论体系时十分关注美育发展的时代背景与现实问题，并通过多学科整合与理论创新，为建设一个具有时代性和现实性的美育理论体系奠定了基础，同时也突出了美育在素质和人才方面的重要作用。二是对审美教育的现代意义和与之相关的当代发展相关问题进行了论述。在面临经济转型和社会文化变迁的时代背景下，曾繁仁先生提出中国现代美育的基本使命，即在马克思主义人学思想的指引下，提升人们的审美素养，促进人的全面发展，培养出以美的眼光看待自然、社会、他人与自己的“生活的艺术家”，让人们以艺术家的审美态度面对生活。三是借鉴与融通中西传统美育思想资源。曾繁仁先生以客观的眼光看待中西美育资源，积极促进中西美育思想交融。他把中国古典美学视为人生美学，其实质就是美育，强调中、西两种美学在现代交流与对话中的重要性。四是对现代中西艺术教育进行了比较分析。曾繁仁早已深刻地意识到美育的出发点是“以人为本”，单纯依靠认识论的美学体系已经无法完全适应新的现实环境，审美教育研究必须脱离仅仅对概念和范畴的研究，因此，曾先生在2009年出版的《现代中西高校公共艺术教育比较研究》一书中总结了这一研究成果。

曾繁仁先生对于生态美学的探索有两个契机，其一是我国20世纪80年代乡镇企业发展所带来的严重的环境污染。国家也渐渐地认识到了这个问题，于20世纪90年代开始认真地倡导可持续发展，整治环境污染问题。曾繁仁先生认为要想人文社会科学有所进步，就要倡导一种使人走向诗意栖居的美学。其二是2001年10月17日至21日，以“美学视野中的人与环境”为主题的全国第一届生态美学研讨会召开。会议上专家与学者围绕主题展开了广泛的讨论与交流，曾繁仁先生做了题为《生态美学：后现代语境下的生态存在论美学》的发言，这一发言对他以后走上生态美学的研究道路具有推动作用。

推荐书目

《美育十五讲》

《美育十五讲》运用社会学、心理学等多学科的研究方法系统论述了美育的本质、目的、价值、学科属性、实施途径、研究方法等问题，对我国的美育理论体系进行了进一步的完善。

曾繁仁先生在这本书中提出了美育的本质是“情感教育”，美育的目的是培养能以审美的眼光去看事物的“生活的艺术家”等重要观点，讲述了通过自然美、艺术美与社会美的途径来培养青年一代的健全人格的方法。

《现代中西高校公共艺术教育比较研究》

《现代中西高校公共艺术教育比较研究》一书，以其核心议题为中心，展开了六编的深入探讨。第一编聚焦于现代中西艺术教育比较的基础理论框架构建；第二编转向深入探讨中国现代艺术教育的发展轨迹；第三编则分析英美现代艺术教育的实践与特色；第四编研究日本现代艺术教育的现状与特色；第五编为现代艺术教育典型个案剖析，意在推动艺术教育的多元化；第六编着眼于研究艺术教育的人文教育基本特点，经济社会文化对艺术教育发展的支撑，功利与非功利的双重目标，中西古今在艺术表现形式、审美观念及教育方法的不同与联系，消费文化与网络文化对艺术教育的挑战以及未来发展方针等问题。

此书不仅对现代中西艺术教育基本观念进行了详细的梳理与比较，还详尽地阐述了众学者通过实地考察中国清华大学、日本东京大学、美国哈佛大学、英国伯明翰大学，对其艺术教育方面的情况展开的专题研究。这种实地考察的研究方法强调了在美育研究中实践的重要性，有利于改变国内美育研究重理论轻实践的倾向，充分发挥当代美育在培养人文精神与实践能力中的综合作用。

《生态存在论美学论稿》

《生态存在论美学论稿》一书汇编了曾繁仁先生自2002年至2009年发表的共计39篇学术论文，可以系统地分为“生态美学发生论”“生态美学基本内涵论”“生态美学资源论”以及“生态美学基础论”。从这四个板块中可见曾繁仁先生生态存在论美学研究的整体轮廓和基本理论构架，表明了他正逐步构建起一个涵盖研究对象、主要范畴、思想资源、理论基础、实践价值等多维度、较完整的生态存在论美学理论体系。

思考题

1. 探究利用生态美学理论解决化工行业生态问题的可行途径。

2. “道大，天大，地大，王亦大，域中有四大，而王居其一焉”，请结合本章内容，谈谈你对这句话的理解。

3. 《聊斋志异》中爱菊人马子才的家族世代爱菊，马子才尤甚，他视菊如命，认为菊是世界上美的化身，与菊精陶氏姐弟结为莫逆之友，感情甚笃。最后，菊精姐姐黄英与马子才结为夫妻。“黄英终老，亦无他异”，请思考人与自然美之间的关系。

本章DIY

1. 以3～5人为一组，完成以下任务。

（1）阅读《周易》《中庸》或其他感兴趣的有关生生美学的中华经典读物，完成后在组内互相交流自己的见解和感悟。

（2）请围绕本章内容，制作一个微电影，传达生态美学与化工行业结合的重要性与迫切性。要求：主题自选，传达思想明晰。

2. 微生态瓶的制作

参考以下流程，制作微生态瓶：

（1）找一个大矿泉水瓶，将其上半部分剪去，留下瓶子下半部分。

（2）将瓶子底部铺上一层小石子或沙子，再铺上适量泥土，向瓶中加入自来水。

（3）在泥土中种植水生植物，如水葫芦等，并放入小鱼等水生生物，这个微生态瓶是地球生态系统的缩影。

在制作生态瓶的过程中注意体会生态之美，在动手中加深对生态美学的理解。

3. 以 6～8 人为一组，开展一场自由辩论会，主题为“生态美学与化工生产的可持续性”，在畅所欲言中感受生态美学的可持续之美。

美学作品赏析

扫码阅读彩图

丰子恺《双燕》

丰子恺是我国现代著名的书画家、文学家、散文家、翻译家、漫画家，他以中西融合画法创作漫画及散文而著名，是我国漫画艺术的先驱。他以真诚平易的热情将“艺术”融入寻常生活中，情趣丰盈，内蕴精粹。他在遵循传统诗画观以水墨线条为本质的前提下，融会西方的速写与中国的诗意化，涉笔成趣，形成了既有写实性又有抒情性的绘画风格。同时他的作品画面始终颇富童趣，这归结于他对童真的崇尚与对小孩的喜爱。他曾在自己的《缘缘堂随笔》中写道：“我在世间，永没有逢到像你们这样出肺肝相示的人。世间的人群结合，永没有像你们样的彻底的真实而纯洁。”此话赞扬的便是他眼前的孩童们。他认为只有儿童的“善”与人格完整，才能称之为真正的“人”，这在一定程度上也是对于虚伪的现实社会的抨击。丰子恺先生不仅以“童心”观察世界，更期望能回诸天地本然的真性情，追求人类真善美的本来面目，拥有发现美的眼睛与心灵。

丰子恺绘画师从李叔同，后者对于善的理念在长年累月的过程中对丰子恺影响颇深。战争时期四处奔波逃难，看尽人世沧桑，也让丰子恺更加体悟无常。他从“人本和”出发，以佛家的慈悲和儒家的恻隐之心，描绘人世众生相。他的画不仅具有高超的艺术表现力，且取材贴近百姓日常生活，看一眼便觉至真至善的情味与温情拂面而来。就像朱自清对丰子恺漫画的评价：“我们都爱你的漫画有诗意。一幅幅的漫画，就如一首首小诗——带核的小诗。你将诗的世界东一鳞西一爪地揭露出来，我们这就像吃橄榄似的，老觉着那味儿。”

你以为的绝境其实是巅峰的起步！

——尤安尼·布尔热瓦《藏在舞蹈里的艺术哲学》

舞台导演尤安尼先生着迷于人体在失重时的悬浮感与平衡美，他擅长用肢体语言展示在向心力和离心力的作用下运动的相对性，与此同时，他的表演作品又有着耐人寻味的哲学感。随着他的肢体语言、音乐旋律、舞蹈中剧情变化的层层推进，观众对他表演的理解与想象会像一株自由的藤蔓，生长，蔓延。

就如他的一次现场表演中，他尝试着一步步登上阶梯的顶端，却又反反复复地重重跌倒，但再多的跌倒也没能将他置于死境，他依靠自己的力量重回阶梯甚至冲上更高的阶层，即使已登上阶梯顶端，也依然会有起起落落，但这时经过先前的磨炼，他已比以往任何时候都强大，所以在阶梯的顶端即使跌落，他也能够在数次尝试后重回顶端。而我们一生中跌倒的次数远远不止 32 次，我们一生里的阶梯也远远不止 9 级，“我们活着的目的是什么？”这固然重要，但更重要的是我们能否始终热烈而赤诚地活着。不顾暂时的成功或失败，不顾当下的危在旦夕或柳暗花明，只顾继续风尘仆仆地缓慢前进，终会在最后抵达理想的彼岸。

第3篇 专美结合

在人类文明的璀璨星空中，化工与美育犹如两颗耀眼的星辰，散发着独特的光芒。化工，作为推动社会进步的强大引擎，以其创新精神和实践能力，不断塑造和改变着世界的面貌。美育，则以其深邃的内涵和广泛的外延，滋养着人们的情感和心灵，提升着社会的文化品位。将化工与美育相结合，不仅是对传统学科界限的一次勇敢跨越，更是对新时代高校人才培养模式的一次大胆革新。

第 3 篇基于化工专业八大核心课程（不同高校略有差别），对化工专业所含美学元素展开挖掘，形成包含物理化学、化工原理、化工热力学、传递过程、化学反应工程、化工设计、化工工艺学以及化工过程分析与合成部分的篇章内容。本篇旨在通过专美结合的教学形式推进高校美育实践，提升大学生审美感知能力。

以本篇第 8 章传递过程课程中的美育元素为例，篇章结构清晰分明。第 8 章首先从课程美育设计和课程美育目标方面介绍传递过程课程概况。传递过程课程是化学工程与工艺专业的主干课程，其美育设计旨在通过类比思维等方法培养学生的跳跃思维和创新思维，美育目标涵盖审美教育、情操教育和心灵教育，并强调培养学生的责任感和职业道德感，同时提升他们对科学美的感知能力。该章包含丰富的美育元素具体内容，共 7 个部分，分为科学精神美、脉动起伏美、类比思维美、科学美术联系美、守恒定律美、循环渐进美以及知行合一美。

科学精神美体现在对真理的追求和探索中。该节通过边界层分离的例子，说明了科学精神美在传递过程中的体现，鼓励学生在面对困难时保持积极态度，勇敢迎接挑战。脉动起伏美象征着生命的活力和积极向上的精神。在传递过程中，湍流的随机性和脉动速度的起伏变化体现了这种美。该节鼓励学生在面对生活中的起伏时，保持积极的态度，将逆境视为成长的机会。类比思维美强调通过已知事物推测未知事物的特征，帮助人们认识和改造世界。该节通过传递过程中的基本概念和四大方程的类比，展示了类比思维在学习和理解专业知识中的应用，以及它如何激发创造力和审美体验。科学美术联系美体现在它们共同的观察力和创造力上。该节通过雷诺实验和梵·高的《星月夜》的对比，展示了艺术作品如何帮助理解科学概念，强调了科学和艺术的相互启发和融合。守恒定律美体现在自然界中物理量的恒定不变，如能量守恒。该节通过传递过程中的动量、热量和质量守恒定律，说明了守恒定律在科学和生活中的应用，以及它如何带来希望和鼓励人们努力奋斗。循序渐进美体现在学习和研究中的逐步深入。该节通过管内湍流传热类似律的发展过程，展示了科学探索中的循序渐进，鼓励学生在学习和生活中遵循这一原则，逐步提高。知行合一美强调理论与实践的结合。该节通过化工传递过程中的“三传一反”原理在工程实践中的应用，说明了理论知识与实际操作相结合的重要性，鼓励学生将所学知识应用于实践中，实现知行合一。

此外，该章节内还包括思考题与 DIY 活动及美学作品欣赏。该章提供的思考题和 DIY 活动，让学生通过绘画、摄影、文字表达等方式，探索和体验传递过程课程中的美育元素，如科学精神美、类比思维美、脉动起伏美和科学美术联系美。该章还介绍了波普艺术和吴冠中笔下的烟雨江南，作为美学作品欣赏的例子，让学生感受不同艺术形式中的美。

综上，本书第 3 篇在化工专业教学中融入美育理念及实践，不仅强调了专业知识的学习，还注重培养学生从美学角度欣赏和理解科学原理的能力，旨在促进全面发展的人才培养。

第5章

物理化学课程中的美育元素

5.1 课程概况

物理化学是化学学科的一个重要分支，是化学科学和化学工程技术的理论基础。它主要运用数学、物理学等基础科学的理论和实验方法研究化学变化的平衡规律和速率规律，以及这些规律与物质微观结构的关系，是化工原理、分离工程、反应工程、材料化学、化学工艺学等后续专业课程的先行必修课。

5.1.1 课程美育设计

蔡元培先生曾经说过：“若为涵养德行，则莫如提倡美育。”物理化学中所蕴含的人生哲理很多，需要学生进行体验式学习。以美培元，以德树人，在教学中潜移默化塑造学生真善美的人生观、价值观以及道德观。

物理化学美育设计的精髓在于通过艺术的包容力和创新性，为传统学科注入新的活力和灵感。这种结合专业知识和艺术美感的教学方式，旨在启发学生的想象力和创造力，培养其跨学科的思维能力和创新能力。在这个过程中，学生不仅能体验到物理化学知识的奥妙，还可以感受到美学的力量和艺术的魅力，从而激发自身潜能，开阔视野。这种专美结合的教学理念不仅赋予学生学术素养，更为其未来的创新之路打下坚实基础。

由于物理化学中理论繁多且抽象，学生在学习过程中往往会产生抵触情绪。因此，在理论教学中，尤其是在抽象概念方面加入美学元素十分必要，这会使得原本抽象的概念变得生动且能够带来美的情感体验，可以消除学生的抵触心理，从而提高学生对课程的兴趣。此外，它能培养学生透过现象看本质的能力，进而更好地认识客观世界。

理解抽象概念需要学生具有抽象思维的能力，这就需要在教学中化抽象为具体，让学生理解这些抽象概念的使用，从而让抽象的概念具体起来，通过体会抽象概念之美，以美育人，进而提升学生的抽象思维能力。

在提高学生抽象思维能力的同时，明确理论公式的由来、公式推论、蕴含的原理等等，能够帮助学生更好地学习物理化学。如：熵是怎样被提出来的，解决了什么科学问题，熵这个概念背后科学家们的艰辛故事等等，这样让学生眼中的公式理论概念立体起来，可以使学生对公式的理解和科学家的探索精神体验深刻。以情绪体验浸润学生心灵，提高学生对于物理化学的兴趣，让他们的思维更加开阔。

5.1.2 课程美育目标

① 培养学生的审美意识：通过美育设计，培养学生的审美意识和艺术鉴赏能力，提高其对美学的理解和欣赏水平。

② 激发学生的学习兴趣：通过将美学元素融入物理化学专业知识中，激发学生对科学与艺术结合可能性的探索，提高学生对交叉学科的兴趣和热情，使学习

变得更加生动有趣。

③ 发展学生的创造力：通过提供创意空间和实践机会，培养学生的创造力和创新思维，引导他们在物理化学领域进行自主探索和创意实践。

④ 提升学生的综合能力：物理化学美育设计可以促进学生多方面能力的发展，包括动手能力、实验技能、跨学科思维能力等，全面培养学生的综合素养。

5.2 科学抽象美

科学抽象极具前瞻性，集实用、创造、美学于一体，是一种有益的思维能力。科学抽象的基本单元是概念。概念的产生表明人的思维由感性层面转变到理性层面。化学中的反应、数学中的角度、生物学中的基因、气象学中的温度、社会学中的阶级……这些概念不但能够更充分地反映自然、反映生活，更重要的是，它们能够指导人们改造世界。

5.2.1 科学抽象美的内涵

科学抽象以概念为基本单元，通过概念诠释科学原理，从而更好地反映自然与生活，在人们的生产实践中发挥着重要的作用。科学抽象的意义在于将未知的事物具体化，使人们能够通过理性思考认识自然，克服对自然以及未知事物的恐惧，并且利用自然规律为人类自身服务，创造更大的社会价值。科学抽象的过程使我们从精神上深刻地感受到理性思维驾驭科学抽象概念所带来的安定感、力量感和成就感，产生强烈的情感愉悦，即审美感受，这便是科学抽象美的奥妙所在。

5.2.2 物理化学课程中的科学抽象美

温度在我们的日常生活中起着重要的作用。“今天好冷”“今天好热”的感性描述被抽象成科学基本概念温度，就是科学抽象中的一个典型代表。温度这一最基本、最简单的定义，成为自然科学中最基本的计量单位之一，它也是物理化学所有公式中最基本、最常用的物理量（如图 5-1）。

图 5-1　抽象冷

温度仅仅是一个简单的科学抽象概念，却能准确反映冷暖，由此发展出了气象学科。通过天气预报，人们再也不会因为突然的天气变化而恐惧害怕，人们的生活更加安心、更加舒心。由此观之，这样的抽象概念之美让人类的生活越来越美好，心灵越来越安定。

生活中，在某些特定条件下，物质会发生化学反应，大多反应微不可察，而部分剧烈反应所产生的化学现象则可以被观测到。在化学学科发展的初期，人们面对一些例如燃烧、爆炸的剧烈化学反应往往十分恐惧，但是利用吉布斯自由能这一科学概念，我们能够提前判断一个反应是否可以进行，还可以提前预估反应中是否会发生燃烧、爆炸，从而更好地进行化工生产。

下面让我们来看看吉布斯自由能这一概念。

吉布斯自由能是为判断过程进行方向而引入的热力学函数，又称自由焓摩尔吉布斯自由能变。自由能指在某个热力学过程中，系统减少的内能中可以转化为对外做功的部分。

吉布斯自由能是热力学中重要的参量，常用G表示，定义为：

$$G=U-TS+pV=H-TS \tag{5-1}$$

式中，U为系统内能；T为温度；S为熵；p为压强；V为体积；H为焓。

$$-\Delta G=-(G_2-G_1)\geqslant W_{非} \tag{5-2}$$

状态函数G是体系所具有的在等温等压下做非体积功（$W_{非}$）的能力。反应进行的方向和方式可由吉布斯自由能差ΔG进行判断：

$$\begin{cases}-\Delta G>W_{非} & 自发反应\\ -\Delta G=W_{非} & 可逆反应\\ -\Delta G<W_{非} & 不反应\end{cases}$$

若反应在等温等压下进行，不做非体积功，即$W_{非}=0$，则：

$$\begin{cases}\Delta G<0 & 自发反应\\ \Delta G=0 & 可逆反应\\ \Delta G>0 & 不反应\end{cases}$$

吉布斯自由能的定义看上去简单，公式也无比简洁，却有着丰富的内涵，在实际应用中发挥着巨大的作用。吉布斯自由能在等温、等压条件下可作为反应自发进行方向的判据，还可用于狭义化学势、最大非膨胀功和狭义表面自由能等方面的计算。

从上述两个实例中，我们可以明确看到，科学抽象出来的概念助力人们以理性的方式更深入和轻松地理解自然，并探索未知领域，这不仅满足了我们的精神需求，也为我们带来了舒适感。通过理性思维去掌握科学的抽象概念，使我们在精神上体验到独特的愉悦和共鸣。

5.3 追求真理美

真理是指客观事物及其规律在人头脑中的正确反映。真理不会因为人们的主观臆断而改变。

5.3.1 追求真理美的内涵

拉美特里曾经说过：“越是接近真理，便愈加发现真理的迷人。”真理本身便是迷人的，吸引无数学者来研究和探索。我们往往会在追逐与感受的过程中发现真理的美。追求真理犹如在迷雾中探索，这个过程中不可能是一帆风顺的，将会经历无数艰难险阻，我们只有不断思考，不断求实，不断加深信念才有可能追寻到真理。这种求实、求真、不断确立信念的过程使得人类在追求真理的道路上一往无前。这便是培根口中的“研究真理、认识真理与相信真理，乃是人性中最高的美德”。这也是追求真理的美之所在。

真理就在我们身边，身边看似寻常的小事也蕴含着真理，但经过求实探索才能发现其中蕴含的真理。

5.3.2 物理化学课程中的追求真理美

追求真理需要刨根问底、实事求是的态度和坚持不懈、勇于探索的精神。

人们凭借自己的臆想猜测：重的物体落地速度比轻的要快。16 世纪出生的伽利略却思考：为什么重的物体下落速度比轻的快呢？如果把轻的物体绑在重的物体上，下落状态会是什么样呢？于是便有了著名的比萨斜塔实验，他用事实告诉人们物体下落的速度与质量无关（图 5-2）。

图 5-2　自由落体中的追求真理美

牛顿在苹果树下休息，一颗熟苹果落下，砸到他的脑袋，换做常人可能抱怨自己倒霉后一笑而过，而牛顿却思考：为什么苹果会下落而不是向上飞？就这样，牛顿经过对原因的探索，最终发现了万有引力定律。

从轻重物体谁先落地，到苹果为什么下落，科学家以其坚韧不拔的毅力和无尽的好奇心，为我们揭示了世界的美妙之处。同样地，在物理化学中，吉布斯思考为什么热量会由热水传递到冷水，从而提出了熵的概念。他的工作不仅推动了热力学的发展，更让人们对世界的秩序之美有了更深刻的认识。

熵是描述自然界一切自发过程都具有的不可逆性特征的宏观物理量，隔离系统的熵值增加，过程自发进行。以热传递过程为例，热量只能自发地从高温物体传向低温物体，而不能自发地从低温物体传向高温物体。热量 $Q(Q>0)$ 从温度为 T_1 的高温物体传递到温度为 T_2 的低温物体的过程中：

高温物体失去热量，熵变为

$$\Delta S_1=-\frac{Q}{T_1} \tag{5-3}$$

低温物体得到热量，熵变为

$$\Delta S_2=\frac{Q}{T_2} \tag{5-4}$$

隔离系统总熵变为

$$\Delta S_{\text{iso}}=\Delta S_1+\Delta S_2=-\frac{Q}{T_1}+\frac{Q}{T_2} \tag{5-5}$$

简单的热水混合冷水变温水的生活现象，却蕴含了吉布斯对于物理化学真理实事求是、见微知著的探索精神与追求。不谈经验谈道理，不凭猜想下判定，勇于打破陈规，实事求是，这种追求真理的精神、逐渐靠近真理的过程，会给科学家们带来极大的情感满足。

以上几则故事虽然趣味十足，但是我们也不能忽视这些科学家在追求真理的道路上所经历的无数失败和挫折，以及他们在此过程中坚持不懈的精神。在不断失败的经历中反复思考的科学家才能捕捉到一闪而过的灵感，寻得真相！这种不断探索、求实及锲而不舍的精神，让追求真理的个体体验到美之所在！

5.4 科学严谨美

科学的严谨之处在于追求更高精度的实证验证，追求更加自洽的理论结构。科学严谨美是科学研究中不可或缺的一部分。

5.4.1 科学严谨美的内涵

科学家们在科研道路上不断质疑探索、求实求真、实事求是，这种探索的过程，蕴含着我们人类对自然法则不断探索的精神，体现了科学家们在追求真理的过程中所坚持的精益求精的态度，这便是科学严谨美的精神内核所在。

科学严谨美要求科学家们在研究中追求精确性，避免模糊和不确定性。这意味着科学家们需要使用精确的测量工具和方法，对数据进行准确的收集和分析，以确保研究结果的可靠性。

科学严谨美要求科学家们在研究中遵循逻辑严谨原则，确保他们的推理和结论是合乎逻辑的。这意味着科学家们需要遵循科学的方法论，建立合理的假设并进行实验验证，以确保他们的研究结论具有说服力。

科学严谨美鼓励科学家们在研究中发挥创新精神，探索新的研究领域和方法。创新是推动科学进步的重要动力，也是科学家们不断突破自我、追求更高境界的重要体现。

科学严谨美强调科学家们在研究中保持实事求是的态度。这意味着科学家们需要尊重客观事实，避免主观偏见和误导性的结论。他们需要根据实验数据和观察结果得出结论，而不是根据个人喜好或先入为主的观念来做出判断。

5.4.2 物理化学课程中的科学严谨美

早在17世纪中期，人们就开始了气体在低压（$p<0.1\text{MPa}$）及较高温度下变化行为的研究。在测量低压下气体性质时，人们发现了玻意耳-马里奥特（Boyle-Marriotte）定律、查理-盖·吕萨克（Charles-Gay Lussac）定律和阿伏伽德罗（A. Avogadro）定律，这三个经验定律适用于一切低压下的各种纯气体。

在此三者的基础上，法国科学家克拉珀龙在1834年推导并提出理想气体状态方程。但是理想气体状态方程只能在压强不太大、温度不太低的条件下适用，与实际气体并不完全相符。之后1873年法国科学家范德华提出范德华方程，又到R-K方程、B-W-R方程和贝赛罗方程等等，随着人们探索的不断深入，实际气体被越来越准确地描述出来，每个方程都有其适用的气体、压强、温度要求，也都经过了高精度的实证验证。至今人们提出的有关实际气体的状态方程至少有 200 种。

科学的严谨性在于不同学说相互之间不断探讨、不断融合，促进理论的发展。17 世纪时，物理学中关于光到底是粒子还是波的研究成为热点，波动说与粒子说两者在几百年间争论不休、相互质疑。在互相质疑的过程中，人类对于光的理解飞速上升，最终在 1905 年，爱因斯坦提出光量子假说，并用该假说完美解释了光电效应，由此人们开始接受光具有波粒二象性。

科学的严谨性，在于不断用实验去验明真伪。为了否认光是由无质量、绝对静止的“以太”这种介质传播的，在 1887 年，迈克耳逊和莫雷在美国克利夫兰进行了一项用迈克耳逊干涉仪测量两垂直光的光速差值的物理实验，实验结果证明光速在不同惯性系和不同方向上都是相同的，由此否认了以太这种介质的存在。

从上述案例中我们可以发现，它们共同体现了科研工作人员追求更加自洽的理论结构的求实、探索、质疑精神以及精益求精的态度，充分展现了科学严谨美的魅力。“路漫漫其修远兮，吾将上下而求索”，科学严谨美体现了科学研究过程中所展现出的精确、严密和细致的美感。这种美感不仅有助于推动科学理论的进步和发展，也有助于提高我们的认识水平和思维能力。

5.5 顺应规律美

所谓规律，其含义是指：自然界与社会中诸种现象间不可避免、本质稳定、重复发生的联系。

5.5.1 顺应规律美的内涵

违反规律的努力往往是徒劳无功的，甚至会将事情变得更坏，白白浪费我们的时间与精力；当我们做到顺应规律，顺其自然，便可以感受到和谐自然、平和宁静。

5.5.2 物理化学课程中的顺应规律美

热力学第一定律的本质是能量守恒定律，即“自然界中所有物质都有能量，能量具有多种存在形式，可以由一种形式变为另一种形式，由一个物体向另一个物体转移，并且在转变与转移过程中，能量总值是恒定不变的”。换句话说，“隔离系统的能量总值在任何情况下都是恒定的”。

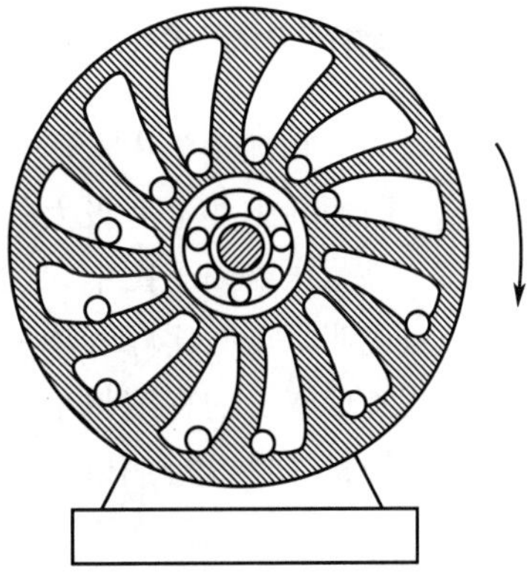

图 5-3　第一类永动机

人们曾经幻想能制造出一种机器，它既不需要外界供给能量又不减少自身的能量，却能不断地对外做功，即所谓的第一类永动机（图

5-3)。第一类永动机违反了能量守恒定律，所以由热力学第一定律可知“第一类永动机是不可能制造出来的”。

事实上，第一类永动机不仅无法实现“既不需要外界供给能量又不减少自身的能量，却能不断地对外做功”，甚至连永远运动下去都无法实现。因为实际情况下摩擦力不可能消除，永动机工作时不可避免地有部分机械能因摩擦力而转化成热能向外散发，最终停止运行。然而，历史上许多人都为了“永动机”这类假想的机器付出了艰辛的努力，企图得到一台永不停歇的机器，显然这违反了热力学第一定律，违反规律，注定是徒劳无功的。

科学如此，我们做人做事也一样，总想守株待兔、不劳而获是不可取的。付出了才能有回报，不用付出的“永动机”是不存在的。此外，对于努力付出，我们还应有方法，顺乎规律，方能达到事半功倍的效果，在工作与学习中才能产生轻松愉快的满足之感，才能给人以美好的情感体验，这些都是顺乎规律之美的表现。

5.6 科学实践美

科学实践是人类探索世界的一种方式，这种方式会随着人类认识能力和实践能力的提高而不断改进。从时间的维度上看，人类科学实践开创并建构了人类社会的农业文明、工业文明和后工业文明。科学实践作为社会发展的阶梯，直接影响社会的物质文明，是社会进步的动力之源，无形中滋养着社会的精神文明。

5.6.1 科学实践美的内涵

人类通过探索在实践中认识世界，又在认识的指导下实践，循环往复，永不间断。在这个过程中，人类对于世界的认识不断修正，不断加深。这种对于真理的探索过程必然是无比艰辛的，但人类对于科学的探索实践却从未停止，我们不断地克服万难，并利用所认识的知识理论在生活中实践，科学实践的发展直接表征和确认着人类对世界认识的不断提升与完善。从这种意义上说，科学实践的发生、发展直接塑造着人本身，决定着人类的历史进程。

5.6.2 物理化学课程中的科学实践美

物理化学中，压缩因子由于在相当大的压力范围内都能得到相应的结果，因而在工业上有极大的应用价值。

压缩因子图中，在任何相对温度 T_r 下，当压力 $p_r \to 0$ 时，压缩因子 $Z \to 1$，说明低压时实际气体的行为更接近理想气体状态方程。在 p_r 相同时，T_r 越大，Z 偏离 1 的程度越小，表明高温下的实际气体与理想气体极为相似。$T_r < 1$ 时，Z-p_r 曲线都会中断于某一 p_r 点，这是因为 $T_r < 1$ 的实际气体升压到饱和蒸气压时会液化。在 T_r 不太高时，大多数 Z-p_r 曲线随 p_r 的增加先下降后上升，经历一个最低点，这反映出实际气体在加压过程中，从开始的较易压缩反转为后来的较难压缩这一历程（图 5-4）。

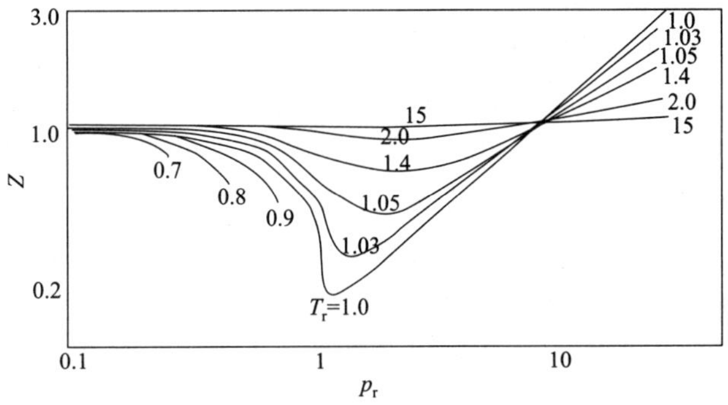

图 5-4 压缩因子图

压缩因子图是根据实验数据绘制的表示压缩因子与相对压力、相对温度关系的曲线图。在解决问题时直接用压缩因子图十分方便。例如，在气体充装领域，压缩因子图的一个用途就是计算温度、压力和体积已知的气体的实际充装量。如：通过 $n=pV/(ZRT)$（n 是气体的物质的量；V 是气体体积；R 是通用气体常数），就可以计算在一定温度下 50L、20MPa 气瓶里边气体的实际充装量。

双参数压缩因子图是由科学家们在实验室通过一次次的实验测定得来的。在测定的过程中往往需要凭借经验大胆假设，再通过一次次的实验得出结果，找到合适的公式去与之拟合。由于相对温度 T_r、压力 p_r 的变化，要得出双因素普遍化压缩因子图，科学家需要控制条件，在特定的实验条件下得出实验结果。实验的艰辛往往是难以想象的。

压缩因子图因其准确性与普遍性，在化学工业上具有极大的应用价值，这正是从理论探索到实践应用的典范，因子图的每一条曲线的拐点、上升曲线、交汇点，都是科学家的实践结晶。

在进行科学研究或实验时所产生的直观感受和体验，包括对问题探索的好奇心和激情，实验过程中对数据的收集和分析的乐趣，以及在解决问题和获得新知识时的成就感和满足感，都促进了研究者知识的增长和精神的升华。科学实践还可能带来挑战和困难，如实验失败、数据分析困难等，但这些挑战也往往激发人们更深入地思考和探索。

至于科学实践美，则体现为科学研究过程中的一种美感和优雅感。这种美感可能来源于对自然规律和现象的深刻理解，以及运用科学方法解决问题和揭示真相的过程中展现出的系统性、逻辑性和务实性。科学实践美还可以在学术交流和合作过程中体现出来，如通过讨论、辩论和共同探讨问题展现出来的互相启发和合作精神。

总的来说，科学实践美在于从知识探索和发现的过程中体验到乐趣和成就感，以及通过科学方法展现出的系统性、逻辑性和合作精神感受到美感和优雅感。

5.7 科学与哲学联系美

公元 17 世纪，完整经典力学的建立标志着自然科学从哲学中彻底分离，但是科学与哲学的联系并没有断，始终处于互相影响、互相联系的状态。反思与合作是当代哲学与科学两者间关系的常态，这种看似矛盾的联系方式在学理上体现出两者互利共赢的一面。科学的发展使得哲学更加科学化，促使了科学主义哲学的产生和发展。此外，科学的发展本身也会促进哲学的变革，如相对论的提出颠覆了哲学原有的时空观，否定了绝对不变的时空观，告诉我们时间与空间是可变的、是统一的，相对与绝对的辩证思想对哲学产生了重大影响。哲学的发展也会使得科学哲学化，哲学为科学提供了方法论，使科学研究逐渐摒弃空想主义，开始学习哲学提出各种抽象的假说、模型、理论等等，哲学中的方法论和辩证法逐渐在科学中得以使用。此外，哲学将会吸收科学中的概念并再次应用到科学。

5.7.1 科学与哲学联系美的内涵

科学与哲学时而融合，时而分离，在分离与融合中相互影响、相互促进、相互发展，这是一种波浪式前进的波动和振动。哲学为科学提供方法论，科学反作用于哲学，并对哲学的发展起到补充和纠正作用。这种相互影响、相互促进的螺旋上升式发展，就蕴含科学与哲学的联系美。科学的研究及其所得成果能为哲学的发展提供丰富的素材与启发，而哲学中诸如应用伦理学等内容，在如今工业设计、城市规划等行业中均有所体现，科学与哲学间的联系可见一斑。

哲学中的美学探讨美的本质、标准和价值，科学通过心理学、神经科学等领域探讨人类如何感知美。例如，研究显示大脑能够对对称性、色彩和比例等美的元素做出反应，这说明美的体验不仅仅是主观的，也有一定的生物学基础。

哲学常关注美在文化和社会中的作用，而科学的发展改变了人们的生活方式和审美观念。例如，工业革命带来了新的艺术风格（如立体主义、现代主义），同时也引发了关于美和技术关系的哲学思考。

科学揭示了自然界中的秩序和规律，例如几何形状、物理定律等，这些规律不仅是科学研究的对象，也给人带来了美的体验。许多哲学家从自然规律中汲取灵感，探索自然之美带来的审美感受。

总的来说，科学与哲学通过对美的不同层面的探讨和理解，为我们提供了丰富的审美体验。科学提供了实证和理论的基础，而哲学则引导我们思考美的意义和价值，二者在美的领域相互交织，通过不同的视角和方法，为我们提供了对美和体验的多维度解读。

5.7.2 物理化学课程中的科学与哲学联系美

物理化学中有一个熵增原理，即隔离系统的自发过程总是趋于熵值增大，熵的物理意义即混乱度，因此熵值增大就意味着混乱度增大（图 5-5），而混乱度增大往往意味着系统某种能力的丧失。例如，热量从高温物体直接传给低温物体就是一个自发的熵增过程，在这一过程中系统熵值增大，吉布斯自由能减小，系统对外做功的能力便因此减弱了。

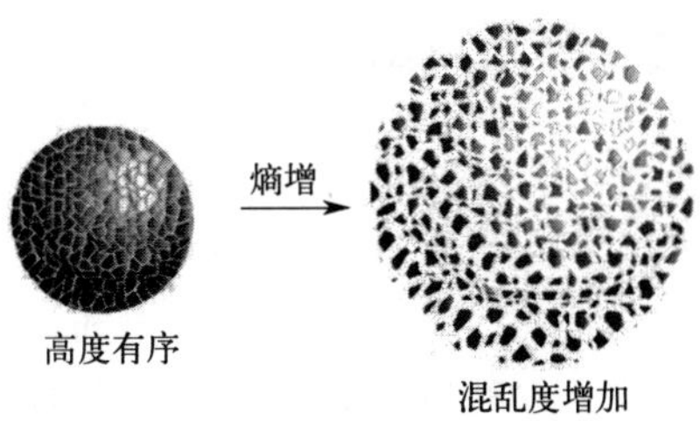

图 5-5　熵增原理

熵的概念最初在物理化学中被提出，后来这个概念逐渐渗透到哲学当中，进而影响人们认识世界、认识社会的过程。熵的概念也逐步辐射到各个学科中，如生物学中的生命熵、天文物理学中的热寂说、信息论中的信息熵……

物理化学中的薛定谔方程阐释了不确定性原理，即我们不可能同时知道一个粒子的位置和它的速度，不确定性这一概念由此在哲学中立足，改变了我们对于因果律的理解。用海森堡的话说："在因果律的陈述中，即'若确切地知道现在，就能预见未来'，所得出的并不是结论，而是前提。我们不能知道现在的所有细节，是一种原则性的事情。"

爱因斯坦说过，哲学是全部科学之母。科学从哲学中汲取营养，哲学为科学提供世界观和方法论的指导，给予科学思考角度和方式。科学发展出的原理和理论又促进哲学进步，科学与哲学相互促进、相互发展，螺旋式上升。

作为处于新时代的青年学生，必须理解并灵活运用哲学与科学间的联系美，不管是什么专业，都应该满怀热情地去了解科学，积极接触科技。毕竟我们正处于一个"科技改变生活"的时代。考虑到科学与哲学间密不可分的联系，我们在学习科学和哲学时必须深刻认识到：我们可以通过了解哲学来帮助学习科学，也可以通过学习科学来理解哲学背后的含义。二者的学习能够相互促进，通过这种方式，相信也能让读者对于科学与哲学的联系美有更深刻的认识。

5.8　化繁为简美

化繁为简意味复杂的事情可以用简单的方法去化解。"删繁就简三秋树，领异标新二月花。"旁人画竹兰易流于枝蔓，而郑板桥却主张删繁就简，使之如三秋之树，瘦挺俊秀，没有旁枝杂叶，以最简练的笔墨表现最丰富的内容，以少胜多。西方人常说谚语"The less is the more"。这不禁让我们思考：多与少、繁与简究竟是什么关系？带给我们怎样的哲学智慧？

5.8.1　化繁为简美的内涵

史蒂夫·乔布斯说："简单一直是我的成功秘诀之一，但简单比复杂更难，你必须努力厘清思路，才能化繁为简。但这份努力非常值得，因为一旦你做到了，便可以创造奇迹。"古语有言"大道至简"，智者所说并不是内容的贫乏，而是一种去繁就简的处事方法。

5.8.2 物理化学课程中的化繁为简美

通常而言，大多数化学反应要经过一系列步骤，因而总化学反应的动力学方程就由这些步骤的微分方程组合而成，任一反应步骤的速率方程均可由质量作用定律得出。然而，某一反应中所涉及的中间体往往参与多个反应步骤，这样便会在几个反应的微分方程中出现同一个中间体的浓度，使得每个反应的微分方程之间不再彼此独立，而是相互关联，给微分方程的积分、求解带来麻烦。特别是随着反应步骤、组分数和级数的增加，其速率方程的积分形式求解将变得极其复杂与困难，有的甚至无法求解。

在连串反应中，反应速率最慢的步骤决定总反应的速率。最慢的反应步骤也被称为反应速率的控制步骤，简称速控步骤。利用慢步骤控制法近似处理反应速率，可以大大简化速率方程积分形式的求解过程。

例如，连串反应如下：

$$\mathrm{A} \xrightarrow{k_1} \mathrm{B} \xrightarrow{k_2} \mathrm{C} \tag{5-6}$$

想要求解总反应动力学方程，常规解法需要求解一次线性微分方程。

$$\frac{\mathrm{d}c_{\mathrm{B}}}{\mathrm{d}t}+k_2c_{\mathrm{B}}=k_1c_{\mathrm{A},0}\mathrm{e}^{-k_1t} \tag{5-7}$$

得到：

$$c_{\mathrm{C}}=c_{\mathrm{A},0}\left(1-\frac{k_2\mathrm{e}^{-k_1t}-k_1\mathrm{e}^{-k_2t}}{k_2-k_1}\right) \tag{5-8}$$

当 $k_1 \ll k_2$ 时，上式可简化为：

$$c_{\mathrm{C}}=c_{\mathrm{A},0}(1-\mathrm{e}^{-k_1t}) \tag{5-9}$$

这是通过对微分方程精确求解后，再利用条件，对精解公式进行近似处理得到的简化公式。

若采用慢步骤控制法，问题则变得简单很多。若反应的总速率完全取决于第一步，第一步的速率方程为：

$$-\frac{\mathrm{d}c_{\mathrm{A}}}{\mathrm{d}t}=k_1c_{\mathrm{A}} \tag{5-10}$$

即：

$$c_{\mathrm{A}}=c_{\mathrm{A},0}\mathrm{e}^{-k_1t} \tag{5-11}$$

又因为 $c_{\mathrm{A}}+c_{\mathrm{B}}+c_{\mathrm{C}}=c_{\mathrm{A},0}$，而整个反应过程中 B 一旦生成就立即转化为 C，$c_{\mathrm{B}}\approx 0$，故：

$$c_{\mathrm{C}}\approx c_{\mathrm{A},0}-c_{\mathrm{A}}=c_{\mathrm{A},0}(1-\mathrm{e}^{-k_1t}) \tag{5-12}$$

由上述结果可知，慢步骤控制法得到的结果与精确求解微分方程后再对公式近似处理的结果完全相同。慢步骤控制法避免了求解繁琐微分方程这一麻烦过程，处理问题更为方便和简化。

马克思唯物主义哲学告诉我们，在面对纷繁杂乱的事物时，要抓住主要矛盾，集中力量解决主要矛盾。分不清主次，把握不住关键，让冗杂事务掩盖了原本的真相使很多人处理问题无从下手。用化繁为简的方法找到根本问题，方能使问题的症结拨云见日，然后对症下药，问题的答案和解决之法也会水落石出。

成功和幸福要学会“减法”，化繁为简帮助我们明确目标，提高效率，让我们更加清晰明了自己在做什么。它不仅是物理化学领域的智慧之美，也是渗透生活方方面面的处事经验之美。

5.9 从理论走向实践之美

实践是对理论的运用，理论又源自实践。实践本身也是理论的体现，从中我们可以感受到理论之美，同时也能感受到从理论走向实践之美。物理化学课程不仅是对理论知识的学习，更是从抽象到具体、从概念到实践的美的探索之旅。

5.9.1 从理论走向实践之美的内涵

马克思主义实践观认为，实践是认识的来源，是认识发展的根本动力，是检验认识正确与否的唯一标准。实践与认识是辩证统一的关系，实践决定认识，认识对实践有巨大的反作用。正确科学的认识能促进实践的发展，而错误的认识会阻碍实践的发展。认识要随着实践的发展而不断进步。

5.9.2 物理化学课程中的从理论走向实践之美

原电池是将化学能转变为电能的装置。在原电池中，发生的化学反应是氧化还原反应。发生氧化反应的一极上有电子流出，做负极，失去电子的物质是还原剂。电子通过原电池的负极，经导线流向正极，在正极上氧化剂得到电子，发生还原反应。原电池就是通过化学反应实现化学能向电能转化的。理论的美，在于其为我们打开了通往物质世界深处的大门，让我们看到了自然界内在的秩序和美感。

然而，理论只是认识世界的起点，真正的美感体验来自将理论知识转化为实际应用的过程。例如：生活中大量水果都是呈酸性的，其中含有大量氢离子，再搭配上两个金属片和导线，就可以制备“水果电池”。

水果电池的发电原理是：稳定系统中，两种金属片的电化学活性不同，其中活泼金属片能置换出水果中酸性物质的氢离子，产生正电荷，自由电子在外电路中传导，从而产生电流。当我们看到实验现象与理论相符合时，内心涌现的那份喜悦，就是源自对真理的追求和对美的感受（图 5-6）。

更重要的是，当我们将理论知识应用到实际问题的解决中时，才真正体会到理论与实践的完美结合：某天，由于小黑疏忽大意，房车电池完全耗尽，没有办法启动房车的引擎，小黑和老白被困在一个偏僻的地方。老白的化学知识在这里给予了他们极大的帮助。他用螺钉、硬币（镀锌金属）、刹车片（含氧化汞的石墨块）以及氢氧化钾水溶液制造原电池供电，以此获得足够的能量来启

图 5-6 “水果电池”给小时钟供电

动引擎，使他们摆脱困境。

真理之美不仅在于其规律性或者正确性，还在于生活中的实际应用。当老白的原电池通电的那一刻，他心中的真理之花才真正绽放，从理论走向实践的意义就在于此。

在物理化学课程中，我们不仅仅是在学习知识，更是在经历一场理论与实践相结合的美的探索之旅。这种美，既来自理论知识本身的精妙，也来自将理论知识转化为实践的过程中所带来的感悟和喜悦。

思考题

1. 结合本章所学，思考科学抽象美在化工领域中的更多应用，并举例说明。

2. 在物理化学课程中，我们在追求真理美的过程中，发现了世界的奥秘之美。结合你对课程的学习，谈谈你对科学家追求真理美的理解，并举例说明一位物理化学领域的科学家如何通过自己的工作感知了世界的美妙之处。

3. 除了本章追求真理美的小故事，你还知道哪些科学家追求真理的案例？

4. 通过了解科学家们追求真理的案例，你认为追求真理应具备的品质是什么？

5. 结合自身实践，谈谈如何在科学研究中尽量做到严谨。

6. 当下哲学与科学两者相联系的体现有哪些？

7. 在学习物理化学的过程中，我们领略了理论与实践相结合的美妙之处。试举例说明物理化学理论是如何转化为实际应用，展现从理论走向实践之美的。

本章DIY

1. 在化工领域，如何利用已知的物质或化学反应规律创造出美感或提高产品品质？请据此设计一个实验，并说明它们是如何依据特定规律而设计或优化的。

2. 通过本章的学习，你认为科学实践美是什么？结合你认为的科学实践进行分享。

3. 绘出一幅化工流程图来体现化繁为简美。

扫码阅读彩图

爱德华·霍普《夜游者》

《夜游者》 描绘了深夜坐在市中心小餐馆里的人们。该画创作于1942年，这是霍普最著名的作品，也是美国艺术史上最知名的画作之一。

爱德华·霍普说，《夜游者》灵感来自“纽约格林威治大道上的一家餐馆，那里两条街道相交”。但是，这种图像（精心构造的构图和缺乏叙事）具有永恒的普遍品质，超越了特定的地区。这幅画描绘了一个通宵的餐馆，和其中彼此疏离的顾客与侍者的场景。霍普对光在简化形状上的表现力的理解使这幅画极具渲染力。荧光灯在20世纪40年代初才开始使用，通宵的餐厅发出令人毛骨悚然的光芒，就像在黑暗的街道拐角处的灯塔一样。霍普消除了对入口的任何参照，被光吸引的观众被无缝的玻璃楔子挡在了场景之外。互不交流的夜游者似乎彼此相距甚远，同时霍普似是用一个透明的玻璃盒子，如舞台剧般呈现出人们同外界交往的封闭性。同时也深刻反映出战争期间人们内心的空虚。

尼古拉·博格达诺夫·贝尔斯基《教室门口》 这幅油画描绘一个衣衫褴褛的小男孩站在教室门口，他的衣服布满补丁，裤子上甚至都被磨出了破洞，还穿着一双被线胡乱缠在一起的布鞋；同样地，他肩上背着的两个背包也十分破旧，他望着教室里与他年龄相仿的正在学习的孩子们，踌躇在原地，不敢直接进入，而教室里的孩子大多在奋笔疾书，也有孩子好奇地望着小男孩，似乎在想小男孩为何会衣衫褴褛面对教室犹豫不前。画中故事正是画家的亲身经历，小尼古拉出生于一个贫困农村，童年生活十分拮据，只能在放羊时用木头雕刻动物，或在篱笆上画画，所幸后来尼古拉得到名家赏识，这位好心人将他介绍给圣塞吉乌斯修道院的画室，并且一直资助他的学习，一直到他成为俄罗斯著名的画家。

尼古拉·博格达诺夫·贝尔斯基《教室门口》

朱瑞《寒江独钓图》局部

该作品传递出一种对贫困、孤独、渴望关怀的孩童在教育公平上的呼唤，画中男孩形象描绘了贫困地区的孩子们，他们每天都在为了生存而奔波，渴望学习却有心无力。相较起来此时此刻坐在教室的我们，是如此的幸运，我们更应该抓紧机遇，像蜜蜂吮蜜一般汲取知识，提升自我综合素养，为促进教育等诸多方面的平等贡献自己的一份力量。

朱瑞《寒江独钓图》无论是“空江不见人，飞雪纷如剪。独有垂钓翁，孤舟水云远”，还是“千山鸟飞绝，万径人踪灭。孤舟蓑笠翁，独钓寒江雪”等诗句，都是对画家笔下的《寒江独钓图》所描绘场景的最佳诠释。寒江独钓作为中国艺术的一个母题，意蕴深远：此刻，天地之间是如此纯洁而寂静，渔夫立于水上垂钓，得到的又何止是鱼？更多的是内心的旷达，与一份独有的悠然。老子曾道“上善若水，水善利万物而不争”，即言做人应如水，水滋润万物，但不与万物争高下，这样的品格才最接近“道”，而画家说“得意在舟”，在这种意象之下，水是柔软的、精神化的，是心灵的寄托之所。

相较于固定的陆地，水是流动的，舟行水中，随波荡漾，“浩浩乎如冯虚御风，而不知其所止；飘飘乎如遗世独立，羽化而登仙”，这悠然自得、遗世独立的心境，正是许多中国文雅画家与诗人们的期许。而以上《寒江独钓图》，画面秀美精致，意境深远幽邃，表现了清高旷远的氛围以及天人合一的境界。

由此说明，在中华民族的审美基因里，意大于形；在不同的画面表达形式里，可品悟出相同的、薪火相传的传统文化内涵，这正是中华文化的独特魅力所在。

第6章

化工原理课程中的美育元素

6.1 课程概况

化工原理是化学工程与工艺专业的核心课程。它以在化工实际生产过程中会用到的物理加工过程与手段为宏观的教学背景，又以数学、物理和化学等基础知识作为辅助，以达到分析和解决相关工程问题的目的。

6.1.1 课程美育设计

化工原理课程是化工类及其相近专业的一门基础技术课程和主干课程。将美育与课程中的流体流动、过滤、沉降、气体吸收等知识深度融合，在传授化工原理知识的过程中，传递其中浩如烟海的美学元素，不仅可以培养学生勇于创新、甘于奉献及坚持不懈的化工研究精神美，而且能培养学生科学审美观念，从而提升学生认识化工美、理解化工美、欣赏化工美、创造化工美的能力。在多种单元操作中体会共性个性美、在吸收与解吸的过程中体会动态平衡美……将化工专业知识与美学理念相融合，不仅能激发学生追求化工之美的内在驱动力，还能提升他们自觉创造具备专业美学价值作品的能力。化工原理审美化教学为专业课程的学习注入了新的活力，为化工行业人才提供了深层次的启迪与心灵滋养，真正实现了“启智润心”的教育目标。

6.1.2 课程美育目标

① 激发学生对化工生产流程中各环节相互关联性的丰富联想与深刻理解，培养其运用逻辑分析解决问题的能力。提升学生对不同情境下美的感知力，培养欣赏、美化自身与周围环境的能力，从而培养具备敏锐洞察力和审美情操的化工专业人才。

② 引导学生树立科学的审美观，从美学的角度审视课程学习的过程与成果，保持积极乐观的态度应对挑战，寻找创新的发展路径。培养学生丰富而热烈的审美情感，达到知行合一。促进审美观和职业道德感结合，为成为行业优秀人才奠定基础。

6.2 共性个性美

共性指不同事物共有的普遍性质；个性指一个事物区别于其他事物的个别或特殊性质。共性和个性是事物固有的性质，每一个事物都既有共性又有个性。

6.2.1 共性个性美的内涵

共性和个性之间的关系是千丝万缕的。共性指一切事物或某类事物所共有的性质，它决定该类事物发展的基本趋势。个性指事物所特有的性质，是一事物区别于另一事物的基本依据。对于人本身来说，共性，体现在无论来自哪个国家、何种文化背景的人们，都共享着一些基本的情感与需求；个性，则表现在每个人独特的成长经历、价值观、兴趣爱好及创造力上。共性使多样化的世界形成统一的整体，而个性使世界上各种事物多姿多彩。在化工原理中，单元操作之间的关系是千丝万缕的，既有共通的知识又有各自的用法，蕴含着丰富的共性与个性。共性让人联想到普遍性，而个性则是特殊性。

6.2.2 化工原理课程中的共性个性美

化工原理这门学科形成的过程是比较坎坷的。最初，人们对于不同的化工产品的生产技术还只停留在分开研究的阶段。当时的人们并没有考虑到不同产品生产过程之间是有相互联系的。一直到 19 世纪 80 年代，才有工程师（Davis）通过研究发现，在不同的化工产品生产过程中用到的物理过程之间是有联系的。到了 20 世纪初，“单元操作”的概念开始出现并逐步成熟。形象地说，各类生产和单元操作更像是一幅拼图，拼装完整的时候是一个生产流程，拆除后的每个碎片就是单元操作。共性与个性，就是一组彩色铅笔，共性是工具，个性是不同颜色，共同描绘出一个完整的世界。

分析不同的生产过程存在的共性操作，从而提炼出单元操作。同样，不同的单元操作之间也存在着共性的内容，例如吸收、精馏、萃取、干燥等都存在质量传递过程。很多学生会觉得化工原理是一门很难学明白的课程，往往是因为他们没有考虑到单元操作的内在联系，只是单纯关注每个单元操作的个性。这种将一个个单元操作分开来看的行为，忽视了各个单元操作的共性（图 6-1）。

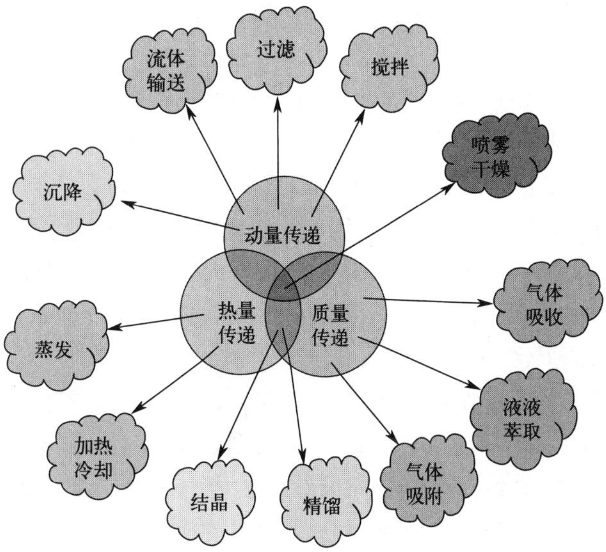

图 6-1　常用单元操作

下面我们看几个公式：

在液体蒸馏中计算板式精馏塔高度（H）的时候可以用实际板间距（H_T）与塔板数（N_T）相乘，如式(6-1)：

$$H = H_T N_T \tag{6-1}$$

在气体吸收中计算填料吸收塔高度的时候可以用传质单元高度（H_{OG} 或 H_{OL}）与传质单元数（N_{OG} 或 N_{OL}）相乘，如式(6-2)：

$$H = H_{OG} N_{OG} = H_{OL} N_{OL} \tag{6-2}$$

在塔设备中计算填料精馏塔高度的时候可以用等板高度（$HETP$）与塔板数相乘，如式(6-3)：

$$H = HETPN_T \tag{6-3}$$

在传热及换热器中我们可以用传热单元长度（H_c 或 H_h）与传热单元数（NTU）相乘得到换热总长度（L），如式(6-4)：

$$L = H_c (NTU)_c = H_h (NTU)_h \tag{6-4}$$

在化工原理中，虽然将吸收与精馏作为两种单元操作分别介绍，但是它们都是用塔设备来操作的，所以具有塔设备的共性。同时，它们计算塔高的公式本质是一样的，但是公式具体的项不同，具体求法也不同。填料吸收塔高度计算是用传质单元高度（H_{OG} 或 H_{OL}）与传质单元数（N_{OG} 或 N_{OL}）相乘，填料精馏塔高度计算是用等板高度（$HETP$）与塔板数相乘，这又体现了两种单元操作的个性。在分析吸收与精馏这两种单元操作的共性和个性的过程中，我们充分感受到了个性与共性的化工美。

许多化工原理教材在精馏中讨论的是板式塔，在吸收中讨论的是填料塔，但在进一步的学习中，我们会了解到填料塔与板式塔实际上都能完成精馏与吸收的操作。

“三传一反”高度概括了化工生产过程的全部特征。“三传”包含三个传递，即动量传递、热量传递和质量传递。传热是热量传递，是指温度高的物体将热传给温度低的物体；吸收是质量传递，是指气体中易溶组分溶于液体里。这两个过程都是由“多”传递给“少”、从“高”传递到“低”的过程，所以传热和吸收的很多知识都是相通的。在换热器的设计中，我们可以将列管式换热器看成横着的塔，将换热器长度看作塔高，因此我们也可以用类似的公式求出换热器长度。

每个单元操作都有其个性美，不同单元操作之间也体现着共性美，我们需要清楚不同单元操作之间的联系，这不仅有助于我们更好地理解单元操作，而且能更好地认识化工美。

在理解了单元操作之间的共性内容后，仍需关注各个单元操作的个性，根据单元操作的个性来选取合适的单元操作，这样才能有实际的生产意义，这便是个性美的体现。像吸收和精馏虽然都是传质过程，但是两者也有一定的区别。吸收是利用了混合物中各物质在吸收剂中的溶解度不同而将各组分分离的，精馏则是利用混合物中各组分挥发度的不同对各组分进行分离。通过对比可以发现，吸收可以看作是物质从气相到液相的单向扩散过程，而精馏则可以看作是汽液两相双向传质过程。

当我们在研究和认识事物时，我们应该要认识到个性中包含了共性，共性中也包含了部分个性。这就像我们望向一棵树，满树看似相同的树叶都在同样沙沙地回应着风。一棵树上的树叶源于同一母体，是它们的共性，每片树叶也有其独有的脉络分布基因表达，这是它们的个性。共性和个性同时在树叶身上闪烁。通过共性我们认识了一棵树，通过个性我们认识了一片叶。一棵树是一道亮丽的风景线，一片树叶也有其独特的生命美，这便能很好地诠释共性个性美（图 6-2）。共性将一类物质联系到一起，我们从共性出发，认识一类物质，找寻规律，同时通过个性认识一种物质，个性为这种物质增添了其独特的魅力和趣味。比如胺类化合物都具有自己独特的结构和性质，但像约好了似的，几乎都有难闻的气味。比如在图书馆里有一个放满同类型书籍的书架，然而从这个书架上拿下的每一本书都有自己独特的思想。远远地，我们看到了一簇花的张扬绚丽，置身花丛，慢慢靠近，我们又看见了一朵花的娇俏美丽（图 6-3）。我们既要关注各个事物所包含的共性，也要关注每个事物所特有的个性。探索共性规律和个性特质的过程中给个人带来发现的趣味，不也是共性个性美的一部分吗？认识理解化工中的共性个性美，将共性与个性相结合，能够引导人对事物进行全面正确的认识，得到问题恰当的处理方法，使人欣赏化工独特的美，并主动发掘创造化工美。

图 6-2 枫叶的个性美

图 6-3 “梅”开眼笑

6.3 哲学美

哲学是研究世界普遍关系问题的学科，哲学研究的一个重要内容是存在与本体论，即研究事物的存在方式及其本质，究其本质是人认识人、人理解人的理性活动，哲学的体系是关于世界观的理论体系。

6.3.1 哲学美的内涵

“哲学是呈现在人的思想领域里最美的奇葩，这种美表现为思维美、思想美、智慧美三个方面。”人们通过不断地追问、质疑、探索，循序渐进地深入理解事物的存在方式和本质。在这个过程中，人们脑洞大开，安闲自得。在不受拘束的思维下，感受哲学的真谛，获得思维的解放，享受美的体验。这就像我们在进行实验和分析结论的过程，通过反复地调整、不断地追问，得到最终的实验结果，并运用哲学思维，享受这个美的结论。世界上的事物都有其独特的存在方式，我们不断探索世界，了解其中的奥秘。科学与社会看似毫无关联，其实万物有内在的逻辑，这便是哲学美的具体体现。就像彼岸花，花开彼岸，彼岸花开，花开叶落，叶落花开，花叶两不见，二者看似无法共存，但正是这样的生存机制造就了彼岸花的美学文化（图 6-4）。

图 6-4　彼岸花

6.3.2 化工原理课程中的哲学美

（1）流体的黏性

化工原理相关课程中详细介绍了流体的黏性，我们可以了解到，在一切真实流体中，在分子的扩散或相互吸引的影响下，不同流速的流体之间会发生动量交换。因此，流体内部两流层的接触面上会产生不可避免的内摩擦力。因为大多数情况下这种力与作用面相平行，所以这种力被称为流体剪应力，又称黏性力。黏性力的大小由牛顿黏性定律确定。

（2）牛顿黏性定律

牛顿黏性定律定义了剪应力与速度梯度的关系，如式(6-5)，凡符合牛顿黏性定律的流体我们都称之为牛顿型流体，水和各种水溶液及气体等均属牛顿型流体，其特性如 A 线所示（图 6-5）。对于一些并不符合牛顿黏性定律的流体，将其称为非牛顿型流体。B 曲线为宾汉塑性流体，比如生活中的纸浆、牙膏、污泥浆等都属于宾汉塑性流体；C 线为拟塑性流体，大多数非牛顿型流体都属于这一类，例如聚合物溶液、熔融体、油脂等；D 线为胀塑性流体，如淀粉、硅酸钾等水溶液。

$$\tau = \pm \mu \frac{dv}{dy} \tag{6-5}$$

式中，τ 为剪应力；μ 为动力黏度系数；$\frac{dv}{dy}$ 为速度梯度。

大家在生活中接触过各种流体（图 6-6），但也许从没有认真思考过：流体的黏性启示了怎样的哲学美？

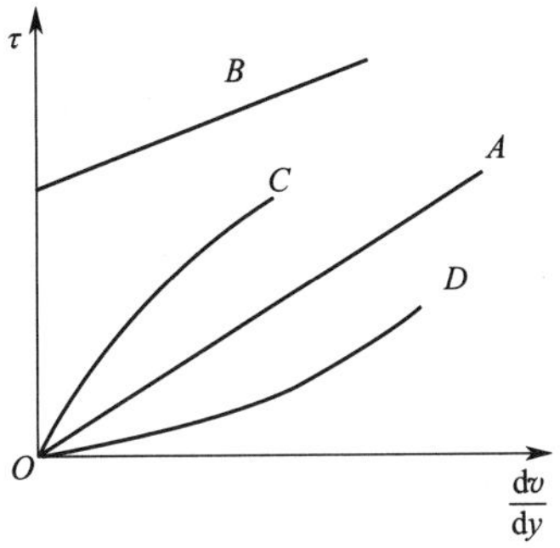

图 6-5　牛顿型流体与非牛顿型流体

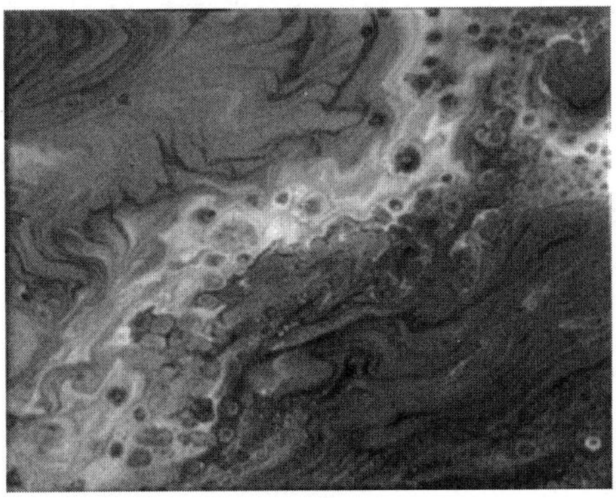

图 6-6　流体画

我们可以将速度梯度类比为我们为了克服困难所付出的努力，将因速度梯度而产生的剪应力类比为我们付出努力后所得到的回报。

有的时候，困难就像拟塑性流体（*C* 线）一样，一开始只要稍微努力一点，便会有很大的回报，但是当投入的越来越多，所能得到的收获会越来越少；但有的时候，困难就像胀塑性流体（*D* 线）一样，一开始无论怎么努力，收获却寥寥无几，但是随着投入的越来越多，所收获的也会显著地增加。

同样地，我们可以将牛顿型流体（*A* 线）与宾汉塑性流体（*B* 线）做对比，乍一看宾汉塑性流体在一开始就会有极大的回报，但实际上是因为其静止时具有三维结构，可以抵挡一些剪应力，当剪应力超过一定数值时，三维结构被破坏，就会表现出与牛顿型流体一样的行为。因此，我们可以看出宾汉塑性流体（*B* 线）之所以突然有如此多的收获，是因为面对困难做了很多前期的准备。就像蝉跨越漫长的冬季，在土地里静默几年乃至十几年，一朝破茧，在三伏盛夏一曲高歌（图 6-7）。

图 6-7　金蝉出壳

我们不能改变这些问题的本质，就像我们无法改变各种流体的黏度，但是可以改变我们看问题的心态，正所谓人生哪来一帆风顺，当我们面对困难时，应该用哲学的眼光看待困难。重新审视我们所遇到的困难，用良好的心态面对困难，建立属于自己的深入思考方式，形成自己的价值观以解决我们遇到的困难。只有这样，我们才可以更好地应对困难和挑战，实现自我进步和成长。正如流体可以用来创作美丽的画作一样，我们所遇到的困难也终将成为我们人生的一道亮丽风景线。同样地，我们也可以利用不同流体黏度不同的特征，以哲学美的思维，辩证地看待问题、处理问题并解决问题。具体科学❶与哲学美看似毫无关联，其实不然，它们有着内在的逻辑关系。哲学与具体科学既对立又统一，它们对立在研究的方向有所差异，又统一于哲学以具体科学为基础，具体科学是哲学发展的基础，具体科学以哲学为指导，哲学为具体科学提供方法论。不同流体表现出不同的流动特性和黏度特性，却又有牛顿流体与非牛顿流体之分，这体现了化工原理的哲学美。

6.4 分工协作美

"分工是提高管理的专业化程度和工作效率的要求，即把组织的任务、目标分成各个层次、各个部门以及各个人的任务和目标，明确各个层次、各个部门乃至各个人应该做的工作以及完成工作的手段、方式和方法。协作则是指明确部门与部门之间以及部门内部的协调关系与配合方法。"分工与协作既相互对立又相互统一，二者相辅相成、相得益彰。就像蚂蚁分为蚁后、雄蚁、工蚁和兵蚁四种类型。蚁后和雄蚁负责繁衍后代，工蚁建造蚁巢、寻找食物，而兵蚁担负着保护整个蚂蚁群体的重大责任。蚂蚁社会展现了一个高度组织化和协作的典范，它们通过精细的分工和协同作业，能够有效地执行诸如寻找食物、构建巢穴、防御外来威胁等复杂任务。这种高度结构化的分工体系，不仅提升了群体的整体效能，还让每只蚂蚁能够专注于自己最擅长的工作，无论是勤劳的工蚁、英勇的兵蚁还是繁殖的蚁后，都在团队中扮演着不可或缺的角色。正是这种高效的合作机制，使得蚂蚁社群能够持续繁衍，长期稳定地生存于各种环境中。有分工必然有协作，协作必然体现分工，分工协作才能体现整体的功能作用（图 6-8）。

图 6-8　分工协作

6.4.1 分工协作美的内涵

"分工协作美，是大局意识、协作精神和服务精神的集中体现。分工协作美的基础是尊重个人，核心是协同合作，展现的是全体成员的向心力、凝聚力，反映的是个体利益和整体利益的统一，并进而保证整体的高效率运转。"分工是

❶ 具体科学，是研究自然科学及社会科学的各门学科的通称，揭示的是自然、社会和思维某一具体领域的规律。

整体取得成功的关键，各成员各尽所能，既专注于自己的任务，又协调好整体的工作内容，从而实现整体的分工协作。在化工原理课程中，分工协作的美体现在许多方面。例如，在颗粒自由沉降的重力沉降净化器工作过程中利用层流层次分明的特点（图 6-9），规避湍流时的颗粒运动问题，通过多层次分工协作达成工作目的。分工协作美在利用各部分的优点时通过多方协作实现整体的最优目标，取长补短，通过合理的分工协作，实现创新目标，实现共同进步。我们在分工协作过程中，彼此感受到被支持、被接纳，体会到幸福感和成就感。

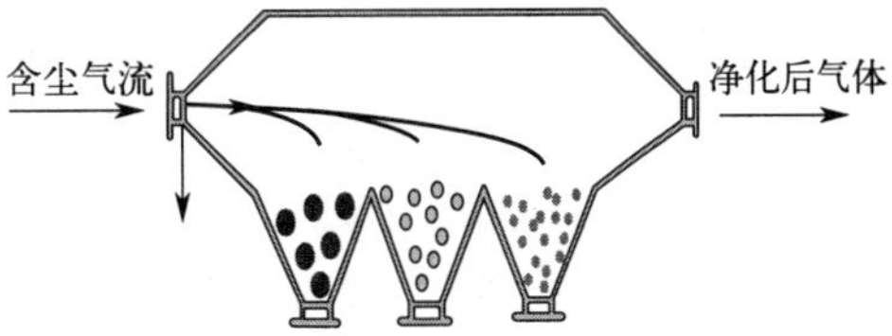

图 6-9　多层重力沉降室

6.4.2　化工原理课程中的分工协作美

在学习化工原理中流体流动的相关内容时，我们可以了解到流体流动存在两种不同的型态——层流和湍流。雷诺首先发现了这个问题，在发现问题后他立即设计实验装置，并通过实验表明，在水流速较低时，有色水流动呈直线状态；当水流速增大到一定程度后，有色水起波动；在水流速更大时，有色水被冲散，并迅速同无色水混合，使整个管内的水皆染色。当颜色在水中慢慢扩散时，我们观察到流体层次分明却又相互融合的美。

以此为依据，雷诺把流动型态划分为两大类，创新性地引入表征流动中流体惯性力和黏性力之比的一个无量纲数（雷诺数），并将其作为判别两种流态的标准。对于几何条件相似的各个流动来说，即使它们的尺寸、速度、流体各自不同，但只要保证雷诺数相同，那么这些流动就是动力相似的。

对于流体在直圆管内流动时雷诺数（Re）：

① 当 $Re<2000$ 时，流型为层流，流体做有秩序的、层次分明的流动，流速层间没有质点扩散现象发生，流体内部没有产生旋涡。有色水呈直线，即为层流。

② 当 Re 介于 2000～4000 之间时，流型不能确定，属过渡态。

③ 当 $Re>4000$ 时，流型为湍流，流体在流动过程中流体质点有不规则的运动，出现旋涡。有色水迅速散开，即为湍流。

根据层流与湍流的特点，我们将其应用到颗粒自由沉降的重力沉降净化器中。重力沉降净化器是一种可以使含固体颗粒的流体水平向缓慢流过净化器达到净化目的的装置，在重力沉降净化器中颗粒在重力的作用下沉降至器底，这样就可以使流体除去固体颗粒，从而达到净化的目的。对于一个净化器来说，为了增大其流体处理量，往往要将净化器做成多层结构。但是我们应该仔细核算流体流过各层净化器的雷诺数，保证 $Re<2000$，只有这样，才能令流体为层流，以免流体旋涡妨碍颗粒沉降或将已沉至器底的颗粒重新卷起。

在净化含有固体颗粒的流体时，利用层流层次分明的特点，可以规避湍流时的颗粒运动，采用多层结构能达到更好的净化效果。与此相似，一个问题一个人解决或许很困难，但是“众人拾柴火焰高”，如果可以做到集思广益，那么问题很快就能迎刃而解。团队里的人更要各司其职，发挥自己的优势。但是如果不能处理好团队关系，成员之间竞争合作就会像流体中的质点运动。质点运动在层流、过渡流、湍流中都会存在的关键是把握好度，当维持在层流状态时就有利于净化，湍流状态时则会降低净化效果。成员间在竞争合作时互利共赢，团队才能更加优秀；而成员竞争过度则会使得团队合作进度缓慢甚至停工。

在实际化工反应中，会遇到返混的现象，返混泛指不同时间进入系统的物料之间的混合，包括物料逆流动方向的流动，这会产生反应物浓度降低和产物浓度增加的结果，在需要产物的反应中自然是有害的，而如果某个反应需要降低副反应产物浓度，返混就能减少副产物的生成。这可以类比为在不同时间段加入团队的人员，若是后加入成员过于强势，阻断了先前成员的进程，就会影响整个团队的工作效率；而在先前成员工作本身陷入瓶颈之时，后加入的成员却可以带来新的思路，推动工作进程。坚持团队合作是分工协作美的一种表现。团队成员之间通力合作、创新进取、不断探索、共同进步，并在此过程中享受愉悦、舒服的情感体验。

6.5 “堵不如疏”的智慧美

智慧是每个生命所具有的、以生理和心理器官为基础的一种高级创造思维能力，它包含了对自然与人文的感受、记忆、理解、分析、判断、升华等所有的能力。安伯托·艾柯曾说：“思维是世界上最美的花朵。”

6.5.1 “堵不如疏”的智慧美的内涵

“求真是让人走向知性智慧，求善是让人走向德性智慧，而对美的追求则是让人走向全面智慧、最高智慧。”智慧本身就是美的，在事物的发现和创造中更能显示人的智慧美。在发挥创造力追寻问题答案时也伴随着智慧美内涵的不断丰富。古时大禹治水就利用了现在我们所学的流体力学（图 6-10），既解决了水患，又创造了“伊阙”[1] 的景象（图 6-11）。在 4000 多年前，中国的黄河流域洪水为患，最先治水的鲧采取“水来土掩”的策略治水，最终治水失败（图 6-12），而禹采用了“治水须顺水性，水性就下，导之入海”“高处凿通，低处疏导”的治水思想。创新性的“堵不如疏”方法，疏通河道，拓宽峡口，可以使洪水更快地通过，有效治理水患。远古时代这个经典的案例让我们感受到古人卓绝的智慧。

[1] 伊阙，即今河南省洛阳市区南约 2 公里处的龙门。两山对峙，伊水中流，如天然门阙，故曰伊阙。

图 6-10 大禹治水

图 6-11 伊阙之景

图 6-12 鲧的“水来土掩”治水法

6.5.2 化工原理课程中的“堵不如疏”的智慧美

“堵不如疏”的智慧美在化工原理课程中有诸多体现，例如连续性方程（图6-13）。连续性方程是指在流体流动过程中流体通过通道的物料衡算式。以理想流体管道为例，取管道的1、2截面间管段为控制体。若控制体的体积为τ，则其物料衡算式如式(6-6)所示；对于定态流动，式(6-6)可简化为$\rho_1 u_1 A_1=\rho_2 u_2 A_2$；若流体密度为常量，即$\rho_1=\rho_2$，则$u_1 A_1=u_2 A_2$；在上述条件下，若管道截面为圆形，1、2截面管径分别为d_1及d_2，则$u_1 d_1^2=u_2 d_2^2$。由此表明，管径小处流速大，管径大处流速小。但是由于在现实中流体是有黏性的，所以在真实流体流动的过程中必然存在流动阻力。

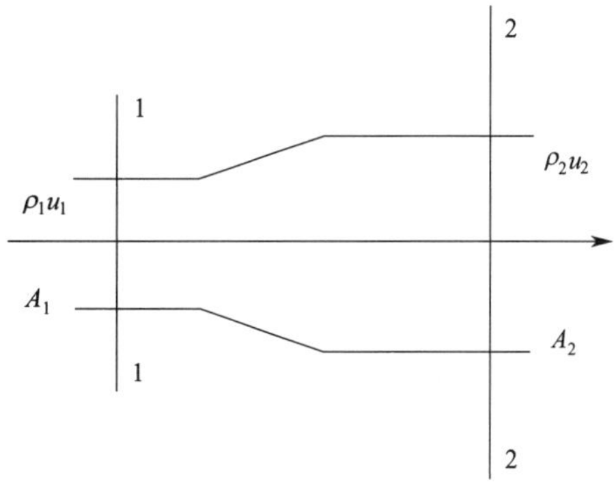

图 6-13 连续性方程示意

$$\rho_1 u_1 A_1-\rho_2 u_2 A_2=\frac{\mathrm{d}}{\mathrm{d}t}\int_{\tau}\rho \mathrm{d}\tau \tag{6-6}$$

式中，u_1、u_2为流体流速；A_1、A_2为截面面积；t为时间。

在流体力学知识的学习过程中，我们阅读过很多古人治理洪水的故事。无数人为了解决水患前仆后继，其中广为人知的除了大禹治水，还有李冰建造都江堰、郑国修建郑国渠等，这些工程案例都不可避免地应用了流体力学知识中的连续性方程原理，流体流径越大，流速越小。

《水经注》中记载：面对龙门山中积水引发的洪水问题，采用“堵不如疏”的智慧办法是行之有效的。这意味着，我们不应该只依赖筑坝来阻挡水流，因为在某些情况下可能会造成水压增大，破坏坝体，最终导致更严重的洪水灾害。相反，我们应该寻找山体结构中的薄弱环节或自然裂隙，这些地方阻力小，是水流自然下泄的理想路径。对这些点进行开凿，打造人工水道，让积水顺畅地流下。

此外，我们还可以对疏导后的水流加以利用，变成水资源，例如用其动能进行水力发电，将其导向水库用于农业灌溉。“堵不如疏”的方法在处理龙门山等类似积水问题中，不仅展现了智慧，还让人感受到人与自然和谐共处的先进理念。

当我们面临困难难以进步的时候，必然要寻求突破。与其一味地以压力逼迫自己解决问题，不如学会疏导，从“堵不如疏”的角度解决问题。教学过程也是一样的，老师传授知识如果只是单纯枯燥地讲述，各种各样的公式、化学方程式不断地堆积，就会导致学生越来越难以理解课本内容，逐渐丧失学习积极性。

在化工原理的教学进程中，老师不应该以压力式教学进行课程讲授，而应将课程教学与实验教学同步进行。在讲述不同的单元操作时结合工程上的实际应用，进入实验室进行相关单元操作，使学生通过实际操作的方式解决疑问，了解所学课程在生活、工程上的应用范围，达到更好的教学效果。

在实验教学中，学生存在不懂实际操作流程而不敢进行操作的问题，因此，学校可以采用“线上＋线下”的教学方式，让学生通过线上仿真模拟实验学习设备工作原理，进行实验步骤的初步操作。学生线上预习后进入实验室，实验操作更加流畅，从而得到更好的体验。

“堵不如疏”的智慧美，可以使我们换个角度得到新的解决方案，提高我们的学习积极性，成为拥有解决实际问题的能力的合格大学生，而不仅仅只拥有单薄的理论知识。化工原理课程将智慧美嵌入系统教学中，这样不仅让学生切身体会到了“堵不如疏”的智慧美，更能使学生认识化工美、欣赏化工美、理解化工美，进而创作化工美。

6.6 心态美

狄更斯说：“一个健全的心态比百种智慧更有力量。”任何时候人的心理状态都不是稳定不变的，一个人的心理状态随时可能因为各种无法避开的内部与外部原因的作用而发生巨大变化。当面对不同事物时，一种心理状态可能随时会被另一种心理状态取代，而某一种特定的心理状态也会因为不同的刺激而不断发生变化。比如我们在做实验时，多一滴试剂、少一滴试剂都会对实验结果产生巨大的影响，面对实验过程中发生的变化，有的科研人员着急忙慌，有的却稳如泰山，这时候平稳的心态也就成为实验的制胜法宝，考验着每一位科研人员。变化的心态更加体现了心态之美。

6.6.1 心态美的内涵

任何心理状态都不是凝固不变的。这意味着当我们面对不同的问题时，顺势而为的心理态度是我们的不二法门。人生鲜少有一帆风顺的，我们要以良好的心态面对一生中的磕磕绊绊。

对于科研人员而言，保持沸腾状态工作，考验着人的定力和耐力，在工作前期沉下心来，为沸腾状态蓄势，这会使我们的工作向前迈进一大步。良好的心态是我们的制胜法宝（图 6-14）。

图 6-14 “阴转晴”

6.6.2 化工原理课程中的心态美

化工原理相关课程中讲述的液体沸腾机理中体现了心态美。液体内有气泡产生是沸腾给热的主要特征。首先气泡会在加热面的个别点上产生，然后随着时间增加气泡不断长大，当气泡达到一定尺寸后便会脱离加热面。只有同时满足力和热的平衡，气泡才能在液体中平衡存在。根据力平衡条件，气泡内蒸汽压强和气泡外液体压强之差应与作用在“气-液”界面上的表面张力呈平衡状态。

气泡不仅可以存在于液相，而且可以继续长大。一般认为气泡长大是个准平衡过程，气泡继续长大的条件是气泡周围液体必须是过热液体。初生的气泡半径愈小，那么就要求液体的过热度愈大。因此需要所谓的“依托”条件（汽化核心），要是没有“依托”条件，从液体中生成气泡是很困难的。一般气泡形成后，由于液体会继续汽化，所以气泡会不断长大，从而跃离壁面。但壁面凹缝处总会不可避免地留有少量的气体或蒸汽，因此该汽化核心又成为孕育另一气泡的核心（图 6-15）。

心态美在生活中处处都有体现，就像液体沸腾给热，无论是在生活还是工程上都有许多表现。生活中我们烧水时，会发生气泡不断长大直至沸腾的过程；

熬粥时，也会发生气泡从小变大至沸腾的过程，加热时间长了之后表面就会产生一层泡沫，需要我们打开盖子使泡沫消散，才可以继续熬出口感更好的粥。在工程上我们也严格要求液体沸腾温度维持在核状沸腾区，但是当沸腾达到剧烈的状态，气泡量过多，气泡会连成片形成气膜，这会阻碍加热面将热量传递给液态水。放在实际生产中，此时的金属加热面温度升高，金属壁面会烧红烧坏，从而提高工程成本，造成不必要的损失。这也间接说明我们在挖掘探索化工原理课程中的美学元素和美学点时，不仅可以在情感体验方面获得美的收获，还能拓展我们的思维，从而提高我们创造美的能力，并将获得的感受运用于实际生产中以提高生产效率。

图 6-15　水壶沸腾

在分析液体沸腾给热的过程中，我们了解到液体气泡长大需要达到的条件，一是气泡周围液体过热，二是需要汽化核心。外界的环境影响着我们的发展，得益于学校为我们提供的良好的学习环境、完善的知识体系，让我们自由自在地在知识的海洋中遨游。我们就像汽化核心一样，在学校中汲取知识，丰富自身内涵，提高知识技能水平，保持沸腾状态。保持好沸腾状态需要我们摆正自己的心态，也需要学无止境，如果自我满足于现有的知识积累，就是处在了膜状沸腾阶段，虽然还是沸腾，但是对自身发展并无益处。我们只有不断充实自身，以沸腾心态美积累知识，坚持不断创新、不断进取的科学精神，才能更好地体现自身价值，促使我们成为更具科学担当的人。让我们一起以心态美为工具，更好地理解化工美吧！

6.7　动态平衡美

在化学反应中，动态平衡是一种宏观平衡，它指化学反应系统中物质在不断运动和变化的情况下所达到的一种特有平衡。“世界上没有完全绝对或静止的平衡，平衡是一个动态变化的过程。”动态平衡给人以美的感受，它源自化工过程中那些看似简单却又复杂而精密的平衡状态，体现在化工过程中的各种平衡现象中，比如物质的平衡、能量的平衡和动量的平衡等方面。

6.7.1　动态平衡美的内涵

“任何美的事物都不是一成不变的，人的审美观念也如此。美的事物和美的观念若从人类发展的长远历史看，无论其形态还是其内容都在不停地运动变化。”物质有保持原有平衡状态的属性，运动物质间的相互作用又时刻破坏着平衡。平衡从宏观上看好像处于一种静止状态，但是从本质上来看物质的运动并未停止，比如气体的吸收和解吸的过程在不同条件下有着不同的平衡状态，此时反应都达到了一种动态平衡状态，体现动态平衡美。任何事物都处于变与不变之间（图 6-16）。

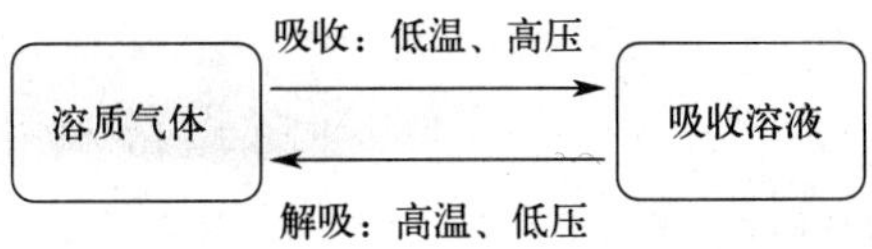

图 6-16　吸收解吸关系图

6.7.2　化工原理课程中的动态平衡美

动态平衡美在许多化工操作中都有体现。例如在气体吸收单元操作中，通常会有气体溶解于溶液和气体从溶液中释放出溶解的溶质这两个过程。其中气体溶解于液体的过程我们称为吸收，而从溶液中释放出溶解的溶质气体的过程我们叫作解吸。如果我们将吸收与解吸联合操作，这样一方面我们可以从气相中吸收浓度很低的某溶质气体并通过解吸获得纯度较高的该溶质产品，同时又可以将吸收剂循环使用。基于这两大好处，这种联合操作在化工生产中被广泛使用。这种微妙的动态平衡需要考虑气体和液体间的传质速率、界面传质阻力以及溶解度等因素，通过调节温度来维持系统的物质平衡状态，既体现了工程技术的精湛水平，又融入了对自然规律的理解。就像森林生态系统，春季万物复苏，夏季郁郁葱葱，秋季五彩斑斓，冬季银装素裹，森林在四季更迭中展现出不同的风貌，每一次变换都是生态动态平衡美的直观表达。这种美，是时间的积累，是万物相互作用的结果，是对“生生不息”这一哲学理念的最佳诠释。

从宏观角度上，当吸收过程到达平衡状态时，从表面上看整个系统是处于静止状态的，即表面上气相和液相之间不进行物质的交换，气相和液相的物质都不进入对方，相际间也没有发生任何物质传递。但是从微观的角度进行观察，在相际间仍有方向相反的物质进行传递，相际间同时进行着吸收过程和解吸过程，只是吸收和解吸的速率相等罢了。一旦外界的环境条件发生变化，导致吸收和解吸的速率不再相等，那么平衡就会瞬间被打破。所以化工处处存在动态的平衡，它不仅让我们更深刻地理解自然规律和工程原理，同时也展现了人类对优化、协调和可持续发展的追求。

吸收与解吸之间保持动态平衡过程中一旦改变原有平衡条件就必然会出现新的平衡。如生活中常见的“打开汽水瓶会冒泡”，空气中游荡的 CO_2 在压力很大的情况下会溶解在水里，即水吸收了 CO_2 气体，但是当打开瓶子时，外界压力小于瓶内压力，会看到瓶内不断有气泡产生，即 CO_2 从水中解吸出来，所以打开汽水瓶会冒泡。打开汽水瓶使瓶内气压改变造成原有的动态平衡失衡，待打开瓶盖一段时间后液体不再冒泡，就是在新的环境条件下形成了新的动态平衡（如图 6-17）。这种动态平衡美学的存在不仅激发了我们对于自然科学和工程技术的探索，也为我们的生活和社会发展注入了一种独特的艺术气息。

图 6-17 可乐气泡

动态平衡美的存在，如同大自然中的一幅绝美画卷，为我们带来了无尽的启迪与思索。平衡不是“静止的状态”，而是一种“持续的调整和流动”。世界上没有绝对的、静止的平衡，世界本身就是在平衡与不平衡的循环往复中不断发展的，平衡是一个动态的过程。从哲学的角度来看，“绝对运动和相对静止是辩证统一的”，二者在一定条件下进行“相互转化”，可以达到“动态平衡”。同样地，在化工世界中，在事物不断变化中从容面对出现的不平衡，通过更快地找到适合的方法来建立新的平衡，才能使自己保持“最佳状态”，我们在学习中找寻动态平衡的过程正是找寻美的过程，以动态平衡美为跳板，更好地认识化工美、理解化工美、欣赏化工美，从而提高创作化工美的能力。

6.8 技术美

所谓技术就是解决问题的方法以及相应的原理，它是指人们利用现有事物形成新事物，或者改变现有事物功能、性能的方法。技术应该具备较为明确的适用范围和能被他人认知的形式或载体。

6.8.1 技术美的内涵

技术艺术以技术为传播途径，利用艺术特有的审美思维来把握或表现客观世界和思想感情。技术美与技术艺术存在着不同。技术艺术强调的是一种形态和一种客观存在，而技术美更加强调的是一种精神层面的升华。在精馏塔的设计过程中选取最佳回流比就体现了技术美，以最优方案实现目标，既丰富了自身的审美体验，也得到精神上的自由感与力量感。

6.8.2 化工原理课程中的技术美

在精馏塔设计中，我们求出最小回流比 $R_{\min}$ 后，如何选取合适的 R 值（回流比）是一个值得研究的问题。精馏塔最佳回流比的选取向我们揭示了化工原理中的技术美。设计中一般的适宜 R 值范围，如式(6-7)。在选定操作 R 值时我们应该考虑到，随着 R 取值的增大，塔板数会相应地减少，设备投资也会降低，但因塔内气、液流量 L、V、L' 和 V' 增加，势必使蒸馏釜加热量及冷凝器冷却量加大，能耗增加，即操作费用增加。若 R 取值过大，即气液流量过大，则要求塔径增大，设备投资也随之有所增加。设备投资、操作费用与回流比之间的关系如图 6-18 所示。总费用随 R 的变化会出现最低点，该最低点对应的 R 值称为最佳回流比。但是在设计过程中也应根据实际技术经济核算得出适合的最佳回流比。

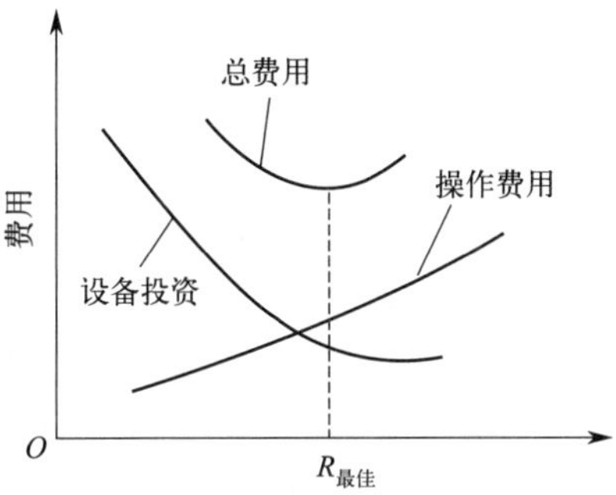

图 6-18 最佳 R 值的确定

$$R=(1.2\sim2)R_{\min} \tag{6-7}$$

尽管科学家们也已经得出了最佳回流比与最小回流比之间的关系，如式(6-7)，但是我们仍需要掌握其原理。在现实中，很多人有一种刻板印象，那就是认为情况既然差不多，那我就可以照用以前的方案，但是这无疑是生搬硬套，要知道事物都是不断变化的，我们所说的经验也需要随之而改变。更何况生活中处处有“惊喜”，总会有一些例外让我们猝不及防。这时已有的经验就会出现不适配的情况，这就需要我们具体问题具体分析。它不像是浮于表面的体现，而是我们追求效益和价值真正的依靠。

在做抉择前，我们需要考虑清楚何为当前技术的最优选择，这本质上是追求个人内心满意度最高的问题，我们要综合考量多重因素后，采用利益最大化的方案，做出最后的选择。例如，在回流比的选取时，我们既要考虑操作费用，又要考虑设备投资，二者缺一不可。在面对选择时，我们一定要顾全大局，不能为了省下操作费用而不管设备投资，也不可以仅追求少量的设备投资，而不管操作费用。无论何时何地，我们都要牢记技术最优原则，我们只有保证运用技术之美，才能实现问题的最优解答。

同样，面对世界资源日益紧张的大环境，我们务必要做到衡量利弊，务必要考虑多数人甚至所有人的人生幸福。我们要时刻追求在体现技术美的同时实现社会整体效益的最大化和可持续发展的前景，规避造成浪费的社会活动，这样不仅实现了技术的灵活运用，还可以让我们收获发自内心的满足感。技术美创新化工工艺，促进社会绿色发展。

6.9 科学精神美

自人类对周围环境产生好奇心并开始探索的那一刻起，科学精神便已悄然融入了人类文明的脉络之中。但科学精神究竟具体指什么？重视实践、不承认终极真理，是科学精神；积极求索、不断钻研，亦是科学精神。让科学始终保持开放、不断发展的状态，即主张科学的自由探索，不迷信权威，百家争鸣，同时秉持怀疑、批判的态度并不断采取创新进取的行动，此为科学精神的核心体现。在人类发展的进程中，科学精神始终是指引人类科技发展进程的明灯，在历史的长河中熠熠生辉，经久不灭，为人类产出累累科技硕果，可谓是人类精神文明世界的无价之宝。

科学精神是科学实现社会文化职能的一种重要形式，它将科学与文化紧密结合在一起。代代相传的科学精神主要表现在“主张大部分科学认识来源于实践”，实践不仅是检验科学认识真理性的标准，还是科学认识发展的动力；“主张以定性分析和定量分析作为科学认识的一种方法，大力倡导科学无国界，科学是不断发展的开放体系，不承认终极真理”；倡导科学自由探索，所有人在真理面前一律平等，不盲目崇拜权威，以宽容态度听取不同意见。这些科学精神相互融合，不断发展，化身为一种美学。化工领域作为自然科学与工程技术的结合，展现了一种独特的科学精神美。这不仅仅是一种精神，更融入了对未知探索的勇气、对复杂问题的求知欲以及对人类社会发展的责任感。

6.9.1 科学精神美的内涵

科学精神是人类文明中探索未知领域、领悟事物规律和哲理的一盏明灯，它不仅仅体现在实际操作和实验探索中，还体现在基于科学精神所产生的一言一行中，这些富有美学内涵的行为正是引领人类前进的伟大动力。所谓科学精神美，即人们通过科学精神获得的一种追求真理、探索未知的勇气和毅力，使人类在不断探索的过程中更深入地理解世界，认识自我，进而实现自我超越与发展。

6.9.2 化工原理课程中的科学精神美

在学习化工原理课程时，我们不仅学习了科学家们得出的科学结论，也了解了科学家们的生平经历，如雷诺、牛顿及傅里叶等科学家。我们从他们的故事中了解到自由探索、怀疑、批判、不断创新进取的科学精神。这些科学精神感染着我们，激励着我们，引领着我们，促使我们变成更具有科学担当的人。这就是科学精神美的体现。科学精神美作为化工美学的内容之一，带给我们无穷的启迪与力量。

约瑟夫·傅里叶的一生处处体现着科学精神美，他是法国著名数学家、物理学家，傅里叶的名字在许多课程中都有出现，如化工热力学和高等数学中“傅里叶级数”“傅里叶变换”“傅里叶积分”以及化工原理中的“傅里叶定律”等。

但是现在大多数学生对其的印象只是停留在以其名字命名的公式文字上，并不了解傅里叶曲折的人生经历，我们可以从其人生经历中体会其在科学道路上不断求索的科学精神美。1768 年 3 月 21 日，傅里叶出生在法国的一个平民家庭，生活贫困。9 岁，他因为父母双亡而成为孤儿。12 岁，他被教会送到镇上的军校读书。在军校学习期间，傅里叶多次表现出对数学的浓厚兴趣。法国大革命期间，傅里叶经历了无数生活和事业的波折，甚至两次入狱，然而人生经历的苦难并没有打倒他，反而化作动力激励着他继续在科学道路上的刻苦探索。

《热的解析理论》是傅里叶的一部重要著作，它影响了整个 19 世纪分析严格化的进程。它不仅仅在数学史上是一部公认的划时代的经典著作，甚至在科学史上也具有很高的地位。然而这部著作面世之前，傅里叶经历了被多次否定的过程。他曾向法国科学院呈交了一篇题为《热的传播》的论文，但是他的研究遭到了拉格朗日的强烈反对，最终，法国科学院还是屈服在拉格朗日的威望下，否定了傅里叶的研究成果并拒绝了傅里叶的研究申请。然而傅里叶始终保持初心，最终他以坚持不懈的精神将论文中的部分内容进一步扩展补充，出版了后来划时代的著作《热的解析理论》。傅里叶在其曲折变化的一生中，始终以执着的态度坚守科学精神，最终取得了成功，他的人生经历值得我们深思与学习，也让我们更加直观地感受到了科学精神美的魅力。

傅里叶没有屈服于当时很有声望的拉格朗日，坚持在真理面前人人平等，对不同意见采取宽容态度，不迷信权威，坚定自己的信念，并且不断地补充自己的理论，这些都是科学精神美的具体表现，正因为这些科学精神美给了傅里叶力量，傅里叶才没有放弃，这才使得如今我们能学习到正确的理论。

凭借着《热的解析理论》这部划时代的巨作，傅里叶成功被推选为法国科学院的终身秘书。54 岁的傅里叶历经众多波折，终于成功地将自己的名字刻在了世界数学史的丰碑上。科学对于傅里叶来说，不仅仅是一生的热爱与坚持，更是融入骨血的痴迷。他与科学共存共息，同为一体，彼此紧密相连。

傅里叶作为科学家和数学家，展现了科学精神美的化工典范。他对自然规律的深刻理解、对工程技术的应用、对未知探索的勇气、对复杂问题的求知欲以及对人类社会发展的责任感，都为化工领域树立了崇高的榜样。“思维是地球上最美丽的花朵，而探索精神是其中最灿烂的一枝。”科学家的探索精神犹如夜空中的星辰，在这片星辰大海中，指引着我们前进的道路。

科学精神美是科学活动中所体现的一种美感和价值观。它是一段旅程，一段“对世界的好奇和探索”“追求真理的美丽之旅”；它也是一段过程，一段“持续不断的质疑和怀疑”，从错误中学习并不断取得进步的“美妙过程”。科学精神是科学美的具体体现，同时也包含了创造力和创新性。创新需要跳出“传统思维”的限制，勇于尝试新的想法和方法。而科学精神为人们提供了一种思考和行动的动力，使他们能够勇于创新并推动社会的进步。那么科学精神是怎样激发人们的好奇心、想象力和创造力的？无疑是“艺术作品和审美体验”。许多科学家和发明家都受到艺术和美学的启发，他们将创造性的思维应用于科学领域，开创了新的研究和成果。

思考题

1. 在化工领域，动态平衡美是一个令人着迷的概念。让我们一起深入思考和探索这一主题。选择一个你熟悉的化工过程（例如气体吸收、溶剂萃取，或者化学反应等），并描述其中体现的动态平衡美。你可以从分子层面、工艺优化、设备设计以及系统控制策略等方面展开。

2. 如果把化工原理比喻成一列火车，你认为技术应该是火车的哪一部分，简单阐述你的理由。

3. 选择一个你熟悉的化工案例进行探讨，例如：锂离子电池材料的开发，或者废水处理技术的进步等。结合一个具体案例，描述科学家或工程师在这一领域展现出的科学精神美。

本章DIY

1. 根据心态美的课程，不妨做一棵心态美之树。

要求：①有层次地体现心态美的要素；②举例具备这些要素的同学，并将他们的事件绘制在心态美之树上；③寻找机会体验这些要素，并写下你的感受，见证自己的心态美之树成长。

2. 在化工领域，动态平衡美是一个令人着迷的概念。现在让我们走出化工原理课本，在大自然中舒展身体，放松身心，启发思维。

生态瓶只与外界进行能量交换（阳光），同时自我进行着物质循环。以碳循环为例。由生态瓶中的绿色植物吸收二氧化碳，在水的参与下经光合作用转化为葡萄糖并释放出氧气。葡萄糖在植物体内转化为有机化合物并经食物链传递，又成为生态瓶动物和细菌等其他生物体的一部分，再经呼吸作用被氧化为二氧化碳和水，并释放出其中储存的能量。

请同学们以小组的形式，将我们的生态系统装进一个瓶子里——制作一个生态瓶。在制作生态瓶的过程中，同学们可以思考怎么让生态瓶在平衡条件下运转得更久，并理解碳循环、碳达峰、碳中和等概念。相信在这一愉快的过程中，同学们也能加深对化工原理动态平衡美、共性个性美的理解。

3. 在化工领域中，科学家和工程师展现出的科学精神美就像是他们在一片混沌中发现了秘密的魔法师。他们用创造力和勇气探索未知的领域，就像是化学元素之间的舞者，在微观层面上编织着令人惊叹的化学故事。现在大家可以选择一位科学家，通过阅读他的传记，制作其人生历程的时间轴。

美学作品赏析

约瑟夫·赖特《一位哲学家讲授太阳仪》

扫码阅读彩图

约瑟夫·赖特在奥勒里的一次哲学家讲座中曾说过“基于科学和理性的经验观测可以最好地推动社会”，这是启蒙时代的关键思想，而这幅名为《一位哲学家讲授太阳仪》的画作中，恰当地浓缩了启蒙时代的一个重大变化瞬间——那是18世纪哲学从传统的宇宙宗教模式向经验主义、科学方法的转变。

画中两位小男孩在玩耍之余注视着太阳仪装置中心，其他观者或是手靠在仪器边沉思，或是专心听着灰发的讲师讲解仪器原理；位于画面主体的仪器的内部光源突出了画面的明暗对比，它不仅在仪器中充当太阳的角色，同时也隐喻着人物们的积极启蒙。这幅作品的背景故事同样能给予我们启发：刚开始哲学家向观众们解释太阳仪的工作原理时，用词充满了复杂的数学和天文学术语，使得普通人更加困惑。随后，哲学家决定以更简单的方式来解释太阳仪。他告诉普通人：“太阳仪就像是一把剑，太阳是它的剑刃，通过投影来告诉我们时间。”这种简单而直观的比喻让观众们豁然开朗，立刻理解了太阳仪的工作原理。这不仅反映了如何用简单易懂的语言来解释复杂的概念，同时还引申出哲学与科学间相互联系的独特美感。

安德鲁·怀斯《克里斯蒂娜的世界》

这幅画是美国20世纪最著名的写实主义画家怀斯所作，该作品描绘的是患有小儿麻痹症的克里斯蒂娜·奥尔森拖着身子，用腰部以下肢体，爬行在美国缅因州广阔玉米地的背影，所呈现的孤寂与坚韧让世人为之震撼。“她像一只蟹一样。”怀斯回忆道。克里斯蒂娜是位有尊严的模特，拒绝使用轮椅，宁愿在污秽中生存，也不愿为人扶养。图中的房子奥尔森之屋，也变成了缅因州的著名景点，而克里斯蒂娜如火焰般燃烧的坚韧精神，将在每个见证者心中烙下永恒的印记。

“中国石化”全称为中国石油化工集团有限公司，是中国最大的成品油和石化产品供应商、世界第一大炼油公司，常年位列《财富》世界500强企业前十之列。

中国石化图标由朝阳图形、中文简称和英文简称（SINOPEC）三部分构成。代表中国石化秉承可持续发展的理念，肩负起为美好生活加油的神圣使命。红色圆圈将中文与英文和谐地连接为一个整体，通过完备的上中下游产业链，肩负起社会责任、关注环境、提升消费者生活品质的神圣使命，同时寓意中国石化是能源的提供者，是经济运行的血脉，正在朝着建设世界领先企业的愿景目标迈进。同时其 logo 寓意也体现着该企业“为美好生活加油”的使命。

第7章

化工热力学课程中的美育元素

7.1 课程概况

化工热力学是化工专业最重要的必修课程之一，通过该课程的学习，学生可以掌握纯流体热力学性质（p、V、T、H、S）的意义及计算方法；掌握热力学第一、二定律原理在化工过程能量计算和过程热力学分析中的应用；熟悉各种溶液热力学性质定义、物理意义、计算方法及其相互关系；掌握平衡条件、平衡判据及汽液平衡数据和化学平衡数据的计算方法。

7.1.1 课程美育设计

化工热力学涉及能量转换、物质平衡和化学反应等热力学原理，在化工生产、能源转换和环境工程等领域有着广泛的应用。将美育融入化工热力学课程教学，将化工热力学领域知识与美学观念相结合，旨在通过美学的视角激发学生的兴趣，发展审美观、审美力和创美力，提升他们的创新思维和综合素质。

7.1.2 课程美育目标

① 让学生能够掌握化工热力学的基本理论、定律和计算方法，理解其在化工生产和能源转换中的应用。

② 在讲解热力学定律和原理时，强调其在自然界和化工设计中的和谐与平衡，体现科学之美。

③ 对化工领域的经典案例进行解读，如节能工艺的设计，让学生分析其背后的热力学原理和美学考量。

④ 激发学生的创新意识，鼓励他们从美学和工程的角度出发，设计和优化化工过程，提高工艺的效率和美观性。

⑤ 通过小组讨论、角色扮演等形式，让学生在美育实践中体验化工热力学的美感和实用性。

⑥ 与艺术、环境科学等相关专业联合教学，促进学科交叉融合，拓宽学生的视野。在教授学生专业知识的同时培养他们的艺术感知能力、创新思维能力和综合应用能力，为他们未来的工作打下坚实基础。

7.2 科学精神美

化工热力学是化学工程领域重要的学科分支。在学习、探究、应用化工热力学原理时，我们总能体会到内涵丰富的科学精神，感悟到充满力量的科学精神美。

在热力学学习过程中，不应只是局限于课本知识点的记忆，而应积极地将个人思考融入学习之中，跳出课本的框架，进行拓展性学习，比如探究水在恒压（0.1013MPa）下受热过程的 T-V（温度-体积）图，不仅为我们提供了深入理解物质状态变化的机会，也象征着人生发展中的连续性和变化性。通过了解吉布斯（Gibbs）、卡诺（Nicolas Léonard Sadi Carnot）、时钧、戴厚良等与热力学相关的科学家的生平经历和贡献，我们可以更深刻地理解科学精神的内涵，并从中汲取指导我们职业生涯的伟大智慧。

为了深入理解科学精神之美，我们可以从一个简单的物理现象入手：图 7-1 所示为水在恒定压力（0.1013MPa）下受热的 T-V 图，在对体系加热的过程中，我们首先可以观察到随着热量的输入，体系的温度 T 从初始状态 1 逐渐上升至某个特定点 2；这一阶段，温度的升高反映了水分子内能的增加。然而，当水开始从液态转变为气态（即从点 2 至点 4），尽管我们继续加热，温度却保持恒定不变。一旦所有的水分子都完成了相变，即达到点 4，温度 T 再次随着加热而上升（从点 4 至点 5）。

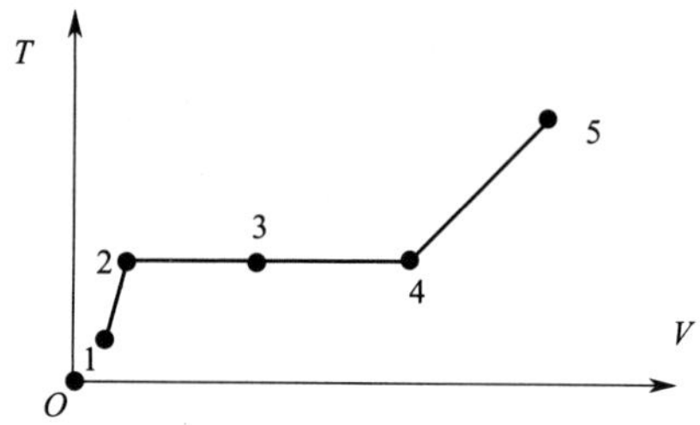

图 7-1　常压下加热水时 V、T 变化过程

这个现象很容易让人联想到“瓶颈期”这个概念：在科学研究和个人成长的过程中，我们经常会遇到所谓的“瓶颈期”，这是一个看似停滞不前的阶段，尽管我们付出了巨大的努力，但似乎难以看到明显的进展。但事实是，如果放弃了努力，就如停止了加热，无法继续汽化，这才是真正的没有前进；如果你继续努力，就如持续加热，终有一天会全部汽化，继续升温，突破瓶颈期。这一过程需要持续的能量输入，我们可能看不到即时的成果，但实际上，我们在积累知识和经验，为突破做准备，所以遇到困难千万不要放弃，唯有继续坚持才能有所突破。

前进的道路不会笔直畅通，蜿蜒曲折必不可少，但是具有科学精神的人们永远不会服输。坚持与探索，正是科学精神美的具体表现。

除了知识点，研究化工热力学的伟大科学家们也同样带给我们无尽的思考。

例如约西亚·威拉德·吉布斯教授，化工热力学领域的杰出贡献者，他在1873—1878 年间相继发表了三篇论文——《流体热力学中的图解法》《物质的热力学性质的几何曲面表示法》及《关于多相物质的平衡》，被称为“吉布斯热力学三部曲”。不仅如此，他在该领域还有很多令人瞩目的成果。他的工作使得热力学从两个基本定律（热力学第一、第二定律）出发，演化成了一个严密、完整而庞大的理论体系，对化工热力学这一领域产生了深远影响。

吉布斯不仅在科学研究中努力探索事物的本质，而且还站在整体的角度来审视看待问题，两者结合形成他独有的科学精神。在学术研究领域，掌握原理的学者可能不乏其人，但能够将这些原理与数学理论相结合，并将其应用于化学反应和多相体系的深入研究，吉布斯无疑是其中的佼佼者，这是一大创新之举，彰显出吉布斯在科学的探索上，有着寻根究底的探索精神，也有着跳脱思维定式，从全局角度思考问题的能力。而且他在教学中也体现了这种刨根究底的精神。通过课堂教学，吉布斯向学生展示了如何从不同角度剖析问题，鼓励他们深入思考并探索事物的本质。这种教学方法不仅激发了学生的好奇心和探索欲，也为他们提供了一种科学思考的框架。这不仅彰显了他个人的科学精神，而且也证明了这种科学精神是值得传承和学习的宝贵财富。我们在学术研究和学习过程中，也应当持续不懈地探索，灵活运用各种方法，避免局限于狭窄的视角，要从更宏观的角度审视问题，以获得更全面的理解。

然而吉布斯的科学研究之路并非一帆风顺。他不仅面临着身体和经济上的困境，天才的论文也由于自身写作风格、名气小被埋没。但他仍尽自己所能坚持研究，最终在经历了多年的无人问津后，被当时最杰出的科学家、电磁学大师麦克斯韦发现，并得到了他的赏识和介绍。自此吉布斯的论文开始受到欧洲科学界的重视，他的才华与努力终于得到了广泛认可。此事正应了古老的谚语："是金子总会发光的"。

积极奉献和探索，以科学研究为人生目标，不计较个人的得失，将小我融入大我，这是对科学献身的高度认同感的体现。我们学习化工热力学，学习吉布斯对热力学的贡献，也应向吉布斯本人学习，学习他身上所具有的科学精神，感悟这种坚韧不拔的科学精神之美。

用自己的独创力弥补理论空缺，改善技术缺陷，法国军事工程师尼古拉·莱昂纳尔·萨迪·卡诺的身上也闪烁着独特的科学精神美。

19 世纪初，蒸汽机在工业和交通运输中的重要性日益突出，然而它的研究状况却并不乐观。在对热机效率的理论认识不足的情况下，大多数工程师往往局限于具体问题，仅从热机的适用性、安全性以及燃料的经济性等几个维度进行考虑，尝试对其进行优化。然而，这种缺乏广泛性的研究和改造措施，对于推动热机技术的整体进步而言，显然是不够充分的。

善于发现与总结，并且勇于设想与探索的工程师卡诺和他们不一样。卡诺想要寻找一种可以作为一般热机的比较标准的理想热机。在研究过程中，他深刻阐述了通过改善从热机中获得动力的条件来提升热机效率的可能性。通过对蒸汽机的基本构造和工作流程进行细致分析，他排除了所有非关键因素，以理想循环为基础，构建了一种普遍适用的理论框架，用以描述热能消耗与机械功获得之间的关系。他提出了一种理想循环模型，该模型在加热器和冷凝器之间进行，由两个等温过程和两个绝热过程组成，这一循环后来被称为"卡诺循环"。这一概念大家在初中物理中就有接触，并不陌生（图 7-2）。

同时卡诺不仅在理论上构建了卡诺热机模型，而且对兰金循环进行了实现。他的工作不仅没有停留在理论层面，而且通过蒸汽机车、蒸汽轮船以及火力发电技术的研发应用，转化为推动技术进步的动力。没有理论的技术是无根之花。不同于那些与技术苦苦纠缠的工程师，卡诺以其异于常人的科学精神，用普适性的理论弥补了技术所需，为蒸汽机更为热力学的发展做出了巨大的贡献。

在中国，在我们的身边，同样有许多散发着科学精神美的科学家。说到化工热力学，就不得不让我们想起一生严谨治学，甘为人梯，乐于奉献的一代化工宗师——时钧先生（图 7-3）。他是中国化工热力学课程创立者，无论是科研还是教学，他都做出了出色的成绩，对中国化工热力学的发展及化工热力学人才的培养做出了重要贡献。

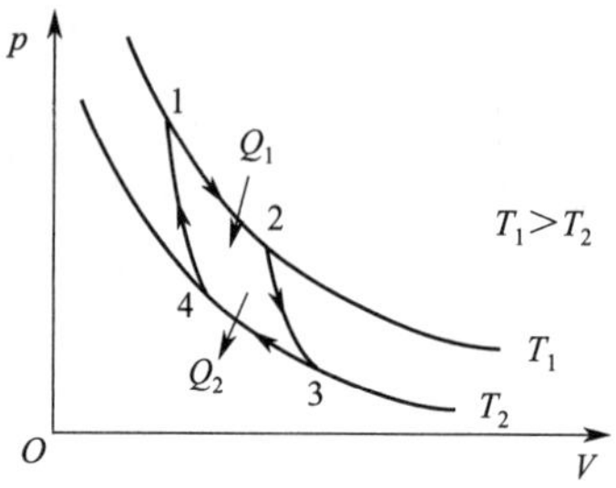

图 7-2 卡诺循环

p—压强；V—体积；T_1，T_2—温度；Q_1，Q_2—热量

图 7-3 时钧

当你接触化工热力学这门课程时，仿佛真的能够穿越时光的隧道，回溯过往，一窥时老先生的风采。在科学研究方面，他在异常艰难的环境中和极其简陋的条件下，开展了湍流塔试验和膜分离技术的研究，并取得了出色的成绩；在教学方面，他给予学生发表独立见解的空间，鼓励学生质疑，不唯书、不唯师、不唯上，只唯实。

化工热力学这门课程的教学凝聚了时钧院士的心血，蕴含了时老对学生的谆谆教诲、对祖国化工事业后继有人的期望，他将一生奉献给了三尺讲台，始终言传身教，将自己的科学精神传递给后辈。我们在学习时，仿佛能够感受到他将自己对科学研究的追求精神融入了这本书。他不仅是化工领域的杰出代表，更是一座激励人心的丰碑。在世时，他的影响力遍及同行，逝世后，他的事迹和精神继续激励着一代又一代的学子。我们有责任继承并发扬他的精神遗产，为化工领域的未来发展贡献力量。时先生以其对科学的执着追求和崇高精神，成为科学精神美的典范，他的事迹和理念将继续启发后人，推动科学精神的传承与发展。

正如杰出的科学家阿尔伯特·爱因斯坦所强调的，想象力在科学探索中占据着至关重要的地位。他指出："想象力比知识更重要，因为知识是有限的，而想象力触达世界上的一切，推动着进步，并且是知识进化的源泉。"科学精神通常被看作是理性、严谨和客观的代名词，但也能激发我们内心深处对美的情感体验。当我们仰望那些伟大的科学家时，就像看到了天上的熠熠生辉的群星，他们的智慧、他们的成果如此闪耀，为人类进步作出了如此卓越的贡献！我们重点学习他们的理论、思想，可实际上，我们更应该学习他们的精神。正是这样的科学精神，震撼着我们的心灵，激发我们的想象力，在我们前往科学真理的道路上，犹如火炬，带来光亮与温暖，指引我们抵达彼岸，激励我们在科研学习的道路上咬定青山不放松。

7.3 节能精神美

节能定义为在维持生产效率和生活品质不受影响的前提下，通过实施科学合理的技术措施和培养良好的行为习惯来降低能源消耗。这一过程旨在实现环境保护和推动社会的可持续发展。节能不仅仅是一种保护环境的行为，更是当代社会所倡导的一种精神。节能，可以创造价值，为世界环境的改善做出贡献；可以提升内涵，内化为自身的精神内核。

7.3.1 节能精神美的内涵

节能精神是一种具有高度道德和社会责任感的优秀理念，节能精神包含了节约资源、能源和保护环境的道德观、价值观和人生观，是节约文化和环境文化的重要内涵。

节能精神美于生活中处处可见，它早已超越了单纯的口号，转化为人们在日常生活中不自觉地受到影响并采取的具体行动。节能精神美蕴含着我们对过去发展的反思——过度发展而忽略了环境的污染破坏；对未来美好生活的向往——为了更美好的家园而做出的不懈努力。总之，节能精神美于生活中带来的思考，不仅让我们更加注重环保、节约能源，更为重要的是让我们从生活中的点滴做起，积极参与到可持续发展的事业中去，让节能精神成为我们生活和工作的一部分，为实现全球可持续发展贡献自己的力量。

7.3.2 化工热力学课程中的节能精神美

化工热力学的核心任务在于利用热力学第一、第二定律给出物质和能量的最大利用限度，指导生产过程的能量合理利用。其目标是降低生产能耗，减少环境污染，正所谓“化工热力学就是为节能减排而生的”。有句诗说得好“纸上得来终觉浅，绝知此事要躬行。”古人早已将这浅显易懂的道理诗意地表达出来，在学习化工热力学的过程中，我们的目标不应仅限于对基础概念和公式的掌握，更应扩展至对这些理论在实际化工生产中的应用和理解。这样，对于知识本身的理解，才能最终化为将来步入职业生涯时对环境保护的责任与担当的认同感，甚至变为一种使命感。

正如“化工热力学就是为节能减排而生的”所言，节能精神与化工热力学之间有着千丝万缕的联系。节能减排的主要思路一般是“热能的利用”“能耗的降低”“优化化工流程”“推广绿色化工”这四个方面，当我们在学习化工热力学中化工过程能量分析及合理用能内容时，以上四个节能减排思路通常会在课堂上提到，因此，让我们一同探寻其中蕴含的节能精神美吧。

在化工生产过程中，热量的散失是一个普遍现象，而在以往的化工生产中，我们只顾产量，任由大量的余热散失，殊不知造成了巨大的能量损失。而今我们意识到了节能减排的重要性，秉持绿色发展的理念，与之前无暇顾及的老朋友重新打起了交道。例如重庆长风化工厂的转型历程为我们提供了一个节能实践的典范：该企业曾因连年亏损而面临困境，但通过引入创新技术，成功地将低品位的余热转化为高品质的能量，实现了从亏损到盈利的跨越，该工厂充分利用化学反应和化工过程中的热效应的特点，建立了热能梯级利用体系和热交换网络，实现了全厂“按质用能、按需供能、梯级用能、网络化用能”。

该工厂自2005年起便积极采用新技术，全面淘汰了厂内原有的燃煤锅炉。取而代之的是一套独创的自热平衡联动系统。通过工艺流程的革新，该系统实现了生产设备产热与用热过程的联动集成，以及不同设备间的热能供需跨装置集成。这种集成不仅确保了热能供需在数量上的平衡，同时也实现了质量上的匹配，从而优化了热能的利用效率。

由此可见，节能精神带来的价值远超其本身。值得注意的是，长风化工厂之所以能够摆脱困境，关键是对节能精神的深刻理解及其在实践中的创新应用。这不仅仅是对节能减排口号的简单重复，而是通过对节能精神美内涵的具体思考，激发了创新思维，并推动了一系列务实转变。这才是该厂实现巨大的经济效益，力挽狂澜和化险为夷的秘诀。这也不禁让我们去思考生活中的细节，当大部分人把垃圾视为毫无价值的废品时，却有人“背道而驰”，把垃圾当作商品进行交易，低价购买国外的垃圾，在国内进行一系列的加工而制成商品售卖给他人以获取利益，实现变废为宝；当大家都在思考如何减少燃煤的空气污染时，早已有人将目标转换方向，去探寻替代燃煤的新能源了；当我们还在努力养成随手关灯的习惯时，早有人创新出了智能家居系统，从而实现对家庭能源的自动化控制和管理。节能精神美需要我们自己去探寻，去发现，它并不只停留于表层，而是基于我们对基本事物大量思考后形成的创新想法。

化工热力学的工程案例为我们提供了丰富的实践视角，证明了上述观点的正确性。液化天然气（简称LNG）的液化过程是一个能源密集型的环节，其能耗占据了整个生产成本的相当一部分，通常液化过程中产生的冷能被排放到大气或海洋中，未能充分利用其潜在价值。随着多国对LNG冷能利用方式的深入研究，已经开发出数十种利用方法，应用范围从工业扩展到农业等多个领域。例如，动植物低温养殖或栽培过程，充分利用LNG冷可以够很好满足这一需求，该过程省去了制造低温环境所需的能量，显著节约成本。石脑油催化重整是强吸热反应，而且芳烃分离过程复杂，精馏过程较多，导致芳烃联合装置的能耗在石化装置中的比例居高不下。为此在芳烃联合装置中探寻出了多种节能模式，如分壁精馏技术，低温余热回收发电技术。这些新工艺不仅降低了分离过程的能耗，并充分利用了低档余热来交换出高品质的能量，实现了巨大的经济效益和社会效益，大幅提升了我国芳烃生产技术的国际竞争力，具有里程碑意义。

正是节能精神美的内在驱动力激励我们不断创新，而创新的想法又落实在节能减排之中。可大多数人总认为这些离我们的生活太远，感受不到节能精神的美，但其实它在我们的记忆碎片中处处可见：你一定会记得妈妈或奶奶曾用淘米的水来浇灌你种下的花朵或是植物，你也会记得爷爷曾用焚烧后的秸秆给田间的农作物施肥，这一帧帧充满生活气息的画面都有着节能精神美的倩影。节能精神美是一种积极向上、可持续发展的价值观，贯穿在生活的各个方面。若将我们每个人关于节能的点滴慧思收集和融合起来，再充分落实在实践中，定能建设更加美好的生态文明。

化工热力学与物理化学的主要区别在于其将理论知识转化为实际生产中的实用方法，并且“化工热力学就是为节能减排而生的”，所以想要透彻地理解化工热力学的知识还需要与生活实际相结合，去主动思考化工生产中常见节能减排方法背后蕴藏的节能精神美。通过这一过程，我们能够逐渐理解化工生产中能量交换的机制，发现工艺优化的规律性，以及新技术创新的合理性。节能精神饱含着人们对于环境、地球家园的热爱，学习节能案例的过程，也是激励我们与自然共情，培养科学素养中节能意识、环境责任感的过程。在对具体案例经过大量思考后，相信此刻的你，已经慢慢，并逐渐拥有了属于自己的节能意识。

7.4 创新精神美

创新精神是推动科学发展和人类社会进步的核心动力。它是一种思维能力和意志品质的结合体，赋予个人或团体足够的信心、勇气和智慧，使人们能够在已有的知识、信息、技能和方法的基础上，提出新颖的方法和观点，勇于进行发明创造、改革和革新，对于促进社会经济的持续发展和全面进步具有至关重要的作用。

7.4.1 创新精神美的内涵

创新精神美主要体现在三个方面，首先，创新精神美在它是一种与创造性活动紧密相连的思维活动，需要具备高度的学习精神和求实精神，以持续探索和发现新知识和新问题。其次，创新精神美在它是一个人从事创新活动、产生创新成果、成为创新之人所需具备的综合素质，即需要具备创造精神和拼搏精神，勇于面对挑战，不断地尝试和实践，以实现自己的创新目标。最后，创新精神美在它具有能够综合运用已有知识、信息、技能和方法提出新问题、新观点的思维能力并具备进行发明创造、改革革新的意志、信心、勇气和智慧。这就要求我们具备高度的灵活性和创造性，在面对各种挑战和问题时能够找到全新的解决方案，以推动社会经济的发展和进步。

7.4.2 化工热力学课程中的创新精神美

化工热力学是化工过程研究、开发和设计的理论基础。一个化工过程主要包括化学反应过程和分离纯化过程。反应是龙头，分离则是体积庞大的龙身。而化工热力学在解决化工过程中反应和分离两大问题上都有非常重要的作用。

因此，在时代的发展中，科学家们一直致力于利用化工热力学的原理进行技术革新，发明创造新的应用。而在时代发展前进的步伐中，创新精神是一盏始终照耀着人类前行之路的明灯。从状态方程到磁悬浮列车的跨越、从超临界流体能源系统的创新到非稳态蒸馏理论及技术的诞生，无一不是创新精神的成果，创新精神是科技发展、人类进步的磅礴力量，在时代的洪流中激起变革的巨浪。

创新是科学发展的永恒旋律。新规律的发现，结合适当的技术手段，便能够为实际生产带来一场深刻的革命。英国物理学家兼化学家托马斯·安德鲁斯在气体液化研究中揭示了临界温度的概念，他发现每一种气体都存在这样一个特定温度，超过这一温度时对气体施加任何压力都不能使其液化，便将该温度定义为该气体的临界温度，同理也存在临界压强。而高于临界温度和临界压强的流体则被称为超临界流体，其展现出独特的物理性质。它们不仅具有液化抗性，而且在临界状态附近时 T 和 p 的微小波动会引起溶质溶解度的显著变化，这种变化可能跨越数个数量级。这些特性赋予了超临界流体在化工分离、材料合成和能源技术等众多领域的应用潜力。

人们利用这一规律来进行物质的分离。例如药用植物有效成分的提取用传统方法很难做到，但是超临界流体萃取就可以做到。例如在超临界流体萃取技术中，二氧化碳被用作一种有效的介质（如图 7-4）。首先，常温常压下的二氧化碳通过热交换器冷凝成液态。随后，使用加压泵加压使其压力超过其临界压力，并同时加热至超过临界温度，从而转变为超临界流体状态。在此状态下，二氧化碳与待萃取物料充分接触，选择性地溶解目标化学成分。萃取过程完成后，含溶解物的超临界二氧化碳流体通过减压至临界压力以下，导致溶质的溶解度急剧下降，从而促使溶质从流体中析出。这一过程实现了溶质与二氧化碳气体的自动分离，有效地实现了所需物质的分离与提取。

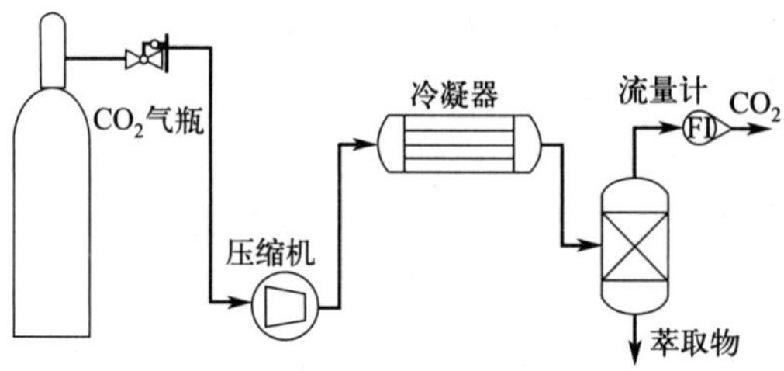

图 7-4　超临界 CO_2 流体萃取技术应用

当然，在科技进步的当下，超临界流体的应用不仅仅局限于物质的分离与提纯，我国科学家凭借着创新精神努力探索超临界流体应用于能源化工系统的技术。2021 年，由中国科学院工程热物理所储能研发中心陈林研究员主持编辑的超临界流体能源系统方面的英文专著 *Handbook of Research on Advancements in Supercritical Fluids Applications for Sustainable Energy Systems*（两卷本）顺利在美国 IGI Global 出版社出版。这本由中国科学家领衔、各国权威专家通力合作的专著，是国际上第一部关于超临界流体应用于能源化工系统方面的专著。它的出版显示了以中国科学院工程热物理所为代表的中国科研机构在该领域的重要研究实力和国际影响力。这是国人之骄傲，也是科学界之光。

从现象的发现到理论的诞生到技术的成熟再到最后的应用，是需要经过漫长岁月以及科研工作者的共同努力才能够实现的。在历史的进程中，伟大的科学家和工程师们秉持创新的精神，以不同于常人的特殊眼光看待前人的研究成果，并进一步研究，赋予其新的意义，完成了一场场跨时代的创新接力赛。

范德瓦耳斯，作为低温物理和相变研究领域的杰出贡献者，于 1873 年提出了一种新型“状态方程”，该方程不仅适用于气态，也适用于液态。这一理论为后续的低温实验提供了理论基础。在范德瓦耳斯理论的启发下，1898 年，英国皇家研究所的詹姆斯・杜瓦爵士成功实现了氢的液化和固化，这一成就在当时只有氢气和氦气尚未被液化的情况下尤为引人注目。本以为这已是低温的极限，但随着氦气在残余气体中被发现，氦的液化成为难题和低温物理学突破的关键。

授予范德瓦耳斯博士学位的荷兰莱顿大学发展了低温实验技术。而低温实验室的创始人，著名低温物理学家开默林・昂内斯接过了创新的接力棒，决心攻克这个低温堡垒，最终在 1908 年以其独有的低温技术成功将氦气液化。最后一种“永久气体”被消除，我们也得到了氦的液化温度，低温物理学的研究从此进入了一个更加深入的阶段，这同时也为超导的诞生（1911 年）奠定了基础。在开默林・昂内斯成功液化氦气后，便将各种金属浸在液氦里并测量其电阻。一次他的助手在测量浸在液氦中的水银时，发现水银完全无电阻（图 7-5）。这个发现宣告了超导的诞生。

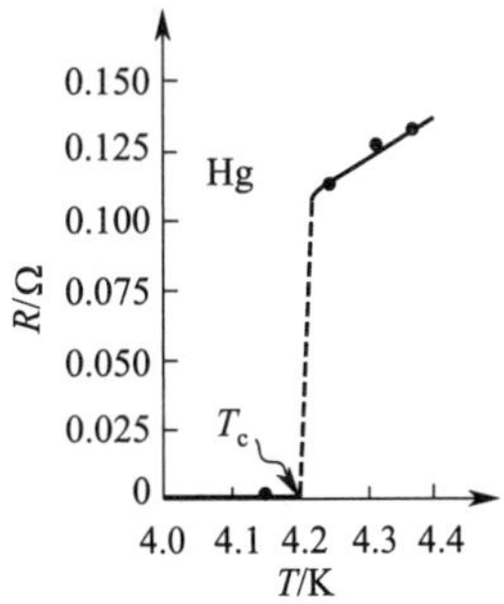

图 7-5 汞的临界超导温度（T_c）

在对超导体的深入研究中，科学家们揭示了其独特的物理性质，并对其在生产和生活领域的广泛应用抱有极大兴趣。然而，早期发现的超导体仅在极低温度（约 23K）下表现出超导性，这一条件严重限制了它们的实际应用范围。尽管如此，科学界并未放弃探索，经过超过 70 年的不懈努力，终于取得了重大突破。研究者们发现了一种新型的高温超导材料，这种材料是以铜为主要组成元素的多元金属氧化物，在液氮温度（约 77K）下即可实现超导状态。这一发现为超导技术的广泛应用铺平了道路，标志着超导研究领域的一大飞跃。超导态的一个显著特性是抗磁性，又称迈斯纳（meissner）效应，当超导体处于超导状态时，其内部产生的磁化强度与外磁场可以完全抵消，从而使内部的磁感应强度降为零，也就是说，磁感线完全被排斥在超导体外。利用超导体的这一特性可以实现磁悬浮现象。例如将一块磁铁放在超导盘上，超导盘会把磁感线完全排斥出去，跟磁铁之间产生排斥力，使磁铁悬浮在超导盘的上方。人们利用这一特性发明了磁悬浮列车（图 7-6）——利用磁悬浮使列车悬浮，与轨道脱离接触，大大降低列车在运行时受到的阻力，使其沿轨道“飞行”的速度可达

500km/h。在液氮温区的超导悬浮装置的应用显得更为简单，成本也大大降低。目前，高温超导已成功应用于磁悬浮列车、超导磁铁、超导发电机等方面。一个多世纪的创新接力结出了美丽而丰富的果实。今天，当我们了解科技成果的创造过程并享受这一过程时，将感受到科学家们的创新精神并为之赞叹！

图 7-6 磁悬浮列车

从状态方程到低温技术到超导技术再到磁悬浮列车，它们之间看似毫无关系，实则环环相扣。范德瓦耳斯、杜瓦、开默林·昂内斯等众多科学家充分利用自己的智慧，开拓创新，艰苦探索，完成了一场跨时代的创新接力。他们用鲜活的创新精神，赋予无言的规律以旺盛的生命力，让科学现象从理论最终到我们曾无法想象的科技成果，完成一场对创新美的世纪合唱。

科学家眼中的世界与我们同也不同。正是创新精神的驱动，使得科学现象的发现超越了单纯的观察，转化为具有深远影响的科学和技术进步。比如从状态方程到低温技术到超导技术再到磁悬浮列车，从超临界流体的发现到多样应用，科学家们用充满创造力的思维赋予科学现象和理论新的生命活力，让它们以灵巧的姿态在实践中起舞——将新的科学发现创造性地用于生产，为人类社会甚至地球带来新的可能性，从而改善生活，改进环境。当我们脑海中突然闪现了一个全新的想法，它是瞬间的灵感迸发，就像是在寂静的夜晚中绽放的烟花，美丽而震撼。创新精神让我们感受到自我超越的喜悦，也帮助我们增加自信。创新，意味着变化，意味着生命力，这是世间最美好的事情。

这感受的过程也是体会美的过程，充满对创新精神的惊叹、愉悦与崇敬。

《商君书》曾言："圣人不法古，不修今。法古则后于时，修今则塞于势。"从古至今，创新精神都深刻地烙印在中华民族之魂中。从传统中发现革新、从已知中找寻未知、从不变中探究可变……这些发现、创造、探索新事物的举动，便是创新。这是一个动态变化和发展的过程，而向上的变化和发展，本身就充满着积极的精神力量，不断鞭策、吸引我们砥砺前行，做出更美好的改变。

7.5 推导过程美

推导即根据已知的公理、定义、定理、定律等经过演算和逻辑推理而得出新的结论。

7.5.1 推导过程美的内涵

推导新的结论的过程中蕴含着不同公理、定义、定理、定律等的内在统一和谐之美，也充满了逻辑美，由理论到实际的转变美，由复杂到简单的和谐统一美。

7.5.2 化工热力学课程中的推导过程美

化工热力学公式推导过程中的美学内涵是丰富多彩的，有由理论到实际的跨越过程之美，也包含了化繁为简的美学，还有辩证统一的哲理美等等。下面就以化工热力学中基础热力学性质 H（焓）、S（熵）、G（吉布斯自由能）的公式推导为例。首先，我们在理论的画布上勾勒出基础热力学性质的轮廓，H、S、G，它们如同画面中的元素，构成了这幅热力学之画的基础色彩。

$$G=G(p,T) \tag{7-1}$$

式中，G 为吉布斯自由能；p 为压力；T 为温度。

接着，麦克斯韦关系式犹如调色板上的调色工具，让我们能够将这些色彩混搭出新的色调。这个过程就像画家在调色板上轻柔地拿取不同颜料，开始将色彩融合，而这融合过程实质上就是从理论到实际的跨越，是一种美妙的过渡。

由麦克斯韦关系式

$$\left(\frac{\partial G}{\partial p}\right)_T=V \tag{7-2}$$

$$\left(\frac{\partial G}{\partial T}\right)_p=-S \tag{7-3}$$

式中，V 为体积；S 为熵。

由式(7-3) 可知，在一定压力下，G 随 T 的变化量可用 S 来体现，由于$G=H-TS$，即

$$S=\frac{H-G}{T} \tag{7-4}$$

那么

$$\left(\frac{\partial G}{\partial T}\right)_p=\frac{G-H}{T} \tag{7-5}$$

考虑到恒等式式(7-6)，可以得到吉布斯-亥姆霍兹公式，如式(7-7)。推导过程如下：

$$\mathrm{d}\left(\frac{G}{T}\right)=\frac{1}{T}\mathrm{d}G-\frac{G}{T^2}\mathrm{d}T \tag{7-6}$$

将 $\mathrm{d}G=V\mathrm{d}p-S\mathrm{d}T$，及 $G=H-TS$ 代入式(7-6)，然后，我们运用代数化简，将理论性质转化为简单形式。这个过程就像画家用简练的笔触勾勒出精妙的线条，简洁而优雅，呈现出凝练的美感。

$$\mathrm{d}\left(\frac{G}{T}\right)=\frac{V}{T}\mathrm{d}p-\frac{H}{T^2}\mathrm{d}T \tag{7-7}$$

当压力一定时，为

$$d\left(\frac{G}{T}\right)=-\frac{H}{T^2}dT \tag{7-8}$$

或

$$\left[\frac{\partial(G/T)}{\partial T}\right]_p=-\frac{H}{T^2} \tag{7-9}$$

此式就是吉布斯-亥姆霍兹公式。它表明如果知道系统的焓值，就可以知道 G/T 是如何随温度 T 变化的。吉布斯-亥姆霍兹公式的推导过程正如画家在画布上挥洒色彩，最终呈现出一幅完整的艺术作品，科学家们通过严谨的推导，揭示了这一公式的深刻内涵。吉布斯-亥姆霍兹方程超越了单纯的数学表达，它深刻地体现了热力学原理的哲学内涵，蕴含着深邃的哲理和美学价值。这个方程的精髓在于它将对热力学定律的深刻理解转化为一个简洁而优雅的数学形式，它不仅是热力学领域智慧的象征，更是内在和谐美的体现。它展现了科学与艺术的完美融合，让我们在探索自然法则的同时，也能感受到其中的美学魅力和哲学深度。

根据上述推导过程，我们可以认识到，通过对一些基本关系式进行求导、约分等简单数学操作，并结合特定的恒定条件，我们就能推导出极具实用价值的公式。这些公式帮助我们探索并确立不同物理量之间的新颖联系。将原本并不那么清晰的物理量之间的关系，理清在我们面前。我们从中感悟出："一生二，二生三，三生万物"，万事万物是相互联系的，体现出逻辑链和因果关系之美。这种探索科学世界的方式，就如同在探寻一幅绚丽多彩的画作。我们从最简单的几何形状开始，以点、线、面为基础，勾勒出基本的关系。这些简单的几何元素，就如同调色板上的基本颜色，虽单一却蕴含着丰富的可能性，通过各式各样的丰富组合，创作出形式新颖的精美画作。可以想象，科学世界中的探索者们正如同欣赏画一样欣赏他们所推导出的公式，此刻视觉里的享受、情感上的愉悦、心灵中的启示与精神层面创新之激励，正充盈着他们的胸膛（图7-7）。

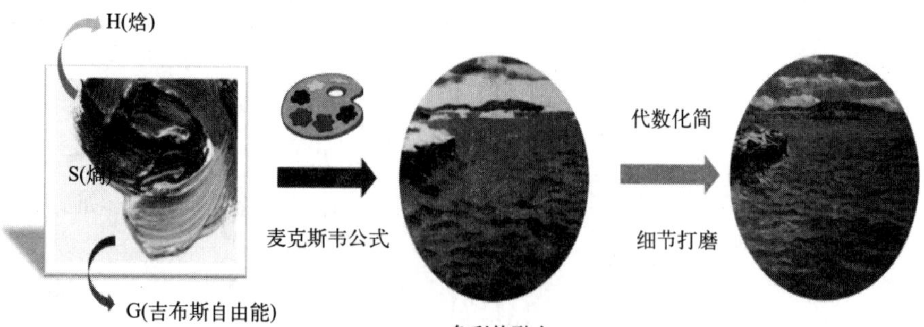

图 7-7　吉布斯-亥姆霍兹公式推导与绘画类比

推导过程美似乎与化繁为简有着不可分割的关系，但两者又互相区别，前者强调过程，后者强调结果。推导过程，是严谨而缜密的逻辑思维的展现，亦是在启发我们万事万物互相关联，处于普遍的联系之中，不会有独立存在的个体，也不会有一无是处的存在。只要我们认清个体处在无数的联系之中这一事实，便会发挥无穷的力量。所以，也许在视野开阔以后，会灵感乍现，带来无穷的创新想法。

7.6 化繁为简美

化繁为简美在5.8节已作过简单阐述，这里我们可以从另一个角度理解这种美。

化繁为简是一种透过现象看本质、善于抓住主要矛盾的思维方法。它要求凡事找规律，在抓住事物本质和主要矛盾的基础上，以最简洁、最高效的方法解决问题。

将化繁为简美过渡到化工上，便有了一种全新的美的体现。化工过程的复杂性是众所周知的，它涉及众多的化学反应和物理变化。为了优化这一过程，科学家和工程师们致力于简化化工流程，旨在通过减少不必要的步骤和环节，提高生产效率并降低成本。这种简化不仅有助于减少实验步骤，从而加速产品从实验室到市场的转化，而且有助于提高产品质量。此外，化工原料的选择也是一个复杂的问题，原料的种类繁多，选择合适的原料对于生产过程至关重要。精心选择原料，可以减少对资源的浪费，降低生产成本，这正是化繁为简美学观念在化工领域的具体体现。曾大乾，中国石油化工集团有限公司石油勘探开发研究院集团公司首席科学家，创新形成高含硫气田高产高效开发、腐蚀防护、深度净化及安全控制等4项核心技术，在复杂环境中揭示了基本规律，形成了理论模型，生动诠释了化繁为简的魅力。

在化工热力学的研究中，我们经常采用一种将复杂现象抽象化并加以修正的方法，这亦是“化繁为简”。例如通过将实际气体视为理想气体模型并引入压缩因子，或者将实际溶液视为理想溶液模型并考虑活度系数，实现了对实际现象的精确描述。这种处理方式不仅体现了科学方法论中的简化原则，而且通过演绎法的应用，展示了理论模型与实际观测之间的一致性。这种方法论的运用，不仅提高了理论的普适性，而且增强了我们对化工过程的理解和预测能力，这种“大道至简”之美，在化工热力学中依托于演绎法，有着多方面的体现，威尔逊方程便是其中之一。由于实际情况的多样性以及复杂性，在化工热力学的研究中想要通过实验将所有物质信息测出来是一件烦琐且不可能的事情，而为方便计算，研究时又希望将复杂的性质由简单易测的数据描绘出，故而我们在一定的实验基础上，将实验结果与半理论半经验的模型相结合。威尔逊方程的基本思想之一是基于分子间作用力的不同提出了局部组成的概念，同时在对汽液平衡数据关联时取得成功，从而促进了局部组成改进模型的发展，如此形成一个半经验方程，从而让复杂的情况变得更加简单。生活也该如此，只顾实践而不总结其中的收获，只会使生活复杂，如果将这些实践中的收获进行总结，那便构成了完整的人生。此外从常温常压的物性数据来推算苛刻条件下的性质也是演绎法的体现之一，地质状态的研究离不开模型，但是地质流体如 H_2O、

CO_2、CH_4、N_2 所处的温度、压力高达 2000K、20～30GPa，条件苛刻，实验无法进行，此时必须依靠化工热力学中状态方程的预测。并且在实际研究中，受实验条件的限制，有许多实际生产或者实际环境中的条件是无法达到的，如果一味地追求实验条件的达成，只会使实验更加复杂，这时便需要我们利用常态化的条件，推导出其中的规律，如此，极端异常条件的实验结果也会油然而生。这便是依托于演绎法的化繁为简美在化工热力学中的体现。

从生活到化工再到化工热力学这门具体的课程，化繁为简美贯穿始终，正是化繁为简的运用才使得我们的社会变得简洁美好，而在化工热力学的演绎法中，我们便可以感受到复杂与简单其实是对立统一的，复杂可以完成到简单的转化，有时候只需要一步小小的转化，例如一个模型、一个系数等等。并且我们可以将这一理念进一步推广：今后无论是在科学研究还是生活处事中，我们不必纠结于某件事的复杂性，而应时刻保持一颗将事物简化的心，以此即可处理所有的纷繁复杂之物。这是由繁至简、大道至简之美的终极展示形态。由此，化工热力学中的化繁为简美升华为了为人处世的哲理之美。

7.7 动态平衡美

动态平衡美在 6.7 节已作过简单阐述，这里我们可以从另一个角度理解这种美。

微观上永无止息的运动，在宏观上却是静止的，达到了奇妙的平衡。两种相反趋势的动态达成的效果相互抵消，这就是常说的动态平衡。平衡处处存在，例如物理动态平衡、化学动态平衡、生态平衡、生理平衡、经济平衡、社会发展与人口平衡等。我们可以说：整个世界都处于一种微妙的动态平衡中。

在化工热力学中动态平衡的典型例子即相平衡，在溶解、蒸馏、重结晶、萃取、提纯及金相分析等方面都要用到相平衡的知识。研究多相体系的动态平衡对我们的生产生活都有重要的意义。当我们学习相平衡时，我们的目标不应仅限于记忆其概念和公式，或者机械地应用它们。更重要的是，我们要深入理解相平衡的原理，欣赏其内在的美学，并体验其动态平衡的美妙之处。

相平衡指的是在多相体系中，若干相之间保持着物理平衡而处于多相共存状态。此时体系在宏观上呈现出一种“静止”的状态，但在微观上仍有方向相反、速度相等的相际传递。

在任何状态下，物质都有逃逸该状态的趋势。我们用逸度 f_i 表示分子的逃逸趋势程度，是物质发生迁移（传递或溶解时）的一种推动力。以水的气液平衡为例（图 7-8），在一定温度下，液相的水分子有逃入气相的趋势，同时，气相的水分子有逃入液相的趋势。当两个趋势相等时，气液两相达到平衡。

而在相界面处，时刻进行着物质分子的流入和流出，在相平衡时，流入流出的物质在种类和数量上，时刻保持相等。因此我们说，相平衡是一种动态平衡。表面的“静止”实为相对静止，背后却蕴含着永无停歇的运动。

相平衡的动态平衡美耐人寻味。利用相律求得的处于相平衡状态下的自由度数（F）的变量可用来描述体系的平衡状态（表达式为：$F=C-P+2$，式中，C 为体系组分数，P 为体系所含相数）；利用汽液平衡比 K_i 可在工程设计中进行计算（K_i 被定义为汽液平衡系统中组分 i 在气相中的摩尔分数 y_i 与在液相中的摩尔分数 x_i 之比值）；利用相对挥发度 a_{ij} 在精馏计算中来表示汽液平衡关系（a_{ij} 被定义为汽液平衡时，i、j 两组分在两相的摩尔分数之比值）。这些规律以及相平衡图（图 7-9）增添了计算的简便性、应用的可行性，这本身不失为一种美。

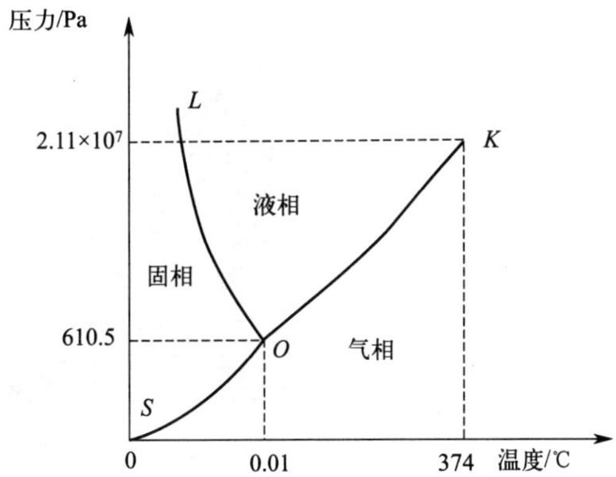

图 7-8　水的平衡相图

动态平衡美包含了均衡动势美、方向性趋势美和透视的变化趋势美。动态美的内在意义和表现形式从空间维度转向时间维度，从单向度走向双向度。

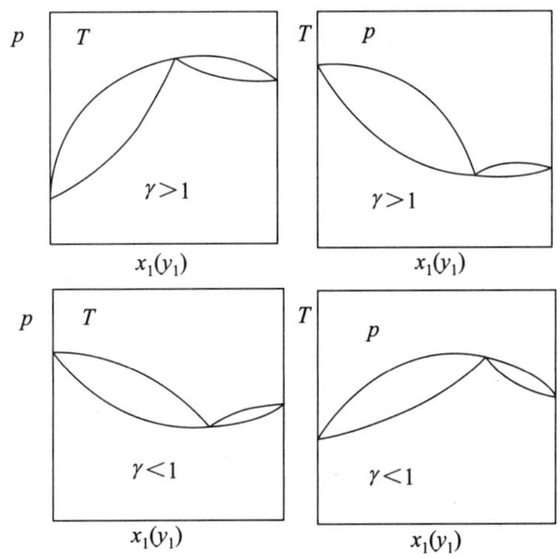

图 7-9　二元系均相共沸物相图

γ—活度系数

动态平衡的概念不仅在化工热力学的相平衡中扮演着关键角色，如著名的勒夏特列原理，它还像一位隐秘的艺术家，巧妙地融入我们生活的方方面面。举一个最简单的例子，当你骑着自行车平稳地前进时（我们不妨将其近似看作匀速直线运动），车把相对左右并不是静止的，而是在车身中轴线两侧细微均匀地摆动，以此保持平衡，呈现总体上的“静止”。当然，这一现象不能根据定义被描述为动态平衡，但它的确生动地诠释了动态平衡（图 7-10）。

因此，动态平衡不应仅被视为某一理论的一部分，而应是一种深刻的思维方式。它贯穿众多理论体系和生活实践。它是哲学，它是美。生命正站在这动态平衡的天平上。我们要像多相体系一样，不断探索和调整，不断找寻平衡，以达到最舒适的生活状态，感受生命之美。

图 7-10　骑自行车第一视角

在哲学中，动与静是对立统一的，而化工热力学中相平衡的例子正是这样。我们从动中看静，从静中看动，就好似在波澜不惊的水面观游鱼，富有诗意与哲思。相平衡的一动一静一平衡，在我们的心中激起波澜，给予我们美的感受。可能生活、科研就是如此，于反复中发现新意，在平淡中窥见意趣。化工热力学不是冷冰冰的知识、枯燥的文字。相反，它有温度，有活力。以酒会知识，能制佳酿。

7.8　学习过程美

7.8.1　学习过程美的内涵

通过化工美学的视角来审视化工热力学，我们能够将那些看似枯燥且复杂的理论转化为一种审美体验，从而使学习过程轻松而愉悦。本节以化工热力学课程的学习为例，介绍一门充满抽象的数学公式、丰富的理论概念和实用的工程应用课程的学习过程美。笔者在编写内容时，由衷体会到从教材外观、教材内容、公式结构到人物举例、课程关系等等，无不展现出美的、实用的、精巧的内涵。

学习伴随人的一生，从呱呱坠地到步履蹒跚，学习一直在进行，所以有时候过程反而比结果更加重要。我们总结知识之间的内在联系，挖掘知识背后的含义，探索理论知识与实际的可能联系……这些都是我们逐渐向这个世界的美好真谛接近的过程，而接近美的路上，我们也成就了美。

在我们学习的过程中，我们会获得许多情感体验，这些情感体验交织在一起，促进我们达到更高的境界，这也是学习过程美的内涵所在。

7.8.2　化工热力学课程中的学习过程美

7.8.2.1　化工热力学中的知识体系美

化工热力学是以热力学八个基本性质 T、p、V、U（内能）、H、S、A（亥姆霍兹自由能）、G 为线索的，并从理想气体和理想溶液等简化模型出发，对纯物质和混合物体系的真实气体及液体状态进行定性分析和定量描述（图 7-11）。

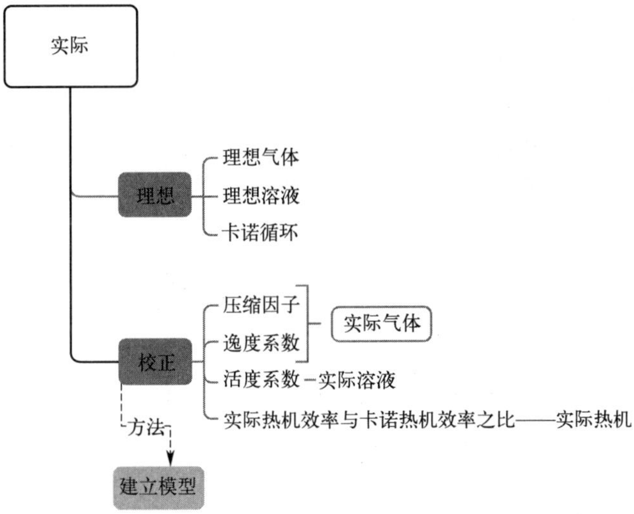

图 7-11 化工热力学处理问题思路

化工热力学的学习内容主要包括“理论”和“应用”两部分（图 7-12）。如理论方面包含了流体 pVT 关系、纯流体热力学性质和均相混合物热力学性质三部分；应用方面包含流体相平衡、能量分析和化学反应平衡三部分。

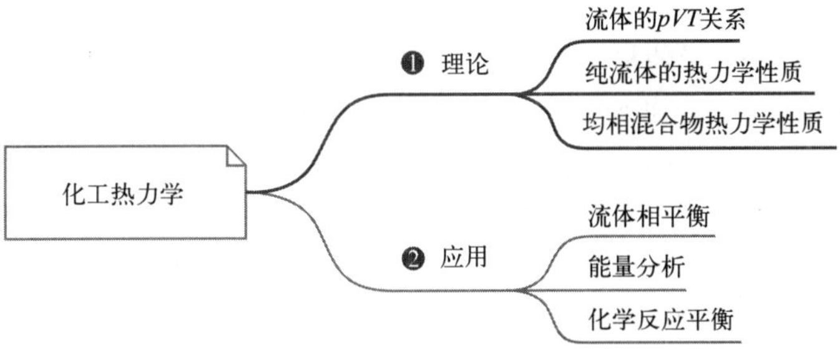

图 7-12 化工热力学整体框架

7.8.2.2 化工热力学中的解决实际问题之美

在学习热力学课程的过程中，我们提出了一个有趣的问题：乙醇和水混合体积的变化是否与酒的口感有关？这极大激发我们的好奇心，利用课外时间进行了深入的实验和分析，探究了混合体积变化对酒的口感和酒度的影响，并将研究成果整理成一篇论文。

“纸上得来终觉浅，绝知此事要躬行。”如果学习仅仅停留在纸面上，便失去了它的意义，从生活中发现问题并解决问题，才是学习真正的魅力所在。

思考题

1. （结合本章节推导过程美的内容）你还在哪些化工热力学的公式推导中感受到了

美的情感体验？给你以什么样的巧思和启发？

2.（结合本章节动态平衡美的内容）为什么打开碳酸饮料的瓶盖时，饮料中可以看到气泡升起和表面的破裂，这和摇晃饮料瓶饮料会喷发有什么区别吗？请说出你在此活动中的感受和想象。

3.（结合本章节学习过程美的内容）请同学们分享一下你在学习化工热力学过程中的故事与心得，这是属于同学自己的学习过程美。

本章DIY

1.（结合本章科学精神美的内容）请就 T-V 相图手动搭建一个立体模型（可以使用塑料球、木条、纸板、模型胶、透明玻璃板、卷尺、剪刀等工具），然后将其放置于一片空地上。旁边放置一块大白板，面对这个经典的热力学现象，将你天马行空的联想、想象、富有灵感的思索（可以是针对图形本身的发散，也可以是情感价值上的撷取）用一个字、词、表情写在白板上，鼓励与同学们一起交流。

以小组为单位（每组 10 个同学）将感兴趣的化工领域杰出科学家们（1～2 位）的照片打印出来，也可以按自己的想法绘制 Q 版或者抽象的科学家肖像。准备便签若干，每个同学在便签上写出自己或外界给到这些科学家的标签（可以涉及成长环境、原生家庭、个性爱好、独特的创新思维及对该科学家未竟事业和科学问题的深入思考），以此展开大胆想象。

2.（结合本章节能精神美的内容）全国大学生节能减排大赛是教育部认可的全国大学生学科竞赛之一，也是全国高校影响力最大的大学生科创竞赛之一，以“节能减排、绿色能源”为主题，响应国家能源与环境政策。以 5 人为一组，请同学们登录官网，从历届作品中去了解大赛近几年的创意作品并向大家介绍 1～2 个你认为有趣又实用的作品，也可以提出你认为可行的改进方法，以 PPT 来展示你的想法。

3.（结合本章创新精神美的内容）请就正常态和超导态的磁感线和导体的两种分布状态展开丰富的联想和想象。你希望超导未来还能运用在哪些领域？请你写出一篇关于未来世界中，在你希望的领域应用超导体生活图景的短文或拍摄一段视频来表现。

4.（结合本章动态平衡美的内容）观察酸碱中和动态平衡。

（1）准备好试管、烧杯、量筒等实验室常用器具，醋酸、氢氧化钠、酚酞指示剂等化学试剂。

（2）醋酸与氢氧化钠中和反应：在试管中加入适量的醋酸并加入酚酞指示剂，然后慢慢加入氢氧化钠，同时观察颜色的变化。当溶液变成粉红色时，表示醋酸与氢氧化钠已经完全中和。

（3）观察反应过程，对反应过程中的现象进行记录，分享自己的观察结果和感受。引导学生理解动态平衡在化学反应中的意义让学生在颜色变化的过程中感受到动态平衡的独特美感。

5.（结合本章学习过程美的内容）3 人为一组，请选择三个气候差异较大的地点，在 7～8 月之间统计每日早中晚（固定时间，如 6：00，12：00，18：00）的温度、湿度、降水量，以及你的心情，还请注意观察和统计（如有）鸟类和昆虫的数量和种类的变化，绘制在一张美观的图表中，并思考其中温度、湿度、降水量等记录量之间的联系。

美学作品赏析

刘海粟《黄山云海》

扫码阅读彩图

作品《黄山云海》创作于 1954 年，是我国近代著名美术教育家刘海粟六上黄山的大作。作品描绘了在霞光映照下黄山景色丰富变化的神奇气象，通过大面积横向的云霞强调了海天一色的交错之感，同时辅以因山势向上而激荡横流的流云，使得画面动静相宜，斑斓变化。

刘海粟在时代精神感召和鼓舞下，在中国画构图的基础上融入西方油画的构图基础，使得整幅画看起来更加均匀平衡，同时他通过学习印象派色彩应用规则，将其运用到艺术创作之中，使得画作色彩对比更加强烈。拿他的作品来说，处处都体现着刘海粟“总是自己要走自己的路，自己抒发自己要抒发的感情”，展现了近代中国在艺术方面的创新之势。

第8章

传递过程课程中的美育元素

8.1 课程概况

传递过程基础是化学工程与工艺专业的主干课程，通过本课程的学习学生能进一步概括地了解存在于各种单元操作过程中的传递现象，系统地学习传递基本原理，深入了解各类传递过程的机理，为改进各种传递过程和设备的设计、操作和控制提供理论基础，为今后的科学研究提供各种过程的基础数学模型，为分析和解决过程工程和强化设备性能等问题提供坚实的理论基础。

8.1.1 课程美育设计

传递过程课程的审美化教学，旨在培养学生跳跃思维、类比思维以及创新思维，同时帮助学生学好这门专业课。以类比思维为例，在人类文明发展的历史中，它发挥着不可替代的作用，如战国时期墨子的“木鸢”、鲁班的“竹鹊”、三国时期诸葛亮的“木牛流马”，以及现代的鸟类飞行机器人都运用了类比思维而从自然界中获得了灵感。在传递过程课程的学习中，善用类比思维可以达到事半功倍的学习效果。同时，类比思维带来的情绪体验，能够培养学生的想象力和共情能力，重塑技术发展中技术美的维度，以及帮助理论技术更好地走向现实生活。

发掘传递过程课程美学元素，将专业知识和美学元素相互融合，可以丰富课程内容，深化课程影响。这种对美的体验在提升化工专业学生专业能力的同时，也将融入他们的学习、工作、生活之中，帮助学生浸润美好心灵与塑造健全人格。

传递过程的理论学习涉及很多抽象难懂的理论概念、公式推导以及模型建立，课程学习难度较大，需建立在学生对高等数学、化工原理等课程牢固掌握的基础上，而很多学生因基础薄弱，不能及时领悟传递过程的知识，在课程学习的过程中感到困难。为了建立学科交叉，打破学术壁垒，帮助学生理解传递过程，我们挖掘传递过程中的美学元素，形成传递过程课程的审美化教学，从而帮助学生掌握知识，并在学习过程中收获丰富的情感体验。

8.1.2 课程美育目标

① 将审美教育、情操教育与心灵教育融入化工传递过程课堂教学中，培育未来化工人才纯真向善的审美观。

② 传授学生化学工程知识和数学模型方法用于推演、分析传递过程问题能力的同时，加强学生对节能精神美、环境保护美的感受，培养学生的职业道德感、责任感，增强学生对美的感知能力，为社会培育高素质化工专业人才。

③ 学习类比思维，将其运用于课程的学习过程之中，领悟类比与创新创造之间的联系，进而培养创新思维。促进学生深入理解从理论到实际应用的过程，提高其在日常生活中发现问题与解决问题的能力。

8.2 科学精神美

传递过程相关课程介绍边界层分离时就体现了科学精神美：当流体流速较小时，流体的惯性力小，克服逆压和摩擦阻力的能力较小，例如，当 $Re=1.9\times10^5$ 时，分离点约在 $\theta=85°$的位置；当流体流速较大时，则反之，例如，当$Re=6.7\times10^5$ 时，分离点约在 $\theta=140°$的位置（图 8-1)。图中，Re 为雷诺数；μ_0 为初速度；u_x 为 x 方向的分速度。我们知道边界层分离时产生大量的旋涡，消耗了流体的能量，分离点越靠前，形体曳力 F_{df} 越大（图 8-2)。显然，从例子中可知流体的流速增大，形体曳力减小，也许大家曾留意过，河水平缓或湍急时在桥墩后会形成不同大小的旋涡（图 8-3)，但你是否认真思考过，这样一个自然现象启示了我们怎样的道理?

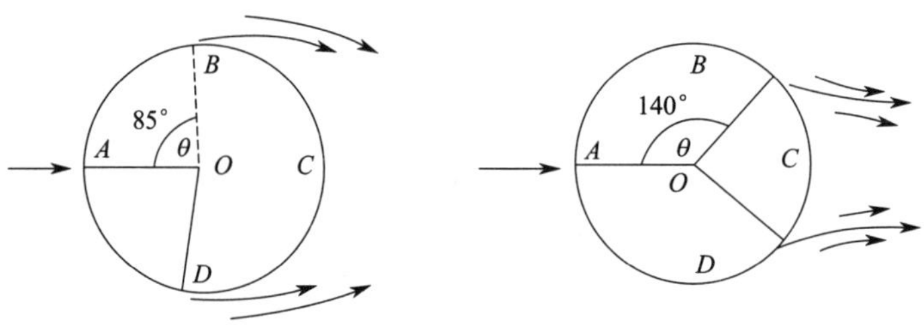

(a) $Re=1.9\times10^5$　　(b) $Re=6.7\times10^5$

图 8-1　不同雷诺数下的边界层分离

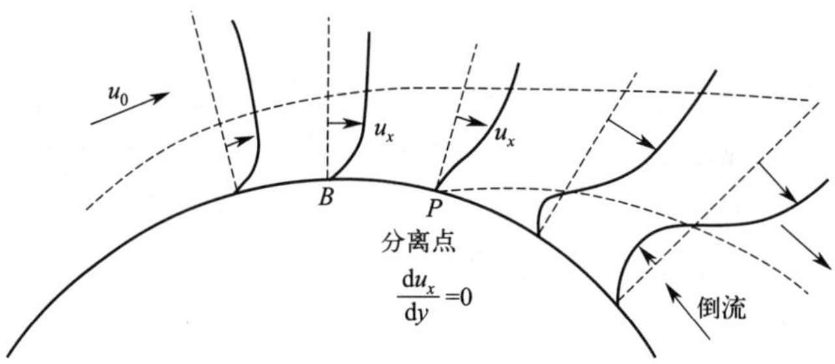

图 8-2　边界层分离

(a) 低速下的湍流尾涡区　　(b) 高速下的湍流尾涡区

图 8-3　湍流尾涡区示意图

我们会很自然地联想到“态度决定成败”：在学习和科研的道路上，我们满怀热情地投入其中，但是一旦我们的推动力在某些地方耗尽，如在分离点 P ($\frac{du_x}{dy}=0$)，就会遇到阻力与挫折，甚至还会因此而倒退。事实上，面对阻力如果消极气馁，正如减小了流速度，分离点前移，产生更大的旋涡和阻力，如此恶性循环，很难有所前进；如果面对阻力积极应对，正如增大了流速度，分离点后移，受到阻力的影响也随之减小。

所以遇到挫折和阻力千万不要消极避之，唯有深刻感受科学精神，并积极迎接挑战，才能产生持续的推动力把事情越做越顺，最终成功。

8.3 脉动起伏美

现代汉语中脉动释义为：像脉搏那样周期性运动或变化。

脉搏自生命诞生之初直到消亡，始终处在周而复始的跳动起伏之中，时而急促，时而缓慢，但只要脉动存在，就意味着生机。同时脉动也是一个寓意很深的词语，蕴含着永远积极向上、充满激情和活力地面对生活的哲理。

8.3.1 脉动起伏美的内涵

脉动体现与静相对的动，与沉闷相对的活泼。脉动意味着有“起”也有“伏”，起起伏伏之间勾勒出了一条优美的线条。陷入低谷或是立足高峰似乎是我们每个人在生活中都经历过的事情，脉动起伏交错，既激励我们陷入低谷后应迎难而上，又警示我们立足高峰后需居安思危，这种处世态度与精神之美，是一种提醒与教导，带给我们的收获与启迪，正是脉动起伏之美的体现。

8.3.2 传递过程课程中的脉动起伏美

随机性是湍流的主要特点，宏观上稳定的流动，其流线不再是一条水平流线，而是在水平流线上叠加了众多的小峰（图 8-4）。为了研究湍流理论，传递过程课程中引入了时均速度 $\overline{u}_x$。我们知道 $u_x=\overline{u}_x+u'_x$，即瞬时速度=时均速度+脉动速度。在图中，时均速度 $\overline{u}_x$ 即中间水平的流线，而以时均速度 $\overline{u}_x$ 的水平流线为基准，上下随机起伏波动的则是脉动速度 u'_x（图 8-5）。湍流理论研究的就是脉动值和时均值之间的相互关系，脉动值的起起伏伏决定了时均值，同时也会改变流线的走向。在我们的脑海中，起起伏伏的不只是脉动值，还有渴望征服的山峦，不停跳动的脉搏，就连我们的人生也好似脉动值一般起落浮沉。

生活犹如山峦、脉搏一样，融合了人生的平淡与波动。每个人的生命都在经历起伏的征途中前行，而关键在于个体对待这些波折的态度——这将决定常态生活的走向。在顺境时，要有忧患意识，居安思危；在逆境时，要保持突围的斗志，迎难而上，只有这样我们的人生走势才会呈现上升趋势。倘若我们面

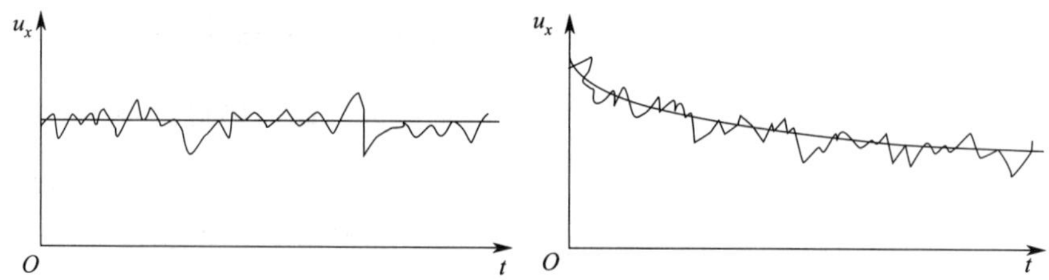

(a) 稳态湍流流线　　(b) 非稳态湍流流线

图 8-4　稳态及非稳态湍流流线

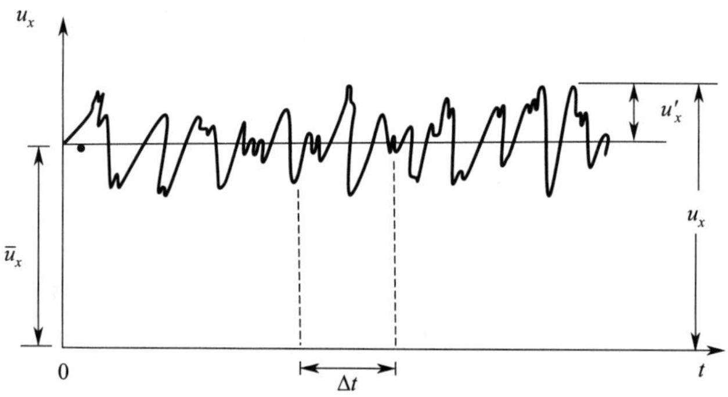

图 8-5　湍流流线示意图

对顺境洋洋得意，面对逆境自怨自艾，这样的人生只会停滞不前甚至倒退。

世界上并没有多少人能瞬间踏上云端，即使登上山峰后也只能短暂驻足。我们过着自己朴素的生活，追寻热爱的梦想，不骄不躁，不气不馁，随着人生的起起伏伏一路前进。我们相信起伏的脉搏孕育生机，起伏的生活蕴藏无限的机会，起伏的人生充满美。

8.4　类比思维美

类比是根据两个具有相同或相似特征的事物间的对比，从某一事物的某些已知特征去推测另一事物的相应特征。类比思维建立在两个特殊事物之间，不需要对大量特殊的事物进行分析和研究，也不必去挖掘事物背后的一般规律。因此，类比方法可以在一些归纳和演绎无能为力的领域发挥自己独特的作用。

类比的方法也推动着创新创造。培根曾说：“类比联想支配发明”。我国战国时期墨子的“木鸢”、鲁班的“竹鹊”及三国时期诸葛亮的“木牛流马”、现代的鸟类飞行机器人，这些例子无一例外体现出类比思维的大智慧。人类诞生和进化的历史对于已经存在了 46 亿年的地球来说显得极其短暂，但人类乐意向大自然学习，善于运用类比思维，借助大自然千万年来积累的智慧去创造。回顾我们的科技发展史，很多科技产物都用了类比的思想，借助大自然的智慧创造出了推动人类文明进步的产物（图 8-6）。

图 8-6 人类从鸟类飞翔得到灵感创造飞机

8.4.1 类比思维美的内涵

类比思维通过已知的事物去合理推测未知事物的特征，帮助人们更好地认识世界；通过寻找人类社会和自然界中存在的事物中与创造对象类似的事物，完成发明创造，又在认识世界的基础之上迈出改造世界的伟大跨越。类比思维大到为我们认识世界和改造世界提供了无可替代的方法，为人类社会创造丰厚物质与精神财富，小到帮助我们理解一门不易理解的学科。人类在脱离毫无头绪的状态，依靠类比思维改造世界过程中获得的情感体验即类比思维美。

8.4.2 传递过程课程中的类比思维美

下面仅以类比思维帮助初次学习传递过程课程的学生更好地掌握其中的基本概念、公式推导等内容为例，说明在传递过程课程中类比思维的应用与类比思维美的体现。

(1) 基本概念的类比

传递过程课程中的基本概念有着很多共性规律，举例如下：

① 传动中的速度梯度$\frac{\partial u}{\partial x}$、传热中的温度梯度$\frac{\partial t}{\partial x}$、传质中的浓度梯度$\frac{\partial c_{\mathrm{A}}}{\partial x}$；

② 速度边界层、温度边界层、浓度边界层定义及厚度

$$
\begin{cases}
\delta = y \left| \dfrac{u_x}{u_\infty} \approx 0.99 \right. \\
\delta_t = y \left| \dfrac{t - t_\omega}{t_\infty - t_\omega} \approx 0.99 \right. \\
\delta_c = y \left| \dfrac{c_A - c_{A\omega}}{c_{A\infty} - c_{A\omega}} \approx 0.99 \right.
\end{cases}
\tag{8-1}
$$

③ 动量渗透深度$\sqrt{\pi\nu\theta}$、热量渗透深度$\sqrt{\pi\alpha\theta}$及浓度渗透深度$\sqrt{\pi D_{AB}\theta}$（式中，ν表示运动黏度；θ表示时间；α表示热扩散系数；D_{AB}表示组分 A 和 B 之间的扩散系数）；

④ 圆管内传动、传热及传质的进口段发展规律体现了对不同物理现象（传动、传热、传质）在相似条件下（圆管进口段）发展规律的类比；

⑤ 范宁摩擦因子 f、对流传热系数 h、对流传质系数 k_c 都是描述流体在圆管内流动时的重要参数，它们分别反映了流体流动的阻力、热量传递效率和质量传递效率。这些物理量在各自的领域内有着相似的作用和重要性，因此可以通过类比来加深理解和记忆。

（2）四大方程的类比

传递过程课程中由守恒方程推导而来的四大方程是课程的核心。用类比的方法找出四大方程的相互联系，可以增强学生的逻辑推理能力，在学习专业知识的同时可以感受到逻辑关联的美。如图 8-7 所示，四大方程的项有着类似之处，通过简单的推导以及考虑附加项即可实现方程的相互转变。公式的推导中蕴含着类比之美。

净出质量率+质量积累率=0	$\frac{D\rho}{Dt}+\rho\,\nabla\cdot\boldsymbol{u}=0$	连续性方程
净出组元流率+组元积累率-组元生成率=0	$\frac{D\rho_i}{Dt}+\rho_i\nabla\cdot\boldsymbol{u}+\nabla\cdot\boldsymbol{j}_i-r_i=0$	组元微分衡算方程
能量净出率+能量积累率=吸热率-对外做功率	$\nabla(\rho U\boldsymbol{u}+p\boldsymbol{u})+\frac{\partial\rho U}{\partial t}=-\nabla\cdot q+q$	能量微分衡算方程
动量变化率=体积力+表面力	$\rho\frac{D\boldsymbol{u}}{Dt}=\rho\boldsymbol{u}-\nabla p+\mu\nabla^2\boldsymbol{u}+\frac{1}{3}\mu\nabla(\nabla\cdot\boldsymbol{u})$	动量微分衡算方程

图 8-7 从连续方程到传热和传质的关联框图

化工传递过程这门学科还有许多这样的例子，初学者在学习传递过程时，会因许多不易理解的概念以及公式推导过程而感到这门课难学、难懂。然而掌握了类比思维的方法，就可以从一个知识点类比到另一个知识点，从已理解的类比到未理解的，类比的思想就像一座跨越已知与未知两岸的桥梁，帮助初学者学习理解学科的专业知识。

"类比思维激活人们的想象力、诱发创造发明的灵感"，它为人们的思维过程提供了更广阔的"自由创造"的天地，成为科学研究中非常有创造性的思维形式，从而受到很多著名科学家的重视与青睐，类比思维的过程就是从对一个目标的深度体验迁移到对另一个目标的深度体验的过程。"适当的类比能使创意主体产生合理的联想，激发创意主体的想象力去打破传统思想的束缚。"类比思维的过程就是一个审美体验过程。它是推动人们认识世界的动力来源，孕育的成果也帮助人们更好地发明创造去改造世界。会类比思考的人，善于将知识与自己的工作和生活更紧密地联系起来，从而进一步指导实践。回顾历史，我们明白，类比的方法加深了人们对于世界的认识，造就了许多改变社会的伟大发明；展望未来，我们知道，类比的方法能帮助我们提升个人能力，为人类社会创造更多的价值。可以说类比思维滋养了我们的文明，改变了我们的社会，也让我们的生活充满美。

8.5 科学美术联系美

钱学森先生不仅有丰硕的科研成果，而且有丰富的审美体验，在文学、音乐、美术、书法以及摄影等领域都有实践。在 2005 年 3 月 29 日下午钱学森先生做了最后一次系统谈话。先生在谈话中提到艺术上的修养不仅加深了他对艺术作品中那些诗情画意和人生哲理的深刻理解，也让他学会了艺术上大跨度的宏观形象思维。他认为，这些东西对启迪一个人在科学上的创新是很重要的。科学上的创新光靠严密的逻辑思维不行，创新的思想往往开始于形象思维，从大跨度的联想中得到启迪，然后再用严密的逻辑加以验证。先生也言道："我是艺术与科学相结合的受益者"。

8.5.1 科学美术联系美的内涵

梁启超先生曾对科学和美术的联系作出阐述："科学根本精神，全在养成观察力。养成观察力的法门，虽然很多，我想，没有比美术再直接了。""能观察自然之真，不惟美术出来，连科学也出来了。所以美术可以算得科学的金钥匙。"当人们像创作、欣赏美术那样去欣赏各门学科的科学真理，去学习和体验表达真理、发现真理和创造真理的美感和快乐时，就体会到了科学美术联系美的内涵。

8.5.2 传递过程课程中科学美术联系美

1883 年，雷诺发现当 $Re>2100$，管内流动开始从层流转变为湍流流动。在湍流时，流线不再呈现有规律的层状流动，而是在各个方向上以大小不同的流速杂乱无章地运动，同时发生强烈的混合。著名的雷诺实验标志着人们发现并认识了湍流这一现象（图 8-8）。

湍流的概念较为抽象，因湍流的随机性，也很难以特定的图片形式表现湍

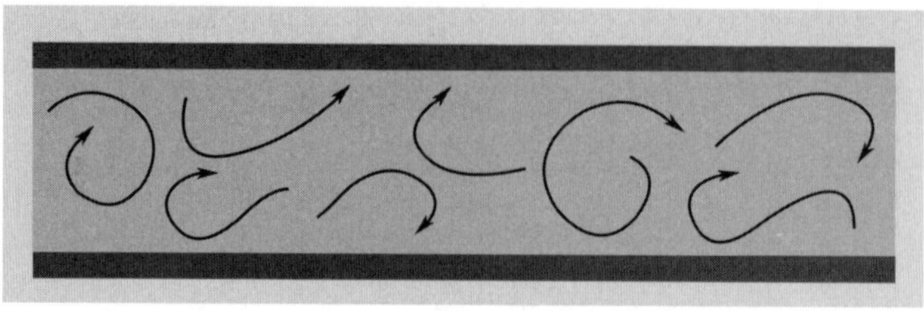

图 8-8　圆管内湍流示意图

流的特征，从而学生很难通过直观的观察来理解湍流这一概念。然而通过对梵・高《星月夜》的欣赏，我们可以在看似抽象的笔触中获得对湍流的感受，从而获得更好的对科学知识的理解（图 8-9）。

图 8-9　梵・高《星月夜》

梵・高的《星月夜》在线条的运用上十分讲究。天空使用了大量弯曲动感的长线，勾勒出了类似旋涡的夜晚浩瀚奇妙星空的生动画面。山坡、教堂、村庄则使用短线条重复排列，与使用长线条的星空形成对比，增强了画面效果。在梵・高的笔下，随机的线条、交替使用的长短线表现出有动感的旋涡，其类似传递过程中流层波动的旋涡。一个个类似流层波动的旋涡，在我们的眼前勾勒成星空的画面。星空的流动星光与流层波动的旋涡由此重合——梵・高用他的画笔，巧妙地将抽象的湍流表现得淋漓尽致（图 8-10）！透过蜿蜒的山坡，观察靠近山坡的星空线条，它又不同于星空主体的弯曲长线条，表现出一种类似传递过程中层流或是过渡状态的流动线条，梵・高的艺术创作似乎与我们学习的传递过程的知识完美融合了。

据 2006 年英国《泰晤士报》报道，人们对梵・高后期作品进行数学分析后发现，多幅作品的光与影的模式，与流体力学中的旋涡，或喷气发动机喷出的气流有着惊人的相似。也就是说，梵・高的画作中深浅不一的旋涡与半个世纪后科学家用来描述湍流现象的数学公式不谋而合。可以说欣赏《星月夜》作品，我们首先观察到了艺术的美，通过对艺术美的感受，理解了更深层次的情感、境遇乃至科学。

图 8-10　湍流流层的波动示意图

科学和美术是密不可分的，举例如下（图 8-11）：

图 8-11　金鱼吐泡泡对比图

从大众的审美来看，左侧的金鱼更有美感，背后的原因就是左侧的构图符合科学原理。依据流体静力学的原理，气泡在水中越深受到的压力越大，因而越深的气泡体积越小；上浮过程中，气泡受到的压力减小，体积也随之增大。右侧的构图则违背了流体静力学的原理，背离了我们生活中观察到的实际现象，因而未能带给观者美的体验。

约翰·济慈道："真即是美，美才是真。"人们通过美术体会欣赏美、表现美、创造美，通过科学体会发现美、运用美、传递美。"美"和"真"二者相互联系，不可分割，带给人审美和科学素养的共同提升，是一种多层次美的享受（图 8-12）。

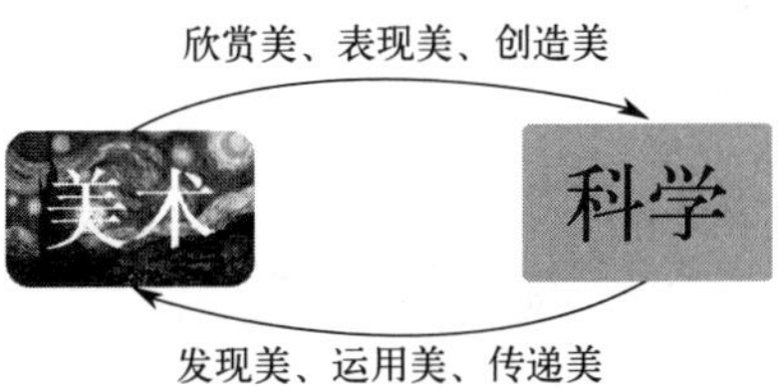

图 8-12　美术和科学之间的联系

8.6 守恒定律美

守恒定律是指自然界中某种物理量的值恒定不变的规律，其观念的历史渊源可以追溯到人类发展的最早阶段——古人已经知道任何东西都不能凭空产生，也不能化为乌有。在古希腊、古印度和中国古代，思想家的自然哲学中都明显地体现了守恒的观念——即关于可见的和不断变化的世界背后存在永恒的始基的思想。老子的“静为躁君”讲的就是这个道理。

8.6.1 守恒定律美的内涵

在现代科学中，守恒定律处处可见。以能量守恒定律为例，“一切能量不会凭空消失，只会从一种形式转化成另一种形式。”回顾历史，我们的祖先就懂得守恒的道理：在自然界中，没有努力付出就不会有回报，守恒定律更是处处可见。于是他们通过打猎、耕种等付出方式来获取成果。守恒关系是我们深入研究科学问题的基础。当我们相信付出与回报之间的守恒关系，满怀希望投入学习、工作和生活中，才能在努力后收获成果。在这样的过程中人们获得的奋发向上的情感体验以及收获成果的喜悦之情即守恒定律美的内涵。

8.6.2 传递过程课程中的守恒定律美

在传递过程中动量、热量和质量的传递过程分别遵循动量守恒定律、能量守恒定律和质量守恒定律。将这些普遍规律应用于动量、能量和质量传递这类物理现象可得到反应速率、温度、浓度随时间、空间的变化关系式，这些关系式就是传递过程的微分方程。就如在建立连续性方程时，对微元控制体（C. V.），由质量守恒定律进行质量衡算，我们就能够得到连续性方程（图 8-13）。

$$\frac{\partial \rho}{\partial t}+\nabla \cdot (\rho \boldsymbol{u})=0 \tag{8-2}$$

式中 ρ——流体的密度，kg/m^3；

$\boldsymbol{u}$——流体的速度矢量，m/s；

t——时间，s；

$\nabla \cdot$——哈密顿算符。

[流出 C. V. 质量流量] − [流入 C. V. 质量流量] + [C. V. 内质量积累率] = 0

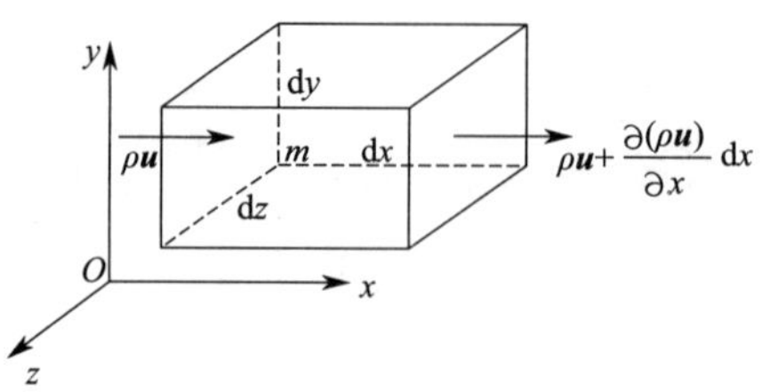

图 8-13 微分质量衡算

从中学开始，我们就开始学习守恒定律，但是守恒定律不仅存在于自然科学之中，我们的人生也遵循着守恒定律，当下你所有的付出，生活都会以另一种方式馈赠予你。

努力是守恒的。有时候，我们可能会感到困惑：为什么自己很努力，却没有看到相应的回报。我想可以用传递过程中的一个守恒式来进行解释：流出控制体的质量流量＝流入控制体的质量流量－控制体内质量积累率。试想我们向一个空的水槽里放水，水槽液位只有到达最高才会有水溢流出来，液位慢慢上升，就是一个积累的过程。我们的学习、科研、工作、生活也是如此，要在对的事情上坚持投入时间精力，几十年如一日，不求速效。就如同在科研当中，我们脑海中涌现出来的点子，在实验中却未必能够获得理想的结果，但是唯有坚持钻研、持续投入，努力积累到一定量变的程度，便能收获成功质变的果实。

有的人下笔如有神，各种典故信手拈来，那是因为他坚持阅读；有的人身材标致，朝气蓬勃，那是因为他管得住嘴，迈得开腿；有的人成果丰硕，在业界小有名声，那是因为他肯下功夫，持之以恒。一个人的幸福、成就、运气等外在成果，都有其内在原因。守恒定律带给人们希望，鼓励人们为了自己的理想努力奋斗，在人们遭遇挫折时给予鼓励，因为人们知道："星光不负赶路人，时光不负有心人"，终有一天，自己的努力会积累到突破瓶颈，收获成功的果实。守恒定律带给我们美的体验，让我们懂得当下所有的付出都有所值！

8.7 循序渐进美

循序渐进指按照一定的步骤或程序逐渐推进或提高，常用于学习、工作以及处理事情时。

8.7.1 循序渐进美的内涵

"由浅入深，由易到难，由简到繁"这似乎是我们认识学习新鲜事物的一般规律，回顾每个人的经历，我们从孩童时的咿呀学语，到如今专精一个专业，并即将或者已经将专业知识投入事业工作之中，我们求学的十余年中的点点滴滴正是一个循序渐进的过程。不只学习，在我们的生活中很多事物都遵循着循序渐进的原则，就如盖房子，先打好地基，再一步一步往上堆砌砖头，这样我们的房子就会更牢固，接着在坚实的框架下完成装修工程，这样房屋就被我们布置成心仪的样子。同样，在对一个问题的研究中，后人在前人研究的基础上，继续深入探索，得到越来越贴近实际的结论，获得具有更高价值的结果，推动学科前进、科技进步、社会发展。循序渐进体现的是逐渐进步的美。

8.7.2 传递过程课程中的循序渐进美

在研究管内湍流传热时，前人采用了一种方法——类比法，其基本原理是利用动量传递与热量传递的类似性，通过动量传递中易于求得的摩擦系数求取对流传热系数。在管内湍流传热类似律的发展过程中就有着循序渐进的美（图8-14）。

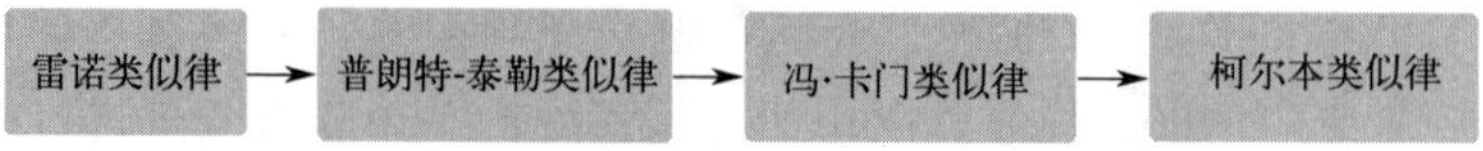

图 8-14 管内湍流传热类似律的发展过程

(1) 雷诺类似律

雷诺类似律是雷诺利用动量传递与热量传递之间的类似性导出的摩擦系数与对流系数之间的关系式。雷诺假设，当湍流流体与壁面间进行动量、热量传递时，湍流中心一直延伸至壁面，即认为整个湍流边界层均为湍流核心。故雷诺类似律为一层模型，如式(8-3)。

$$St=\frac{Nu}{Re\times Pr}=\frac{h}{\rho u_{\mathrm{b}} c_{\mathrm{p}}}=\frac{f}{2} \tag{8-3}$$

式中 St——斯坦顿数；

Nu——努塞特数；

Re——雷诺数；

Pr——普朗特数；

h——对流传热系数；

ρ——流体密度；

u_{b}——流体速度；

c_{p}——流体的比热；

f——范宁摩擦因数。

但是雷诺类似律仅适用于 $Pr=1$ 的流体（一般气体的 Pr 接近于 1）及仅有摩擦阻力的场合，而工程上的许多流体尤其是液体的 Pr 值明显地偏离 1，此时应用雷诺类似律求解对流传热系数常引起很大的偏差。这便是它的不足之处。

于是后人在此基础上继续研究，并对其进行修正，提出了新的类似律。

(2) 普朗特（Prandtl）-泰勒（Taylor）类似律

普朗特和泰勒认为湍流边界层由湍流主体和层流内层组成，此即所谓的二层模型，如式(8-4)。

$$St=\frac{h}{\rho u_{\mathrm{b}} c_{\mathrm{p}}}=\frac{f/2}{1+5\sqrt{f/2}\,(Pr-1)} \tag{8-4}$$

由于考虑了层流内层对传热的影响，应用该式计算 $Pr\neq 1$ 的流体的传热系数时误差比雷诺类似律小。

但是雷诺类似律以及普朗特-泰勒类似律均未考虑湍流边界层中缓冲层对动量传递和热量传递的影响，故与实际情况不十分吻合。该问题的发现也促使后人进一步研究、发掘，尽力求取更为接近实际的模型。

(3) 冯·卡门类似律

冯·卡门认为湍流边界层由湍流主体、缓冲层和层流内层组成，此即所谓的三层模型，如式(8-5)。

$$St=\frac{h}{\rho u_{\mathrm{b}} c_{\mathrm{p}}}=\frac{(\phi_{\mathrm{m}}/\theta')(f/2)}{1+\phi_{\mathrm{m}}\sqrt{f/2}\left[5(Pr-1)+5\ln\frac{1+5Pr}{6}\right]} \tag{8-5}$$

式中 ϕ_m——单位体积流体摩擦热速率；

θ'——柱坐标系和球坐标系微分衡算方程中的时间。

由于在推导冯·卡门类似律时假定通过各层（层流内层、缓冲层和湍流主体）的热量通量、动量通量均恒定不变，冯·卡门类似律仍然不能完全正确地反映真实的传热情况。无论何时对于理论的探索都是无止境的，也正是前人的探索，才使得我们能够站在更高的平台之上，循序渐进，探求真理。

（4）柯尔本（Colburn）类似律

契尔顿（Chilton）和柯尔本（Colburn）采用实验的方法关联了对流传热系数与范宁摩擦因数之间的关系，得到了以实验为基础的类似律，称为柯尔本类似律或 j_H（传热 j 因数）因数类似法。

在 $Re=5\times10^3\sim2\times10^5$ 范围内，f 与 Re 的经验关联式，如式(8-7)：

$$f=0.046Re^{1/5}$$

令
$$j_H=\frac{Nu}{Re\times Pr^{1/3}}=St\times Pr^{2/3} \tag{8-6}$$

得
$$j_H=\frac{Nu}{Re\times Pr^{1/3}}=\frac{f}{2} \tag{8-7}$$

寻求科学真理永远不是一蹴而就的，在传递中前人基于自己的研究提出相应的模型，解决了一定的问题，同时模型提出并非十全十美，后人则在前人研究的基础上继续优化模型，使其越来越逼真，一步一个脚印，这就是一个循序渐进的过程。在我们化工专业本科教学的过程也是秉持循序渐进的原则的，如化工传递过程的学习关系到化工原理、物理化学、有机化学、无机与分析化学以及高等数学等课程的学习，这些课程都在第一、二年级先进行学习。如果一个刚入学的新生直接学习化工传递过程，他可能无法领悟化工传递过程中复杂的数学推导过程，不能将化工传递过程中的“三传”原理关联到化工原理中的单元操作流程与设备上，甚至可能连化工传递过程中的基本概念都无法掌握，究其原因就是没有遵循循序渐进的原则（图 8-15）。

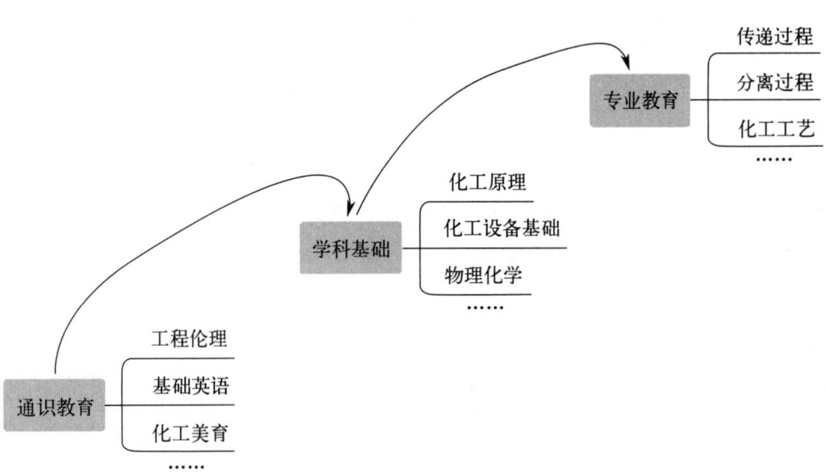

图 8-15　化工专业培养循序渐进案例图

"路漫漫其修远兮，吾将上下而求索"屈原在《离骚》中这样抒发着自己想法，我们将其翻译成现代汉语以体会古人的智慧："在追寻真理方面，前方的道路还很漫长，但我将百折不挠、不遗余力地去追求和探索。"在前进的道路上我们谁也没有一步到终点的能力，但是相信只要循序渐进，踏踏实实走好每一步，我们既能欣赏沿路的美景，更能体会完成目标后的美好体验。

8.8 知行合一美

理论来源于实践、指导实践，又在实践中接受检验，获得丰富和完善。"学以致用"是对工科学生的一个基本要求，学习专业知识掌握专业技能才能够完成将来的工作和科研任务。

8.8.1 知行合一美的内涵

理论与应用作为工作的两个方面，相互作用、相辅相成、相互促进，蕴含着马克思主义认识与实践的哲学关系。理论与应用相互结合，能够达到"学以致用，用以促学，知行合一"的美之境界，理论与实践相结合的美值得我们去体验和感受。

8.8.2 传递过程课程中的知行合一美

化工的核心理论是"三传一反"，并且将"三传一反"的原理运用于工程实践和生产化学品的过程中，其中"三传"的内容更是应用在化学工程的方方面面：

质量传递：质量传递描述的是质量从一个点到另一个点的迁移过程，在化工生产中占有重要的地位。精馏、吸收、萃取、干燥等常见的单元操作过程都离不开质量传递过程。例如：经过传质分离制得纯净的氮氢混合气，使得工业生产合成氨变为可能。典型传质设备有精馏塔（图 8-16）。

热量传递：热量传递是指由于温度差而产生热量从高温区向低温区的转移。化学工业与传热的关系尤为密切。这是因为化工生产中的很多过程和单元操作，都需要进行加热和冷却。例如：在精馏、干燥、变温吸附等单元操作中，往往要向设备输入或者输出热量，使得操作条件满足生产要求。此外，在双碳目标的伟大愿景下，化工行业更加注重工业废热回收、化工设备的保温、进一步合理优化换热网络等方面涉及热量传递的问题。典型传热设备有吸收塔（图 8-17）。

动量传递：动量传递是指由于流体层之间速度不等，动量从速度大处向速度小处传递。在化学工程中，动量传递理论不仅运用于与流体输送有关的单元操作过程中，而且它还是研究热量和质量传递的基础。例如化工传递过程中微观尺度的牛顿黏性定律及宏观尺度的黏度；化工生产过程中的流体输送、沉降、过滤等都以动量传递作为基础。典型设备有萃取塔（图 8-18）。

图 8-16　精馏塔

图 8-17　吸收塔

图 8-18　萃取塔

其实传递过程的知识并不只是运用于化工领域，在日常的生活中，我们熟练地掌握了“三传”的道理，就能够将它运用在生活当中。以做饭为例，我们打开油烟机，其中的离心式风机开始工作，周围气流的流速增大，压强减小，形成负压气膜，将油烟吸走，运用的就是动量传递的原理；煎牛排前我们先加热铁板，等铁板达到一定的温度才开始煎牛排，建立起合适的温度梯度，从而用较短的时间煎熟牛排，保留其中的水分，运用的就是热量传递的原理；饭后一杯茶，我们会用热水去冲泡，温度的升高加剧了分子的热运动，从而使得茶叶中的有机物更快地扩散出来，运用的就是质量传递的原理。生活中还有很多例子：用洗衣机洗衣服、电扇降温、暖气取暖等等都会受传递过程规律支配。正因人们早已掌握了简单的“三传”原理并将其应用在自己的生活实践中，生活才更加美好，同样日常生活的实践也让我们更好地理解了“三传”的理论。

回到化学工程的角度，课本上的知识使我们懂得化工生产过程中“三传”的原理，而我们将知识应用于化工生产实践当中时，又能更深入地理解化工生产过程的共性规律，将其总结起来进而丰富了理论知识。正因如此，专业的化学工程师才能够凭借丰富的经验解决问题。

实践的观点是马克思主义哲学的核心观点。实践决定认识，是认识的源泉和动力，也是认识的目的和归宿。理论学习不是死记硬背、生搬硬套，而是要学以致用解决实际问题。我们相信仅学习化工理论知识是远远不够的，更要鼓励在校学生参加各种类型的实践，只有将理论学习和应用实践相结合，才能培养高水平的学生，创造丰硕的成果，最终实现“学以致用，用以促学，知行合一”的一种结合美境界。

思考题

1. （结合本章科学精神美的内容）“水荇斜牵绿藻浮，柳丝和叶卧清流。”暂时离开学习、工作的场所，到美丽的大自然里舒展僵硬的身体和头脑吧！去观察清澈的流水和水中的生物，这会带给你美的享受、不一样的哲思和联想。请试着用绘画、摄影、文字表达，并与同学分享。

2. （结合本章类比思维美的内容）类比思维帮助我们理解世界，欣赏世界，在这一过程中产生了美的体验。比如高中生物课本用小球类比遗传因子，使得遗传这一概念更容易理解。在人类文明史上，从飞鸟到飞机，从游鱼到轮船，这些发明创造无不闪烁着类比思维的光芒。生活中还有许多运用类比思维创造美的例子，去探索看看吧。（以自己喜欢的方式简单清晰表述）

本章DIY

1.（结合本章脉动起伏美的内容）动静游戏

（1）静：聆听生命之声

找个安静的环境，用手机计时软件计时，点击计时开始后不再看计时进度，而是通过自己的感受来判断一分钟的长短。自认为一分钟到后按下计时暂停键，比较自己感受的一分钟和实际一分钟的差距。在这个让内心沉静的过程中，我们可以听见来自内心的声音——脉搏有力跳动的生命之声，还可以重新认识一个更澄澈的世界。

（2）动：瓶盖追逐赛

瓶盖在溪流中漂流这个简单的游戏充满了趣味。找一处水流浅缓的小溪，找几个愿意陪你闹、陪你笑的朋友，一起去寻找不小心遗忘在时光里的童趣吧！（拍摄成视频，配上自己的解说）

小小的瓶盖在水流的作用下起起伏伏，时而争上游，时而落下游——这仿佛是我们充满起伏的人生。相信在游戏中收获乐趣的同时，你们对自己的成功与挫败会有新的体会。（为保护环境，记得在下游设置拦网或自行用网打捞所有的瓶盖）

2.（结合本章科学美术联系美的内容）你有观察过瓶子吗？饮料瓶、沐浴露瓶、洗发水瓶、化妆品瓶、药瓶等等。它们的形状、颜色各式各样，满是设计的巧思，我们在使用时却很少仔细观察。这些设计往往兼顾了功能与美观。科学与艺术的交界如同黄昏与夜晚的交界，奇妙与梦幻交织。它们的融合渗透在生活中。以小小的瓶子为例，去探索感受科学美术联系美的魅力，做一本特别的瓶子观察笔记，着重描述外观的美（形式不限）。

美学作品赏析

POP ART 波普艺术

波普艺术或许是20世纪最重要的艺术运动之一，它的故事开始于1952年的伦敦。包括爱德华·保罗齐在内的一些年轻的先锋艺术家组成了一个“独立小组”，他们想要挑战艺术界。他们关注流行与视觉艺术的关系，受美国一些杂志海报、广告插图的启发，他们开始尝试创造包罗万象、广受欢迎的艺术，从大众媒体中借鉴与使用图像。波普艺术最早涉及的更多是二战后开始复兴的文化，包括连环画、通俗小说、杂志广告等，比起纯粹的艺术，波普艺术涉及的领域更加宽泛，具有大众化、视觉冲击力强、平面化等显著特点，它代表了对现代主义艺术中精英主义的挑战，推动艺术走向了民间。

扫码阅读彩图

吴冠中笔下的烟雨江南

“春水碧于天，画船听雨眠。”“日出江花红胜火，春来江水绿如蓝，能不忆江南?”……江南！江南！诗里画中的江南，它已然在中华文化长年累月的积累中，凝结成一块透明的琥珀，无论世人如何把玩观赏，每每再拿出都能品悟出不同的风味。有关江南的画作自然数不胜数，而吴冠中先生的江南水乡系列最令笔者难忘。

吴冠中先生出生于江苏省宜兴县，作为生于江南、长于江南的画家，对江南的感情早已深深根植在他的心中，正因有着如此浓厚的情怀，他笔下的水乡流露出情真意切的雅致与灵动。

不同于以往的粉墙黛瓦绿意茵茵，吴冠中先生笔下的江南水乡以简约抽象图形的形式铺展在我们眼前，简单的线条、大块的几何体，寥寥几笔，却给人一种舒适的空灵感，小村的黑瓦白墙，和谐而清新的色调，宁静而恬淡的境界，使画作产生一种抒情诗般的感染力。

第9章

化学反应工程课程中的美育元素

9.1 课程概况

化学反应工程是大学本科化工专业的核心课程之一，它是在化工热力学、反应动力学、传递过程理论以及化工单元操作等学科的基础上发展起来的。本课程的主要任务是如何将实验室研究完成的化学反应在工业规模上安全、高效、绿色、节能地实现。

9.1.1 课程美育设计

化学反应工程课程在专业知识性强、综合性高、理解难度大的同时，蕴含着丰富的美学元素。通过让学生在专业知识的学习中发现化学反应工程美、体会化学反应工程美，从而培养学生的想象力和创新能力，提升学生审美素养，陶冶学生情操，激发学生创新活力。

化学反应工程这门课具有许多美学元素，可以带给学生丰富的情感体验，因此将美育与化学反应工程课程教育结合起来是十分必要的。在专美结合的教育中，对学生进行审美教育、情操教育、心灵教育：引导学生在化学反应工程知识体系的学习中，在学习方法上掌握简化思维美、由浅入深美；在时间上掌握劳逸结合美；在反应器设计时掌握平衡发展美、中和之美；同时引导学生发现各种反应器的外形和不同组合中的几何美。通过专美结合的教育，激发学生创新能力，提高学生学习能力，让学生具有安全、责任和可持续发展意识。

9.1.2 课程美育目标

① 引导学生感受学习过程美，进行审美教育、情操教育和心灵教育。

② 让学生感受平衡发展和绿色发展的重要性，对学生进行共情能力的培养。

③ 引导学生体会由浅入深美、简化思维美、中和之美及几何之美，发现化学反应工程的艺术设计美，激发学生的创造思维，提高学生学习兴趣，从而提高学生学习过程中的审美能力和创造能力。

9.2 劳逸结合美

9.2.1 劳逸结合美的内涵

劳逸结合可以使人事半功倍，在忙碌中依旧充满活力，保持工作劲头，是让自己的精神状态达到愉悦舒适的一种方式。在生活一直往前走的同时，学会适时地放松步伐，不仅不是荒废生活，反而可能会发现新的乐趣，找到新的出路，体会到生活的乐趣和美。

9.2.2 化学反应工程课程中的劳逸结合美

在化学反应工程间接换热式多段反应器的设计中，原料气经过第 1、2、3

换热器预热后，进入第Ⅰ段反应。由于反应是放热的，经第Ⅰ段反应，反应物料温度升高。为了防止反应温度持续升高，导致催化剂失活，需要在反应器与反应器之间设置换热器。经第Ⅰ段反应的物料在第三段换热器冷却后，进入第Ⅱ段反应，第Ⅱ段反应物料出来后，经换热器 2 进入第Ⅲ段反应。通过这种多段换热可以使反应温度一直保持在最佳反应温度附近。绝热反应器的 T-X_A（温度-转化率）图（图 9-1）中，直线 AB、CD 及 EF 为各段的操作线，表示各段的转化率与温度的关系。BC、DE 及 FG 为冷却线，表示各换热器中反应气体温度的变化，由于换热过程中物料组成不发生变化，因此 X_A 为定值，冷却线为水平线。从间接换热式多段绝热反应器的 T-X_A 图，我们能有什么启发呢？

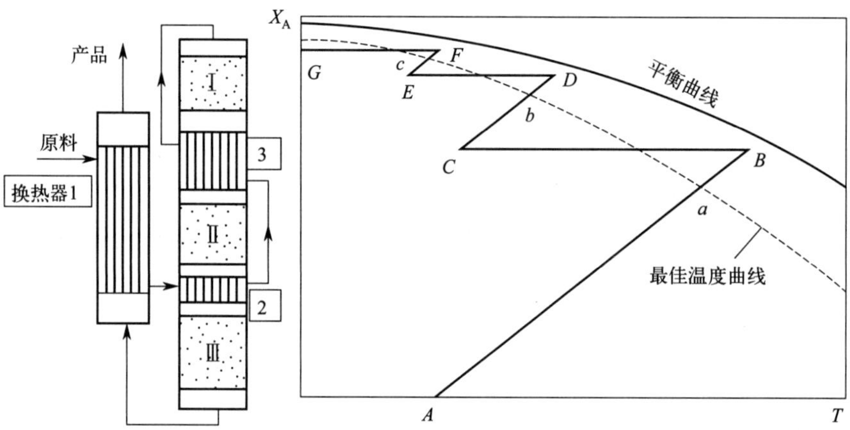

图 9-1　间接换热式四段绝热反应器 T-X_A 图

众所周知，对于可逆放热反应，反应存在最佳反应温度，反应处于最佳反应温度时，反应速率最快。当温度超过最佳反应温度时，反应速率就会下降。为解决这一问题，工程师设计了多段绝热反应器，利用换热器移走反应热，可以使温度一直保持在最佳反应温度附近，从而能够保证反应速率最快、产物最优。这不禁让人联想，对于反应工程的学习，我们是不是也可以像多段绝热反应器一样，劳逸结合，保证学习效率在最高点。加热就好比在工作时神经紧绷，保持较高的效率；那么冷却就是在闲暇时光的小憩，防止较高的工作强度压垮身体。在生活中，也应劳逸结合，尽量保持最佳状态。这样不仅节约时间，还能保证生活质量，让生活充满活力美。要达到劳逸结合，还需要进行时间管理，合理地安排劳动和休息的时间，才能保证一直处在“最佳温度曲线”附近，才能在给生活增加许多乐趣的同时高效完成工作。

在繁忙的学业工作下，不妨到操场上漫步，你就会发现，操场上有人奋力冲刺，有人悠闲散步。人生亦是，有的人快步向前，有的人漫步悠然。有些人在春天赏花，感受“满园深浅色，照在绿波中”；夏天赏荷，见证“接天莲叶无穷碧，映日荷花别样红”；秋天看落叶，体会“停车坐爱枫林晚，霜叶红于二月花”；冬天看雪，感受“忽如一夜春风来，千树万树梨花开”。而有些人却是步履匆匆，只顾埋头盯着脚下的道路，拼命地赶完余下的旅程，一程又一程地奔跑，却因此错过了欣赏身边许多美丽风景的机会，如是只知“加热”，终会烙下病根。奋斗努力，快步前行，无可厚非。但是，人生旅途，本就应该走走停停，劳累时就歇一歇。在生活一直往前走的同时，适时地放慢脚步，看看身边，看看周围，欣赏一下沿途的风景（图 9-2），会发现很多生活中的乐趣。

图 9-2　沿途风景

间接换热式多段反应器相比于普通的绝热反应器，它的反应更快，产物更优。通过间接反应器的原理，我们受到启发，也可以换一种生活态度。学会劳逸结合，有张有弛，松紧适度，并且以积极的心态去面对问题、面对他人。在人生路上，一路都是风景。树立正确生活态度，感受生活乐趣之美。

9.3　由浅入深美

由浅入深，形容循序渐进；由浅显的层面逐渐过渡到深层次。

9.3.1　由浅入深美的内涵

毛泽东在《实践论》中写道：“对于社会方面，也都是一步又一步地由低级向高级发展，即由浅入深，由片面到更多的方面。”如同盖房子时，先打好地基，再一步一步放砖头，这样房子才能十分牢固。由浅及深，是顺应发展的趋势，是事物不断完善的过程，体现一种循序渐进的美。

9.3.2 化学反应工程课程中的由浅入深美

化学反应工程的学习无论是各个类型反应器的学习，还是反应动力学的学习，都是由浅入深的。例如在单一反应的基础上讨论复合反应；在不变量的基础上探究变量对反应的影响；从理想状态过渡到非理想状态；先讨论反应动力学基础，再研究反应器流动模型，最后才进行反应器设计。由理想过渡到实际，由理论知识到工程设计，这些使得化学反应工程的学习更加容易。通过欣赏由浅入深美，得到的不仅仅是一种学习方法，更是一种面对困难的解决之道。“授之以鱼”不如“授之以渔”，体会由浅入深的感受，引导学生在遇到问题时，一步一步攻破，这是一种循序渐进的、不断完善的智慧美。

（1）单一反应到复合反应

无论是反应动力学基础，还是反应器设计，对于反应过程的学习，应该先弄清单一反应的反应动力学原理，再去学习复合反应。在学习推导反应速率方程的过程中，只要先推导出单一反应的反应速率方程式，在面对复合反应时，就可以通过仿照单一反应的处理方法，对速率方程做变换。主要过程为：写出反应系统中的 M 个反应，选择各个反应的反应进度作为变量，其中组分 i 的反应量为各个反应中组分 i 的化学计量数乘以反应进度。若组分 i 为反应物，则反应量为负；若组分 i 为生成物，则反应量为正，总反应量为各个反应的反应量之和。最后处理得到反应速率方程。

反应速率方程中单一反应与复合反应这种逐级递推的关系，不禁让人想到物种的生物进化论。达尔文的生物进化论认为地球上的生物是由单细胞进化而来的。地球上最早出现的是原核生物细菌，经过不断分化和发展，进化出了能够进行光合作用、用无机物合成有机养料的自养型原核生物蓝藻。藻类生物再逐渐进化成真核生物，真核生物再逐渐向低级生物、无脊椎生物、鱼类进化。鱼类又逐渐进化成两栖爬行类动物，最终进化成哺乳动物（图 9-3）。生物进化论认为生物进化是物竞天择，适者生存的结果。通过进化，生物逐渐由简单细胞生物进化到复杂生物个体。这种由简单到复杂是生物进化的必然趋势。生物进化跟学习过程二者的相似之处在于都是一个不断发展的过程，这个过程是循序渐进的，是一个不断完善的过程。通过循序渐进的过程，学生不仅能够逐渐认识化工学习过程的智慧美，更能够逐渐将这种智慧美带入生活中。

复杂的东西通常都可以拆分成一系列简单的个体。例如人体是由细胞构成的，细胞构成了组织，组织构成了器官，器官构成了系统，系统构成了人体。在学习化学反应工程时，应该先学习基础的知识。只有基础的知识掌握牢固了，复杂的知识才更容易理解，就像只有当人体的九大系统每个部分都正常运转，人体才能健康生活。所以，在遇到复杂的问题时，要能够将复杂的东西简单化，从简单入手，依次解决，最终问题便会迎刃而解。“新柏拉图主义和理性主义的美学认为美在于完善。”各种事物都有它特有的功能，使得该类事物特有的形体结构或模样完整无缺就是完善。由单一事物不断组成复杂事物，就是事物的完善过程。学生在对事物的完善过程中能够逐渐领略到由浅入深的美感。

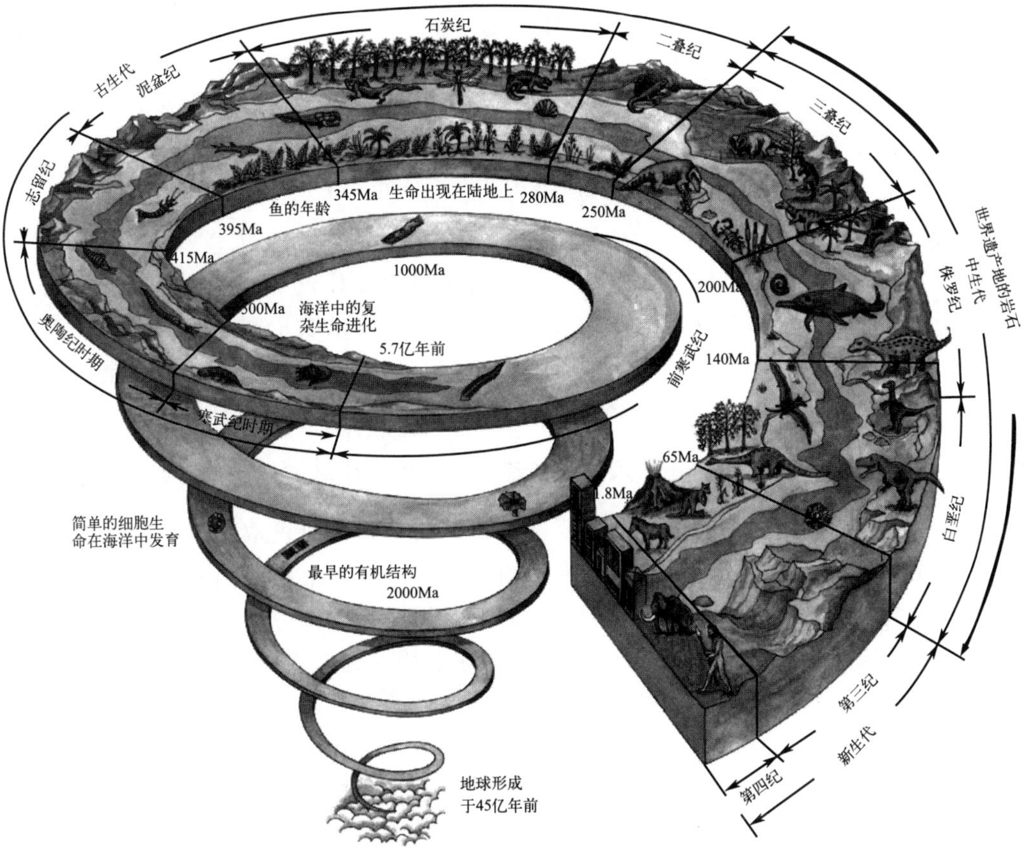

图 9-3 生物进化的历程

（2）不变量到变化量

① 等温到变温

化学反应工程中在进行管式反应器设计时，先从等温反应器着手，介绍其反应动力学知识，然后扩展到变温反应器。进行等温反应器设计时，根据质量守恒定律，通过反应体积与流率之比确定空时。在等容条件下，结合反应器进口流速可直接推导轴向浓度分布方程。实际工业过程多为变温操作，需通过能量守恒方程建立轴向温度分布。对于绝热管式反应器，可以通过转化率与温度的关联关系优化反应温度。

② 等容到变容

化学反应工程中求取反应速率方程时，先通过变量简化得到恒容条件下的速率方程，再引入膨胀因子 δ_A 以处理变容体系。膨胀因子 δ_A 定义为转化 1 mol A 时反应混合物的物质的量变化。与恒容条件不同，变容体系的体积需引入校正因子，其表达式为 $1 + y_{A0}\delta_A X_A$（y_{A0} 为 A 的初始摩尔分数，X_A 为转化率）。该因子反映了物质的量变化对体积的累积影响，是变容动力学分析的核心参数。不变量和变化量，是相辅相成的，化工设计中常采用“试差法”处理复杂变量问题。例如，塔器直径设计时，直径本为唯一解（不变量），但因初始未知需假设为变量，通过迭代试算逼近真实值。这种以假设变量探索不变量的方法，体现了工程设计中简化问题的智慧。

老子《道德经》提出“以不变应万变”之策，强调变化中蕴含规律。化工过程的变量（如温度、体积）虽动态演变，但其轨迹受守恒定律约束。通过剥离次要因素（如假设等温、恒容）建立核心模型，再逐步引入真实条件修正，正是“大道至简”的实践诠释。

（3）间歇到连续

在釜式反应器的设计中，间歇釜反应器的计算较为简单易懂，于是先进行间歇釜式反应器的反应时间和反应体积的计算，来表示间歇釜的生产能力；但实际生产中绝大多数都是连续釜式反应器，对于连续釜式反应器反应体积的计算，引入空时 τ 的概念来体现连续反应器的生产能力。空时的定义为：$\tau=\frac{\text{反应体积}}{\text{进料体积流率}}$。随后还引入了连续釜式反应器的串联和并联的计算。

时间空间的不确定性，导致这种连续的过程难以求取，但当将其巧妙地分成数个间断的组分时，问题就变得简单多了。在高数积分内容的学习中，求取曲线与坐标轴所围成的图形的面积时，使用了无限细分的方法。众所周知，长方形面积好求，不规则四边形面积不好求。因此通过把图形分成无限个长方形，将无限个长方形面积相加，便得到不规则四边形的面积。同样地，在间歇釜设计到连续釜设计过程中，连续釜就可以看成无数个间歇釜串联，通过间歇釜来求得连续釜。正如在做动画时，连续的动画也是由一帧一帧画面组成的，并且帧数越多，画面就越好越流畅，观赏效果会更好。由间断到连续，也可以理解为由静到动，反应物料由在容器中反应，到向前不断流动反应，让人感受到一种活力美。同时，这种化工学习的方法应当应用到生活中，让生活充满智慧美。

宋朝著名学者朱熹是个学识渊博的人。他在读书方法上，特别强调“循序而渐进”。他说：“学者观书，病在只要向前，不肯退步看。愈向前，愈看得不分晓。不若退步，却看得审。”就是说，读书要扎扎实实，由浅入深，循序渐进，有时还要频频回顾，以暂时的退步求得扎实的学问。做事循序渐进，“冰冻三尺，非一日之寒”，不能急于求成，否则只能拔苗助长，什么都得不到。循序渐进，要做到一步一脚印，它对我们来说就是一种踏实的态度，也是一种行为习惯，更是一种智慧美。

9.4 简化思维美

“奥卡姆剃刀”是简化思维中的一个哲学术语，意思大概是：“如无必要，勿增实体”。这一句话也可以理解为：如有必要，可“删”实体。简化思维是探讨在客观事物已经确定，而主体人在对待这些事物或理解这些概念时采用的一种思维方式。

9.4.1 简化思维美的内涵

简化思维通过引入一定的假设简化所要探讨的对象。简化的本质其实就是引入一定的假设，然后根据这个假设来得出一些近似的结论。总的来说，简化思维就是利用一些“合理”的假设来达到人为的简化，是对对象进行思维加工的过程。思维简化加工的过程给人带来合理、舒适和空旷的感受。简化的方式主要有主次法、特例法、极限法、归类法、模型法、具象法等。

“万物之始，大道至简，衍化至繁”，当回归简单的生活，便能看到内心真实的心性。人生越是简单，心性越是纯朴，就越符合道德规则，那么诸事就会越顺。如何做到简单，则需要有简化思维。简化思维就是一种化繁为简的思维方法。简化思维的正确使用能够让我们的生活更轻松，学会把复杂的事情简单化，学习会更容易，人生也会更加顺畅，生活也更加美好。

9.4.2 化学反应工程课程中的简化思维美

(1) 化学反应工程课程中的“化多变量为唯一变量”之美

在化学反应工程中，对于一定的反应系统，反应速率为温度及各反应组分浓度的函数，即速率方程，但是在实际应用中，速率方程有着诸多不便。因为即便在等温情况下，各个反应组分的浓度也均是变量。而当原料配比一定时，它们并不都是独立变量，所以可以进行变换，可以用一个反应变量来描述。

在进行单一反应恒容状态的反应速率求解时，面对数个反应变量，反应工程采用的是减少变量，将所有变量用一个变量 X_A 来表示，使得结果更普遍更简洁。通过这个简单的思维转换，便让求取反应速率变得更加容易。

(2) 化学反应工程课程中反应器的流动模型美

在进行反应器设计时，不同的反应器的流动情况不同。如果对每种类型的反应器都进行具体的分析，那么会大大增加人们的工作量。为了使人更好理解以及简化反应器设计，人们提出了两种基本假设：活塞流（图 9-4）和全混流（图 9-5）流动模型（Q 和 C 分别代表体积流量和浓度）。

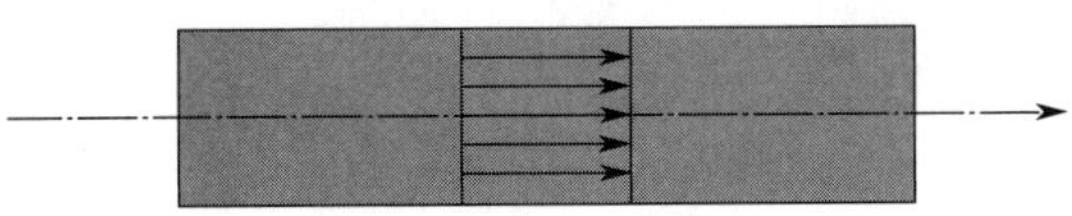

图 9-4 活塞流示意图

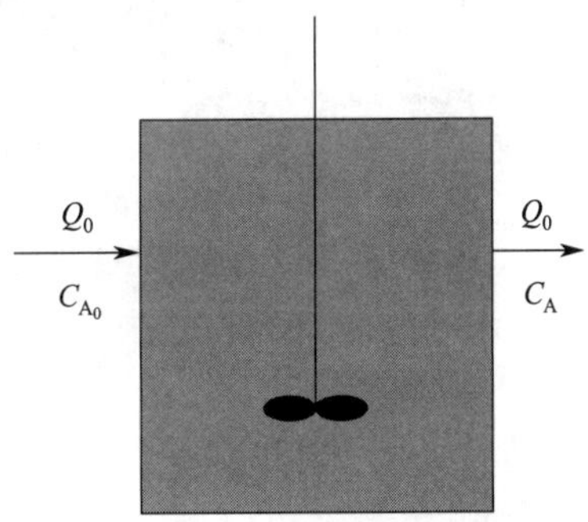

图 9-5 全混流示意图

活塞流模型的假设是：假定径向流速分布均匀，即所有流体粒子均以相同的速度从进口向出口运动，就像一个活塞一样有序地向前移动；还假定在垂直于流体流动方向的任何横截面上，浓度均匀、温度均匀，即径向混合均匀；并假设在垂直于流体流动方向上不存在流体混合，即不存在返混。返混即轴向混合，也称逆向混合。

全混流的基本假设是：假定反应区内反应物料浓度均一，即无论径向混合还是轴向混合都达到最大，最大的径向混合保证了同一横截面上物系参数如温度、浓度等的均一，而最大的轴向混合，则消除了各个横截面间温度及浓度的差异，从而达到整个反应器内反应物料的浓度均一、温度均一。

全混流和活塞流模型都属于理想模型。它们为非理想流动模型的计算方法提供了思路。对于非理想模型的计算，可以在这两种模型的基础上进行类比，用返混的程度来表示，返混程度则用模型参数来表示。这使非理想流动模型的计算更加方便。理想模型法就是一种简化形式，是简化思维在教材学习中的应用，通过理想模型法能够将复杂的现象简化成理想的形式，为反应器设计建立基础。同时，对流动形式进行模型处理也体现了思维加工的过程美。

这种模型法，在化工研究中，有大量的应用。例如，伯努利提出的“理想流体”的流体模型、研究精馏塔时提出的“理论塔板”、描述气液传质机理的“双膜理论”等等，为我们解决化工生产问题带来了极大的方便。同时，简化模型法在解决其他领域问题中也有应用，在数学上有一个著名的“哥尼斯堡七桥问题”（图 9-6）。在众人都无法解决时，欧拉通过简化思维快速地解决了这个问题。通过简化，欧拉将小桥简化为曲线。如此一来，“七桥问题”（图 9-7）就转化为一个“一笔画”问题：即落笔之后一口气画出图形且不可出现路径重复。通过尝试，最终证明散步的人们无法“从某一陆地出发，只经过每座桥一次，最后回到出发点”。这种简化模型法是利用简化思维对问题进行加工的一种方法，由简化模型法在化工以及数学上的应用，我们可以看出，简化思维能够给科学研究带来巨大突破。

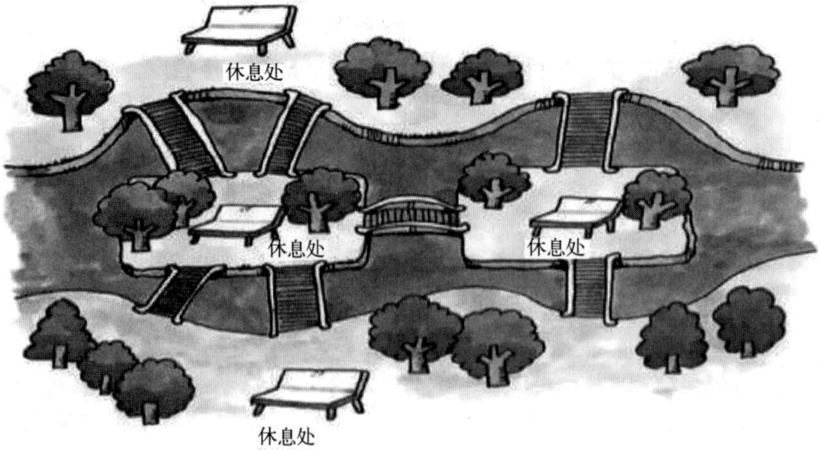

图 9-6　哥尼斯堡七桥

与复杂的流动模型相对应，现如今，我们生活在一个复杂变化的时代，过

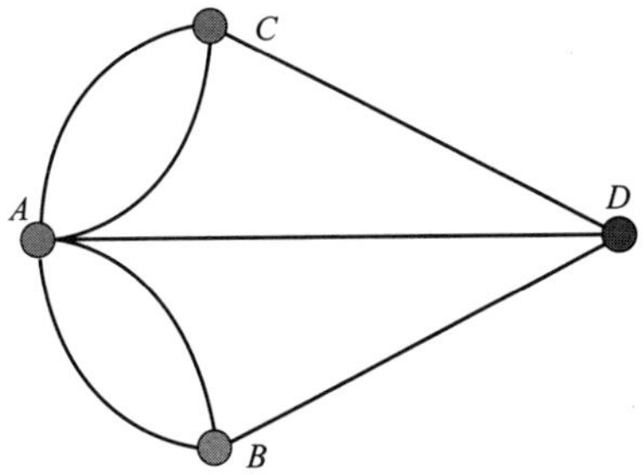

图 9-7 “七桥问题”简化示意图

度的信息充斥着人们的生活，使人们的生活效率越来越低，充满了挫折感。冗杂的办事程序，成千上万的规则，无不在消耗人们的精力。如何能够设计合理的“模型”，将复杂的事物简单化，这是人们面临的一个重大挑战。想要将繁杂的事情回归到简单，既要有智慧、能力，也要有决心。

因此，体会简化思维美，能感受思维加工的过程美。同时，我们也应该把化繁为简作为一种生活理念，简单做人，踏实做事，这更是一种生活态度的美。

9.5 平衡发展美

平衡发展，即事物或事物间量和质的相对均等性发展；平衡发展，是人类社会、生态自然的必要性发展和规律性发展。

9.5.1 平衡发展美的内涵

平衡是事物在发展过程中，其内部组成部分或系统成分在一定时期内，各组分相对稳定，趋向定值的一种相对状态。事物发展遵循从量变到质变的规律，质变后会打破旧平衡，达成新的平衡，实现本质的变化与跃升。在平衡中追求发展，在发展中讲究平衡。因此，要学会用发展的眼光看事物。平衡发展美给人一种均衡、舒适的感受，也是人类社会以及生态自然演化过程的必然趋势之美。

9.5.2 化学反应工程课程中的平衡发展美

在化学反应工程课程间接换热式多段反应器的设计中，通过添加换热器使得反应温度一直保持在最佳温度附近。图 9-8 是间接换热式多段反应器的 X_A-T 图。由图可知，对于多段绝热反应器，其温度不再是单一的增加趋势，而是随着反应的进行和反应物料进入换热器先升高再降低，但整体反应效果呈上升趋势。

间接式多段换热反应器的温度有升高与降低两大趋势，但其反应进程始终正向进行。这种渐进上升的趋势，不禁让我们想到历史发展的趋势。历史的发展也存在着前进与倒退两大趋势，其中，倒退仅仅是一种偶然的、局部的现象，前进才构成历史发展的绝对主体，因此，历史发展是一个渐进上升的过程（图9-9）。

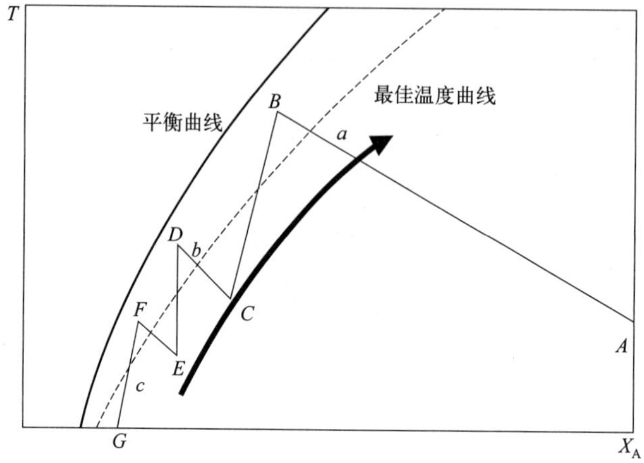

图 9-8　间接换热式三段绝热反应器 X_A-T 图

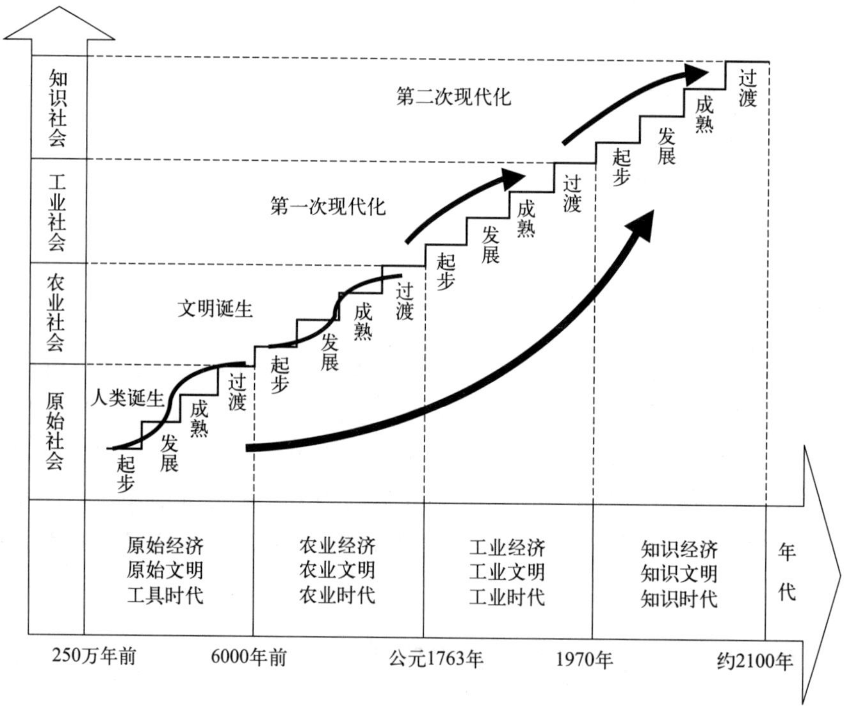

图 9-9　历史发展

与反应器的温度相似，历史发展主要有两种表现形式。一种是突变过程，另一种是渐进过程。突变过程标志着社会的飞跃。量变引起质变，这种突变过程是一种质的飞跃，标志着社会形态的改变。而渐进过程是相对于突变过程存在的，它表现为缓慢稳步的上升。渐进过程是在为突变过程做积累。它们之间联系密切，互相依存形成一个对立统一的有机体。渐进过程作为历史发展的一种主要形式，与突变过程紧密结合，能够使每一历史阶段的发展完整地呈现出来。平衡发展的渐进过程所具有的多样性和复杂性使历史脉络呈现出丰富多彩的特征。

渐进过程是突变过程的必要准备阶段。每一次社会变革到来之前，都要经历一个较长的准备时期。在历史的长河中，社会形态随着朝代更替而发展，社会的发展是呈前进性、渐进性和曲折性的。社会形态总体上是从原始社会过渡到奴隶社会，从奴隶社会过渡到封建社会，从封建社会过渡到资本主义社会，最终走向共产主义社会。社会形态发展的前进性是指，社会发展的必然趋势是从低级到高级，从简单到复杂，从单一到全面。而社会发展不可能是一帆风顺的，它也呈现出曲折性。新旧社会形态的交替时期，新制度不完善，旧制度可能会复辟。但是，历史的发展过程中，曲折和倒退只是暂时的，它终究改变不了社会进步的总趋势。

就像社会发展一样，人生的发展也是曲折前进的。唯物辩证法表明事物发展是前进性与曲折性的统一，这要求我们要正确看待事物发展的过程，既要看到道路的曲折性，又要看到前途的光明。我们要对未来充满希望，不惧道路的艰辛。历史的平衡发展是一个多样复杂的过程，有它的必然趋势，它是一个勇往直前、努力奋斗的过程。无论是历史的发展还是人类的发展，都是渐进上升的过程，是曲折而复杂的。然而，正是其复杂多样性给予了中华上下五千年历史丰富多彩的美。

9.6 中和之美

“中和的意思是相对的事物互相抵消，失去各自的性质。”在化学中，中和也是一门独特的艺术。中和反应是化学反应中复分解反应的一种，是反应物中的酸和碱互相交换组分并生成盐和水的反应。中和的过程中，酸中的氢离子和碱中的氢氧根离子会结合成水。中和一词取自《中庸》一书，“喜怒哀乐之未发，谓之中；发而皆中节，谓之和。中也者，天下之大本也；和也者，天下之达道也。致中和，天地位焉，万物育焉”。天人合一，万物归一，这是儒家所追求的至高境界。

9.6.1 中和之美的内涵

中庸之道与和谐存在着内在的一致性。在儒家的思想里，“中庸”与“和谐”是紧密联系在一起的。“贵和谐，尚中道”是我国传统儒家学说的一项基本精神。中庸之道也被称作中和之道，强调的是过犹不及和恰到好处。中庸之道告诫人们在待人处事时要坚持适度的原则，做到不偏不倚，把握好分寸，过犹不及，这样才能人际和谐、社会和谐。学习中和之美，会感受到平衡、协调与和谐的魅力。它不仅在中国历史文化中留下了浓墨重彩的一笔，也指示着人类文明发展的方向。

9.6.2 化学反应工程课程中的中和之美

在学习化学反应工程釜式反应器时，关于连续釜式反应器的着火点和熄火点（图 9-10），有如下分析：

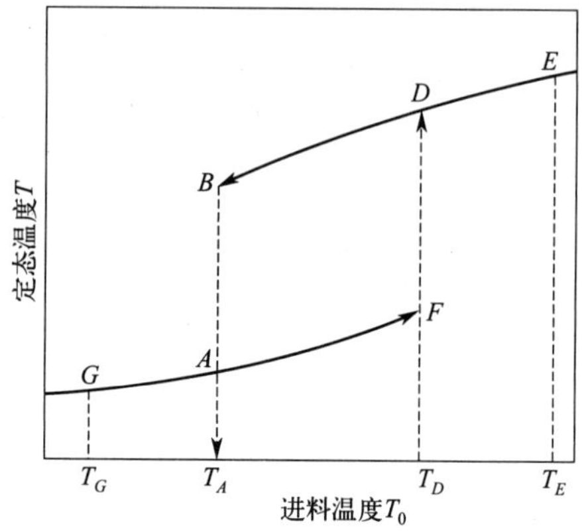

图 9-10 连续釜式反应器着火点和熄火点

当进料温度从 T_G 慢慢地增加至 T_E 时，定态温度的变化如图中曲线 $GAFDE$。值得注意的是，曲线在 F 点处是不连续的，定态温度突然增高，这一点称为着火点；再继续提高进料温度，定态温度的升高不再出现突跳现象。若将进料温度逐渐降低，比如从 T_E 降至 T_G，定态温度则沿 $EDBAG$ 曲线下降。这条曲线也存在一个间断点 B，此处定态温度出现突降，这一点称为熄火点。

着火与熄火现象对于反应器操作控制尤为重要，它的重要性尤其体现在开停工的时候。例如，若操作温度在着火点附近，进料温度稍有改变，便会产生超温，从而破坏操作，可能出现烧坏催化剂或者爆炸等事故；若操作温度在熄火点附近，则易突然产生降温以致反应终止。因此将操作温度控制在着火点与熄火点之间最为适宜。保持不偏不倚，恰到好处，这就是化学反应中中和之美的体现。

操作温度的选取是极其重要的，一些化工厂工人因为忽略了反应温度的重要性，最终酿成惨痛事故。1991 年 5 月 17 日，广东省某化工厂就因为忽视了反应温度而引发一起爆燃事故。事故的直接原因是：2 号锅操作工延误了采取冷却措施的时机，使锅内物质在较高的温度下进行反应，反应速率加快，温度快速上升，而又没有采取降温措施破坏此反应，因此产生了猛烈的连锁反应，物料的温度和压力在一瞬间猛烈上升，造成突发冲料。冲料时，尚未发生反应的物质与已反应生成的大部分化合物冲破防爆膜，大部分随即气化形成雾状，瞬间充满室内空间，与空气混合，遇到着火源即发生爆炸。通过该事故案例，我们可以充分意识到控制合适的反应温度的重要性。反应器操作时温度的选取应该适中为好，这样才能使反应器平稳运行。即温度不能太靠近着火点，也不能过于靠近熄火点，反应温度要适中。反应温度异常时，也要及时补救，将其控制在适度的范围内。

反应器操作温度的适中选择，除了让我们意识到操作过程中行为规范的重要性，还不禁让我们联想到日常生活的方方面面选择适度方法的重要性。我们在政治上学过量变质变规律，即量变引起质变，只有将量变控制在一定的范围和限度之内，事物才能保持其原有的性质。所以，当我们需要保持事物性质的稳定时，就必须注意“度”。

量变质变规律的适度原则，在生活的方方面面都有体现。例如在煲汤时，要把握好火候的大小以及烹饪时间的长短，恰到好处才能让汤更加鲜甜美味。在人际沟通中更是需要如此。当我们想要对别人表达尊敬和敬重之时，措辞应该严谨，适当的夸赞会让人心情愉悦，表达太过就会给人一种谄媚和阿谀奉承之感，表达太少则又难以让对方感受到你的诚意。在人际交往中，也需要对度的把握。首先应该尊重别人的私人时间，其次，还应该保持恰当的距离，给彼此一些空间，这样才能使人际关系更加协调。人际交往就像反应器操作温度的选取一样，只有做到不偏不倚，恰到好处，才能感受到和谐、中和的美。

同时，在当代社会，科技与经济的迅速发展一方面提升了人们的生活水平，另一方面也存在诸多隐患。层出不穷的电子产品让人欲罢不能，逐渐侵蚀着人们的理性。对此，我们应该保持目光清明，学会冷静思考，既要警惕消费主义的陷阱，不冲动购买，也要预防依赖成性，适可而止，自觉避免网络沉迷（图9-11）。

图 9-11　沉迷网络

物极必反，只有在一定的范围内，事物才能保持它自身的特定属性，超过了特定的范围，它就会向对立面转化。不仅是反应器操作温度的选择需要适中适度，在生活中，在人际交往时，更需要把握好界限，使得人际关系更加和谐。同时，面对物质需求，学会适度消费，面对现代科技，做到适度娱乐，不过分沉迷。总的来说，就是在生活中，要把握好度，做到不偏不倚，恰到好处，创造生活中的和谐美、中和美。

9.7 几何美

9.7.1 几何美的内涵

1760 年的第一次技术革命让人们发现了机械的美，第二次世界大战后的第三次技术革命让人们发现了生态的美。而现代美学的基本法则——现代性和适宜性，也正是工程美学的基本法则，是工程美学的基础。

牛顿说："几何学的简洁美却又正是几何学之所以完美的核心所在。"工程美学离不开几何。几何是数学中的一个分支，它从点、线、面到平面图形再到立体图形，使得这些平凡的元素变得奇妙，它们共同组合在一起，变幻出层出不穷的美丽。大千世界的东西，即便再复杂，其结构都离不开最基本的几何构成，把它们还原成最初的形态，也许会是简单的圆形、三角形、正方形、多边形等，这份最原始的几何美也正是万物的魅力所在。

9.7.2 反应工程课程中的几何美

几何对于科学与艺术的联系起着十分重要的作用。化学反应工程是一门理论性和综合性较强的课程，教学内容抽象，数学模型多，计算复杂烦琐，可在课堂上运用相关教学软件，构建 3D 模型，使教学内容具象化。在绘画中，如何将三维物体反映在二维画面的透视问题应用了射影几何。在自然科学中，欧几里得的平面几何奠定了自然科学公理体系，成为建立任何完备知识体系的典范。在化学反应工程的化学反应动力学中，对动力学方程的精确求解往往会导致混沌的出现，化学混沌与分形几何也能体现很多传统美学特征，比如平衡、和谐、对称等。但分形的对称又超越普通的美学对称，它既不是左右对称也不是上下对称，而是画面的局部与更大范围的局部的对称，或说局部与整体的对称，从而为美学研究注入更多的新鲜血液。

正如安藤忠雄所说的——建筑的本质是空间的构建和场所的确立，而并不是简单的形式陈述。人类在其全部的发展历史中运用了几何满足了这样的要求，它是与自然相对立的理性象征，即几何学是表现建筑和人的意志的印记，而不是自然的产物。反应装置与其他设备之间的相互联系、相互组合也同样需要空间的建构和场所的确立，并不是简单的形式陈述，这印记了每一个化工人的意志。不同设备拼接在一起构成了反应所需的装置，拼接的原则是从下往上，先打地基后盖楼，拼装反应器就好比搭建楼房，每一件设备都有其独特的几何美。

（1）纵向线条的生长

冷凝管通常被用于回流状况下的烧瓶中，或是收集冷凝液体的蒸馏瓶上。蒸气的冷凝现象发生在内管的内壁上。内外管所围出的空间为行水区，起吸收蒸气热量，并将热量移走的作用。通常用较高的水压将水从进水口注入，为防止水管脱落，塑胶管上应以管束绑紧。回流状态下使用时，冷凝管的下端玻璃管要插入一个橡皮塞，以便能塞入烧瓶口中，承接烧瓶内往上蒸发的蒸气。

蛇形冷凝管，内芯管为螺旋形，弯弯延延向上生长，增加了玻璃管的长度，冷却面较球泡形更大（图 9-12）。其他部分与球形冷凝管相同。同样由于内芯管为蛇形，蒸馏时积留的蒸馏液更多，故适用于做垂直式的连续长时间的蒸馏或回流装置。

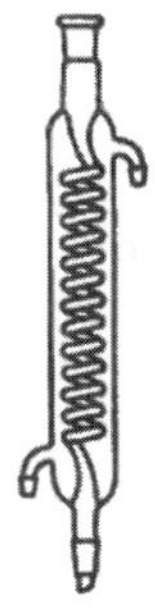

图 9-12　蛇形冷凝管

蛇形冷凝管使用前需洗净，将冷凝管上端扩大处，用打好洞的橡胶塞连接于烧瓶的支管上，蒸馏烧瓶中加入待蒸馏的物质，然后在冷凝管的进水口（下口）处用橡胶管连接水源，另一根橡胶管连接于上口，便于冷却废水流出。冷水遇到管壁热意的刹那便轻腾起雾缕——像揉碎的云絮在窄细的管腔里舒展成柔缓的烟痕，旋即触到另一侧的凉，倏地凝作细碎的珠：顺着管壁的纹路垂落，起初是伶仃的点滴，接着串成银线，再汇作绵连的清流向低处蜿蜒。螺旋管中的物质没有了原来的好动，逐渐沉稳，仿佛活泼好动的孩子，变得成熟起来。再看冷凝管的外观，也像极了我们自己，在向上生长的同时，向下扎根，内心却变得充盈而丰富。

再看整个装置，竖直向上延伸，或直或弯，向上生长，充满了生命活力。由活跃浮躁，走向成熟稳重，这就是纵向线条所带来的人生哲理——生长。

（2）水平线条的安定

管式反应器是一种呈管状、长径比很大的连续操作反应器。这种反应器可以很长，如丙烯二聚反应的反应器管长以公里计。反应器的结构可以是单管，也可以是多管并联，还可以是空管，更可以是在管内填充颗粒状催化剂的填充管，以进行多相催化反应，多种多样。

管式连续结晶反应器，是进行结晶常用的一种管式反应器，由无缝管与 U 形管连接而成（图 9-13）。一根一根水平直管由一个个半圆弯管灵动地连接起来，平稳、顺滑，没有纵向线条蓬勃向上、无限延伸的生命力，没有曲线弯弯绕绕、活泼跳跃的灵动感，更不似圆形画地为牢，聚焦于一点；有的只是平稳安定，积累沉淀，看似看破红尘，大隐隐于市，颇为“佛系”，但又不会过于“躺平”。经过一根根水平直管，溶液一次、一次、又一次地结晶沉淀，逐渐变为多种相对纯粹的物质，理清了思路，不再混乱。可能忙碌，但不会慌乱，做事条理清晰，看着就很安心。管式反应器返混小，条理清晰，有明确的目标，一点一点稳步进行反应，因而工作效率（单位容积的生产能力）高，在要求转化率较高或有串联副反应的场合尤为适用。

（3）曲线的灵动

板式塔是一类用于气液或液液系统的分级接触传质设备，由圆筒形塔体和按一定间距水平装置在塔内的若干塔板组成（图 9-14）。板式塔广泛应用于精馏和吸收，有些类型（如筛板塔）也用于萃取，还可作为反应器用于气液相反应过程。

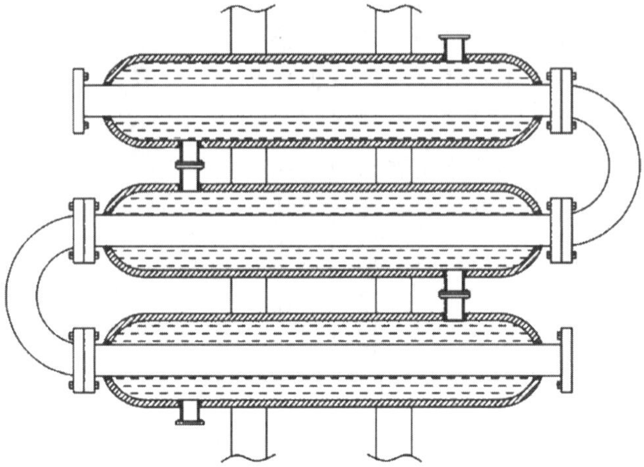

图 9-13　管式连续结晶反应器

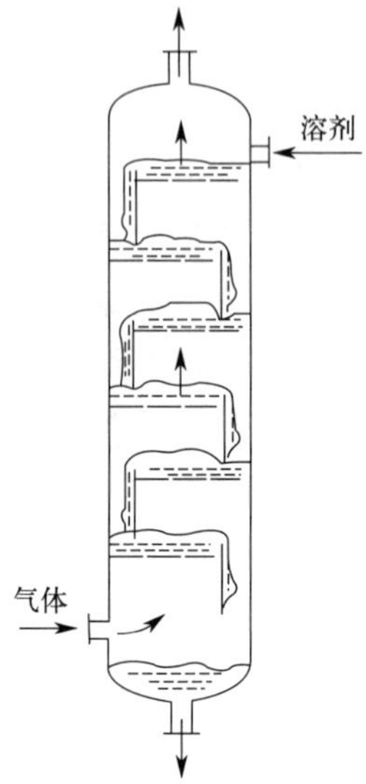

图 9-14　板式塔反应器

操作时（以气液系统为例），液体在重力作用下，自上而下依次流过各层塔板，至塔底排出，其流动的路径是一条弯弯曲曲的曲线，时上时下，上下跳动，颇具灵气；气体在压力差推动下，自下而上依次穿过各层塔板，至塔顶排出，对液体有一定的冲击作用，使其更为灵动活泼。每块塔板上保留有一定深度的液层，气体通过塔板分散到液层中去，进行相际接触传质。这种对流的方法，在化工流程中十分常见，气体的冲击使液体更为灵动活泼，从而接触得更多，反应更完全。这种弯弯曲曲的路线，不像直线，规规矩矩。灵动的曲线增加了更多的可能性，为生活中增加了更多的突发事件，使单调的生活有了趣味。

（4）圆形的柔和

上述所有反应器的剖面，无一不是圆形。圆形光滑、饱满、温和，无论在自然界还是在造型艺术中，其形象给人的视觉感受，均为统一、完整的，稳定、平和的，具有美的形式因素；并能使人感受到相应的和谐、愉悦之情和心满意足之意。美学界认为，世界上最早发现圆形美的人，是古希腊的毕达哥拉斯学派。该学派主张：圆形和由“黄金分割”比例形成的矩形最美；哲学家、美学家柏拉图声称：由直线和圆构成的平面与立体形，是绝对的形式美。

我国古代的圆文化，实际上是中国传统的圆形思维模式，这种思维模式，以对“圆”的亲和为源头，以儒、道两家的圆道观和阴阳五行时空观为核心，体现了自然及其合规律的运动与主体审美的密不可分的联系。中国古代的圆形思维模式并不仅仅局限于形状或图案的描述，而是涵盖了中国传统文化中的许多重要观念和价值观。这种思维模式强调人与自然的和谐，体现了中国古代人们对自然的尊重和对审美境界的追求。它也启示我们在现代社会中，应当更加尊重自然、与自然共生，并寻求一种内心的平静和自由。

圆是美好的，它自造一片天地，自成一种境界，没有任何缺憾和瑕疵。它是一个独立的世界，给人圆满自足之感。王维在《使至塞上》中写道“大漠孤烟直，长河落日圆”，赋予读者简约美。在无边无际的大漠上，一条长河滚滚奔流。一轮落日与长河从相离到相切到相交到相融，最终成为落在线上的一点，正有一种天地相融合一的美感（图 9-15）。

图 9-15　“大漠孤烟直，长河落日圆”景象

由于圆给人温暖、亲切、舒适的感觉，它的节奏感和动感都比较强，造型比较容易让眼睛接受，所以其运用也是所有图形中最多的。它也具有收缩性，能把人的视觉焦点聚在圆心，能有效地吸引注意力，拉近人的距离。而圆形用在这些管道上，更温和，每个部分受力更均匀，不像方形那样棱角分明。事实上，圆形也更能束缚住里面的液体、气体，以柔克刚。

方形使人感到刚劲，立三角有安全感，倒三角有轻危感，三角顶端转向侧面则有前进感，高而窄的形体具有险峻感，宽而平的形体有安稳感，等等。这些优美的线条在化学反应装置的搭建中随处可见。线条方面，直线表现刚劲，如直流冷凝管；曲线表现柔和，如牛角管；波状线表现轻快流畅；辐状放射线表现奔放；交错线表现激荡；平行线表现安稳；等等。总而言之，几何图形的艺术在化工器材中有着广泛的应用，一件件包含独特图案和符号的艺术品在研究员们的手中诞生。

思考题

1. 请以你生活中的一个化工产品为例，探讨中和之美在化工产品设计中的应用。
2. 化工产品在设计过程中，如何融入美学元素以提升产品附加值？

本章DIY

本章学习了由浅入深美、简化思维美、平衡发展美、几何之美等，也结合学习了反应工程的部分内容，找到课程内容中的一个反应器或者其他设备，对里面的美学进行赏析。

美学作品赏析

扫码阅读彩图

弗兰克·布拉姆利《闺蜜》

英国后印象派画家布拉姆利重视绘画作品中的情感表达与叙事感受，他那清晰厚重而丰富多彩的笔触，以及贴近当时民众生活的主题取材，使其作品就像月亮吸引海水一样将观者深深吸引。

他名为《闺蜜》的作品，画面主体的两位女孩身着白裙，一边抚摸着怀里的小黑猫，一边与对方有说有笑，交谈甚欢；左侧女孩身后的白花与女孩们衣裙颜色相照应，身后的壁柜与悬挂着的照片又暗示着她们正坐在家中的某一角落。画面整体的暖蓝宛若翠羽，色似锦缎般铺展开来，增添了画面温馨愉悦的氛围，画中女孩谈笑的神态与环境展现得如此灵动，仿若此刻作为观者的我们，也正坐在两位女孩的对面，与她们一起兴致勃勃地讨论着感兴趣的话题。

石鲁的《母子情深》刻画了一位母亲牵着自己的孩子走在回家小路上的情形，小孩跌跌撞撞地走着，他身旁的母亲一手提着篮子，一手紧紧牵着孩子，低头端详着孩子的一举一动。这日常温馨的画面，不禁勾起观者的回忆。你有

石鲁《母子情深》

多久没有牵过母亲的手，与她一起慢慢同走一条路啦？

作家林清玄在《浴着光辉的母亲》中曾写道：“我想到，如果人人都能用如此崇敬的眼神看自己的母亲就好了，可惜，一般人常常忽略自己的母亲也是那样充满光辉。”时光不等人，趁还有机会，去抱一抱、牵一牵、亲一亲母亲吧，多希望能多与她共享更多的安静时光。

第10章

化工设计课程中的美育元素

10.1 课程概况

化工设计是化工专业的核心课程之一。本课程将带领同学们了解化工生产装置设计的基本要求及主要内容、工程项目中对环境保护的基本要求；熟悉可行性研究报告、设计说明书的基本内容和要求、设计原则；了解厂址选择原则和方法；掌握化工过程的物料衡算、热量衡算以及主要工艺设备的工艺计算方法；熟悉化工过程和设备的物料参数（如温度、压力、流量等）控制方案及方法；掌握物料流程图（PFD）、管道与仪表流程图和主要设备工艺条件图设计规范。通过本课程的学习，同学们将会初步掌握投资与成本估算、价格估算、经济评价的基本内容和主要方法。

10.1.1 课程美育设计

在化工设计课程知识点和美学元素之间，工科美育原则搭建起了桥梁。化工设计概论知识点覆盖面广，实用性强，需要一定的综合能力与逻辑思维能力。将美学元素与课程中的工艺选择原则、设备选型、车间布置设计、管道设计与布置等知识点相互融合，可以培养学生的工程思维、科学素质、审美素质，从而提升学生感受化工美、欣赏化工美、创造化工美的能力。从合适美、绿色美、节能精神美等方面出发，让学生感受设计过程中遵守设计原则的重要性。

10.1.2 课程美育目标

① 引导学生了解化工设计审美化教学的重要性，培养学生从全局观进行审美设计的能力。引导学生感受团结协作、齐心合力的合作美，树立正确的价值观。引导学生感受在美育视角下各行业协调工作的重要性，培养具有科学审美能力的化工专业人才。

② 让学生感受到道德的崇高感，提高学生在工艺计算及设备条件设计要求和设备选型时的感知力，引导学生感受安全美。

③ 培养学生的想象力，开发学生的思维能力，给予学生一双发现化工设计美的眼睛，同时引导学生感知简洁美的状态。

10.2 学科交叉美

学科交叉融合建设是2011年的“国际化学年在中国”启动大会上提出的，强调新兴领域建设，要把学科交叉融合作为“催化剂”，要着力提升化工研究领域的原创力，推动化工学科交叉融合，促进基础研究与应用研究相互衔接，带动我国物质科学[1]研究整体水平实现质的飞跃。

---

[1] 物质科学是自然科学的一个重要部分，致力于研究自然界物质的微观结构、运动及其相互作用的一般规律，主要包括物理学和化学两大领域。

在新时代科技兴国、人才强国战略的背景下，学科交叉融合成为建设和发展高等教育的重中之重，其不仅可以为新难题提供解决的思路和方法，还可以开辟出新的学术领域（图 10-1）。这要求学生拥有更高的综合能力、创新创造能力以及联想想象能力。同时，学校也需要重视学科交叉融合，建立跨学科研究基地和平台，持续开拓新兴科学领域。

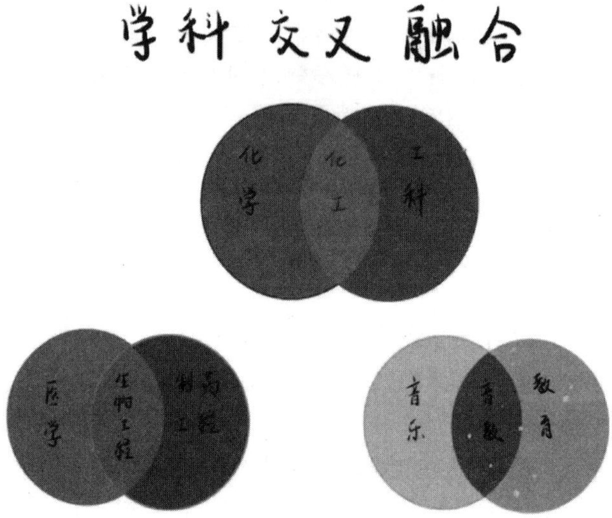

图 10-1　学科交叉融合示意图

10.2.1　学科交叉美的内涵

学科交叉，即不同学科之间的碰撞，而在学科之间共同生发产生的美，就是学科交叉美。学科交叉美能够使学生不断拓宽知识面，让学生有更多的机会学习不同专业的知识，以丰富联想和想象能力，从而提高学生各方面的综合能力。交叉美在生活中给人们带来了更加便利的生活，在情感上则是一种由此及彼、相互交织的情感体验。

10.2.2　化工设计课程中的学科交叉美

化工设计是一门综合性、实践性、学科交叉性很强的化工专业课程，课程详述了如何利用工程制图的方式，将系统的技术方案、工艺过程、生产装备等转化为工程语言。

化工设计工作是一项政策性很强的工作，也是一门技术与经济相结合的学科。化工设计的过程涉及化工、化学、机械、电气、给排水、“三废”治理、采暖通风等专业，同时受到政治、经济、市场、国情、标准、法规的影响。这要求学生具有扎实的综合知识储备，以及对其熟练运用的能力。对化工设计中学科交叉的审美，有利于引导学生考虑化工厂设计的合理性，解决周围居民的健康诉求、周边环境的保护诉求的同时达到主管部门对资源利用的节省要求等。

生活中的交叉美也无处不在，正如科技给我们带来了便利，使我们有了更多的闲暇时间享受生活。在享受生活的时候，不妨去聆听一场音乐会，体会音乐带给我们的灵魂洗涤。音乐之所以能够荡涤我们的灵魂，是因为各种乐器音色的交织与融合，带给我们强烈的震撼感。悠扬的高音声部，伴随着浑厚的低音声部，在一首乐曲中不断交织融合，和谐而醇厚。每种乐器之间的相互对话交织在一起，彼此呼应又相辅相成。这首乐曲给人的感受就不再是单一乐器所带来的单薄之感，而是更富有生命力的音乐。这种交叉美让人们能够得到灵魂的洗涤与精神的慰藉（图 10-2）。

图 10-2　音乐中的交叉美

世界上的物质不是一个个独立的个体，而是彼此交叉融合的，在学习生活中，学生也因学科交叉能够拓宽知识面，丰富联想想象能力。交叉美是一种彼此交织、相互融合的情感体验。

10.3　合适美

合适亦为“适合”，释义是适宜。即符合主观或客观的要求，无可挑剔。合适美能够给人带来身体及心理上的舒适。选择合适的朋友、合适的工作以及合适的生活方式，往往能够发挥出自身最大的优势，同时还能使人置身于一个舒适宜人的环境之中，从而带来精神上的愉悦。

10.3.1　合适美的内涵

不同于别的学科，化工中的合适与否可以根据化工流程中效率、产率等一系列结果量化表现出来。一个化工工厂的合适，包括工厂选址的合适、设备布置的合适、设备选型的合适、流程选择的合适等等，通过这一系列合适的选择，化工厂的生产效率和安全才能得以保障，才能打造一个合格的化工厂。

化工设计概论的合适美让人感受到一个化工厂的高效、节能与安全。而生活中的合适美是指在生活中选择合适的时间、场合、方式、程度，使自身的行为以及相关的物品、环境和活动达到恰当、恰好的一种美学追求，也是一种独属于自己身体和精神上的体验。这两者并不是孤立的，它们也存在一些内在逻辑联系。化工中的合适美通过量化表达得更加清晰，它是生活中合适美的特殊化表现。

10.3.2　化工设计课程中的合适美

化工设计中车间的工艺设计需要选择合适的生产方法，做出工艺先进、技术成熟、安全可靠、经济合理的合适决定，然后进行工艺流程设计，再根据工艺设计的中心环节进行设备选型、车间过程设计、管道设计等等。设计者需要在这些方面达到有效的平衡，以使生产更加高效、经济、环保，同时达到安全、合规、合法等方面的要求。同时，设计者在这些过程中面临着各种各样的选择，而不同的选择可能会导致不同的结果。不合适的选择可能会使工艺进程受阻，严重时甚至会引发安全问题。这时选择合适的工艺、流程以及设备就显得尤为重要。

例如，在化工设备的工艺设计与选型中，化工设备使用材料有很多类型，如金属材料、非金属材料以及复合材料，在进行这些材料的选择过程中，不仅需要满足工艺和设备要求，同时还要选取满足材质可靠、使用安全、物美价廉等条件的材料，经过这些条件层层筛选出的材料可以更好地运用于该化工设备，从而保证该化工设备的安全性与经济性。

下面我们将以反应釜为例具体阐述化工设备选材中的合适美。反应釜（图 10-3）是一种常见的化工设备，广泛应用于石油化工、化学合成、制药等工艺。通常情况下，反应釜的主要材料有不锈钢、碳钢、钛合金等，不同的材料在耐蚀性、强度、耐温性、抗氧化性等方面有所区别。

图 10-3　反应釜图片

如果要生产一种强腐蚀性化学品，那么需要在材料选择时采用耐蚀性好的材料，如图 10-4 所示。如果选择碳钢材料，虽然能够降低成本，但由于其耐蚀性不够，容易被化学品侵蚀而出现裂纹、渗漏等情况，导致生产效率和产品质量下降，甚至出现安全事故。相对而言，不锈钢材料虽然成本较高，但其良好的耐蚀性能和强度使其在不同化学品的生产中得到广泛应用。此外，环保与可持续性也应被考虑。如果使用不可再生材料，则会不利于环保和可持续性。

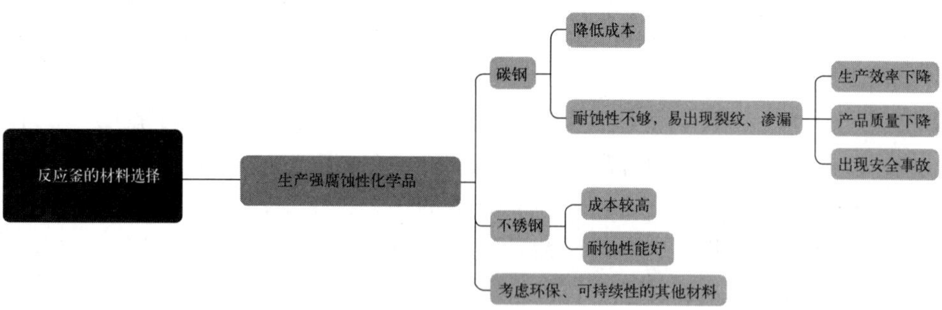

图 10-4　反应釜的材料选择

综上所述，化工设备使用材料时的合适美是基于多方面因素的平衡，材料的选择需要考虑产品的质量、工艺的要求以及项目的经济效益、环保、可持续性等多种因素，选择适宜的、经济的和符合要求的材料，以实现高效生产和可持续发展的目标。

化工设计中的合适美，是一种通过选用正确的装置、材料来让化工流程中的效率、安全、经济效益得到保障的状态。所谓正确，即选择符合生产效率要求、能耗要求、安全要求等一系列要求的生产部件。这种体验虽不如图像一类能够直观地给人的大脑与心灵带来一定的冲击，但潜在影响巨大。它能使得化工厂的损耗得以降低，从而在一定程度上降低成本，增加企业的经济利润。

化工中的合适与否可以从现象和结果中得出，但是生活中的合适与否更多地在于我们自己的体验。比如在家居环境布置中，通过恰当地摆放家具、装饰等物品，可以使空间既舒适又美观，达到合适美，而合适的关键在于人的选择。生活中的选择合适与否能够明显看出，就像我们能看出一套家具、装饰的样式是否符合房间整体风格，而化工生产中的选择需要具备一定专业知识与技能。如图 10-5 所示，我们可以设想一下，在这样一个简约风格的房间里，如果将墙纸换成复杂华丽的花纹图案，是不是会产生违和感呢？我们能很快得出肯定的结论。而化工生产中的选择往往没有那么简单，掌握基础的化工知识是做出正确选择的必要前提。

图 10-5　家居环境布置的合适美

化工厂的设计是通过设计人员不断选择合适的工艺路线和设备完成的，这就像一个人的人生。人生会有不同的岔路口，我们通过不断地选择，造就了一个独一无二的属于自己的人生。人生有很多路口分支，会经历大大小小的选择，在选择时我们需要慎重考虑，也需要听取别人的意见，但必须知道最后做出选择的是我们自己，承担选择所带来的结果的也只有我们自己。这就需要我们知道自己想要什么、什么样的选择适合自己，从而做出最适合自己的选择，虽然在后来的回忆里可能会留有遗憾，但做出选择的这一刻我们是坚定的，最后也无悔于自己的选择。

10.4　绿色美

绿色美是一种对生态环境的爱护及环保理念，尝试做到“零污染”、创造绿水青山、保持绿水青山的美。绿色美符合可持续发展理念，是推动建设“绿水青山就是金山银山”的“美丽中国”的重要美学因素，它在一定程度上能够推动国家和社会生态文明的建设。党的二十大在生态建设方面，阐述了人类经历了原始文明、农业文明以及工业文明三个阶段，而生态文明是工业文明发展到一定阶段的产物，是实现人与自然和谐发展的新要求。传统工业化的迅猛发展在创造巨大物质财富的同时，忽略了人与自然间的平衡，导致人们付出了沉重的生态环境代价。这一现象催生了人们对于保持生态环境优良状态的重视和理念的兴起。随着科学技术与绿色发展理念的进步，绿色化工将成为每个企业必须面对的重要考验。

10.4.1 绿色美的内涵

传统化工生产过程中会消耗大量的能源，生产中所产生的一些有害废物也会对环境产生较大的伤害与影响，其中，具有高污染、高能耗、高排放特点的废物正是威胁环境安全和国民身体健康的主要原因。所以化工行业需要以绿色、环保、可持续发展为导向，对化工工艺进行设计与优化，从而实现经济与环境和谐发展的目标。我国为此于 2015 年明确提出将“全面推行绿色制造”作为九大战略重点及任务之一，提出“建设绿色工厂，实现厂房集约化、原料无害化、生产洁净化、废物资源化、能源低碳化”的要求，以实现经济与环境和谐发展。

将对于绿色美的情感体验融入化工设计中，真正做到在化工中体会绿色美，会为人们带来舒适的生活环境，让他们身心和谐，从而达成人与自然和谐共处的生生之美。

10.4.2 化工设计课程中的绿色美

当今时代下，由于可持续发展战略的推行，我国在传统化工的基础上将绿色化工技术手段与生物学及类生物学技术相结合进行创新。绿色化工不仅能降低对于原料的需求，提高材料利用率，同时也能减少对环境的污染，从而实现化工生产“零污染、零排放”的目标，促进化工产业可持续发展目标的实现。化工设计这门课程将绿色化工的理念融入设计过程之中，于设计之初就进行工艺创新，或者选择更优的工艺路线，从而推动可持续发展目标的实现。

化工设计这门课程将绿色、环保等理念融入整个设计与生产过程之中，要求通过建立高效、清洁、低碳、循环的绿色制造体系，将绿色生产融入设计之中，从各种生产方法中选择工艺先进、技术成熟、经济合理、安全可靠、“三废”能够合理治理并且符合国情的方案，让人们感受到化工生产过程中的绿色美。

化工设计将绿色化的目标融入课程教学之中，通过明确的要求来强调绿色化的重要性，保证绿色化的设计生产，从而培养学生体验绿色美的能力。这不仅是培养学生与设计人员的环境保护意识，同时也让学生对大自然产生发自内心的尊重和爱护之情。将体验绿色的感受融入化工设计之中，从而创造出人与自然和谐共生的良好环境。打造森林中的化工城，同样是在实行绿色环保理念的同时，做到更高层次的修身养性，将身心释放于大自然中，从而提高工作效率，造就更加完美的化工城（图 10-6）。

大自然孕育了万事万物，只有在人与自然和谐共生的前提下，人类才能获得回归自我、寻找生命的真谛和获得内驱力的机会。在日常学习工作之余，让我们重新走入大自然，去放松身心，感受大自然的鸟语花香、万木葱茏、落英缤纷、银装素裹，感受生机勃勃之美，感受绿色之美。

图 10-6　打造森林中的化工城

10.5　安全美

《素书·安礼》有言："畏危者安，畏亡者存。"中国人一向以安心、安身为基本人生观，并以居安思危的态度来减少祸患，因此，我们应当将安全教育置于教育的首位，并将其视为不可或缺的环节。由于科技的发展与社会的进步，人类的生活方式愈趋复杂和多样化，可能危害身体生命安全的情况也随之增加。只有当安全成为生命的坚实基础，筑起坚不可摧的屏障和堡垒，人们才能免受危险因素的侵扰，从而在参与社会实践和追求人生目标的过程中绽放出璀璨的生命之花。

10.5.1　安全美的内涵

"安全第一，预防为主，综合治理"，安全对于化工来说举足轻重，将安全美融合贯彻进化工产业之中是必要之举。化学工业，从产品研发初期，到小型实验、中间实验和扩大实验，再经过设计、建设和正式生产，无时无刻不涉及安全问题。化工工程涉及的因素多，具有多元化的特性，并且该项工作的内容也较为复杂，需要从化工安全设计阶段入手，以我国制定的法律《中华人民共和国安全生产法》为基础，全面地考虑化工安全生产中面临的威胁和危险，才能够做到安全事故的预防。

安全美不仅仅指物理层面的无危险、无伤害，更是一种内在的精神追求和生活状态。在物质层面，安全美意味着人们生活的环境、使用的设施、享受的服务都达到了安全标准，能够保障人们的生命财产安全。而在精神层面，安全美则体现为一种内心的安宁与平和，是在面对生活中的不确定性和风险时能够保持冷静、理智和乐观的态度。

安全就是生命。安全美不仅可以提高对从业人员及周边居民生命的保障，也可以增进对周围环境与生态的保护。归根结底，安全美本质上是对一切生命的尊重与敬意。它给予人们在从事一切社会实践活动时无可替代的安全感。

10.5.2 化工设计课程中的安全美

化工设计课程尤为强调安全的重要性。安全生产是化工厂生产管理的重要内容。从化工厂最初选址之际要考虑周边居民的生命安全问题，到设备选型和车间布置的阶段要符合相关的国家标准和行业标准安全，再到废弃物的贮存和排放时要注意对环境和居民的影响等等，这一系列环节都凸显了安全考虑的重要性，我们不难看出安全问题贯穿了化工设计的全过程和各方面。

在车间布置设计这一关键环节，车间布局的合理性至关重要。它直接关系到整个项目的总投资、操作的便捷性以及安装的难易程度等问题，同时也会对安全生产产生直接影响。例如设备布置设计不能一味地追求节省建筑面积和减少投资，还需要考虑设备布置间距过小可能会引发的安全事故问题。为车间布置设计的有关尺寸和设备之间的安全距离提供参考标准，一定程度上可以保证操作、安装和检修的顺利进行，以保证操作人员以及工厂的安全（图 10-7）。

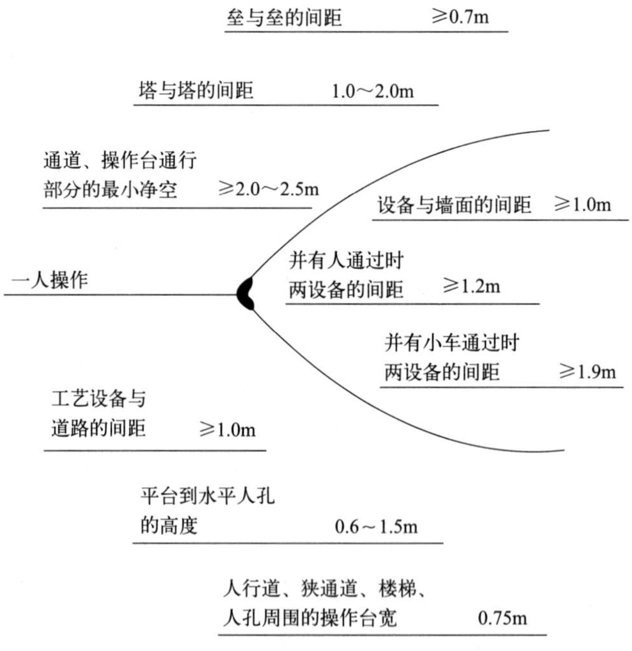

图 10-7 车间布置设计的有关尺寸和设备之间的安全距离

在设备布置设计时要确保给予操作人员一个良好的操作条件。主要包括操作和检修通道、合理的设备间距和净空高度、必要的平台、楼梯和楼群出入口，尽可能减少对操作人员的污染和噪声等。设备布置时应注意所需的最小间距，为工人操作时所需要的最小间距（如图 10-8）。

工人所需要的操作最小距离，就像人际交往之中的社交距离一样，图 10-9 所示存在四种社交距离，保持一定的距离更能让人的内心处于安全状态，给人

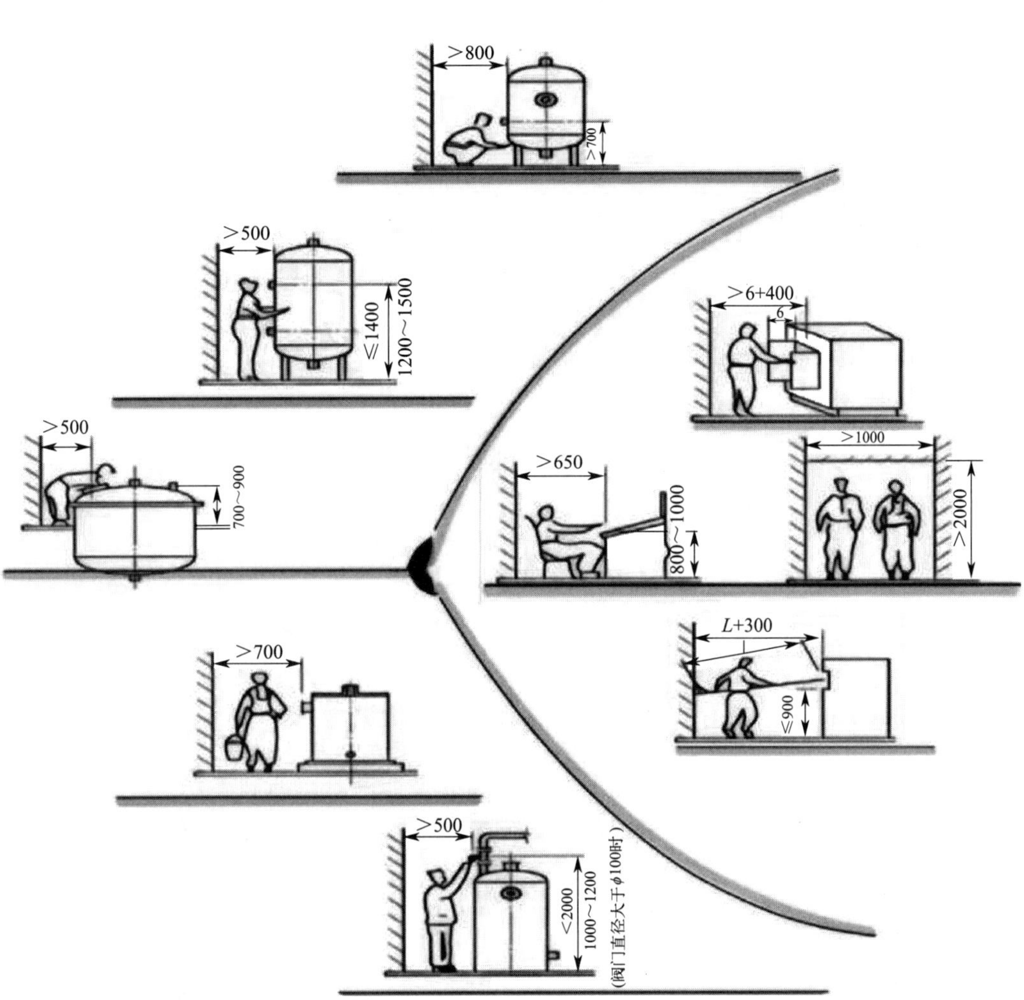

图 10-8　工人操作时所需要的最小间距（单位：mm）

以安全感，以便人们更加舒适地进行工作、社交。

安全就好比是树立在人与危险之间的一根红色警戒线，当人们树立了良好的安全意识并予以践行，那么就能立于安全的堡垒之中而不至于失足踏入危险的深渊。我们从小所接受的安全教育，从一系列日常安全知识如交通安全、校园安全以及社会安全等到具体的专业安全知识，无一不是在给我们树立安全意识，让我们与危险保持距离。

“居安思危，思则有备，有备无患”，树立安全意识，与危险保持距离，是我们对于安全从古至今秉持的理念。安全意识就是一种防患于未然的意识，安全就是生命，安全的保障也是生命的保障，唯有安全得以保障，人才能安心地生活、工作、学习。安全之美便是与危险保持距离从而使人获得内心平静、舒适的安全感。

化工设计中的安全美是一种防患于未然的美，是一种对生命安全的考量以及尊重。安全美要求我们在设计化工厂时保持周密思考，怀着对生命最大的尊

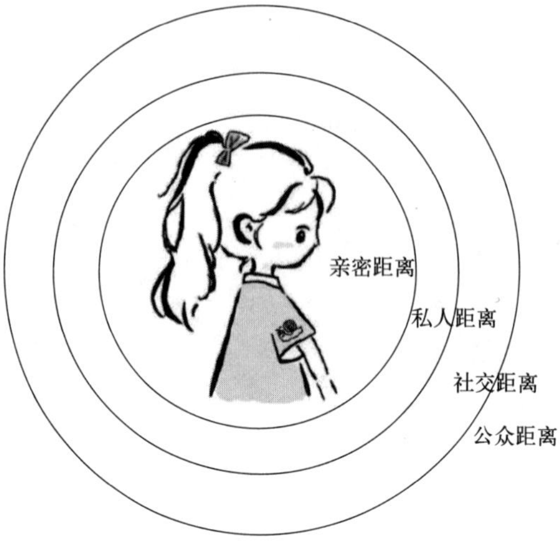

图 10-9 四种社交距离

重，及时做好安全事故分析并进行风险评估，尽可能避免危险因素的威胁。

生命是一切的开始，生命安全是维护一切人类活动进行的基本保障。安全之美，是生产正常运行和人员健康安全的重要基石。生命安全不仅仅依靠别人，也应该依靠自己，要在保证自己的生命安全的同时协助和确保别人的生命安全不受到伤害，这也是安全美的奥义所在。

10.6 标准美

标准是对于重复性事物和概念所做出的统一规定，它以科学技术和实践经验的结合成果为基础，可以为各种活动提供规则、指南或者特性。标准美现多用于形容人，例如将人面部“三庭五眼、四高三低”作为一种标准美；但事实上标准美不仅仅是形容人的，更是一种适用于普遍事物的美。就像秦始皇统一度量衡和文字一样，就是设定了一套标准，这些标准为人们参与经济文化交流活动提供了便利，进而促进了不同地区间的经济文化互动。

标准为人类的经济文化交流提供了便捷，标准美降低了人与人之间的沟通成本，让沟通变得更加顺畅便捷，使得人们的生活更加方便舒适。

10.6.1 标准美的内涵

化工中的标准分为基础标准、产品标准、方法标准、安全标准四类。这些标准对化工行业从研发设计到投入生产再到最后的使用回收都起到了规范强制作用。化工中的标准以科学、技术和实践经验的综合成果为基础，是行业共同遵守的准则和依据。

标准美的内涵，是大家普遍认同和共同追求的美的规范和准则的体现。它不仅代表着色彩、形状等美的外在形式，更反映了美的内在精神和价值。

标准美体现了人们内心对普遍认同的标准体系的趋从和向往，给人一种安定、稳固的情感体验。

10.6.2 化工设计课程中的标准美

化工设计中的标准美贯穿了整个化工设计、生产的过程。标准对于化工设计来说是不可或缺的一部分。标准美主要体现在以下方面：

其一，化工设计的特点之一是规范多，这些规定、规范、标准的建立保证着化工厂的正常运行，也保证了从业人员、周边居民和环境的安全。对于动力用煤，不同省份有着明确的不同的标准，如表 10-1 所示。

表 10-1 动力用煤地方标准

标准编号	标准名称	适用省市	标准性质
DB61/T 283—2016	《城市用煤》	陕西省	推荐
DB15/T 923—2015	《工业和民用燃料煤》	内蒙古自治区	推荐
DB65/T 032—2019	《城市用煤》	新疆维吾尔自治区	推荐

其二，在化工设计的整个过程中，文件、图纸、流程图都需要参照一定的国家标准抑或是行业标准，这种统一的标准在一定程度上减少了沟通成本，设计者和建造者可以通过图纸来进行准确的沟通。下面以带控制点工艺流程图为例进行介绍：

带控制点工艺流程图一般分为初步设计阶段的带控制点工艺流程图和施工设计阶段的带控制点工艺流程图，而施工设计阶段的带控制点工艺流程图也称管道及仪表流程图（PID 图）（图 10-10）。管道及仪表流程图是设备布置设计和管道布置设计的基本资料，也是仪表测量点和控制调节器安装的指导性文件，该流程图包括图形、标注、图例和标题栏四部分，每个环节都有自己既定的标准，带控制点工艺流程图也是在这些标准中构建而出的。

其三，在化工产品纯度的测定中，每一种化工产品的纯度所对应的标准会因其用途而不同，这是一种因地制宜的合理性，这在一定程度上降低了造成资源浪费的可能性，以及纯度要求过低而造成不安全的可能性。

其四，在化工设备选型时，除了部分设备、反应器等为了与工艺流程适配需要单独设计之外，绝大多数设备一般选用标准形态以节约经济成本。

引导学生体验化工设计中的标准美，对于体验化工生产过程中的安全性有着促进作用。生活中的标准美也同样值得我们体验。生活中的法律和道德是人们为人处世的标准，法律规范通过国家强制力对公民在社会生活中的所作所为予以约束，保障着国家和社会的正常运行秩序及人民的正常生活；道德规范以社会意识形态，从思想方面对人们的行为进行规制。和化工设计概论中的标准美一样，这些标准无一不在散发着它们的独特魅力，发挥着它们独一无二的规范作用，给予我们安定的情感体验。

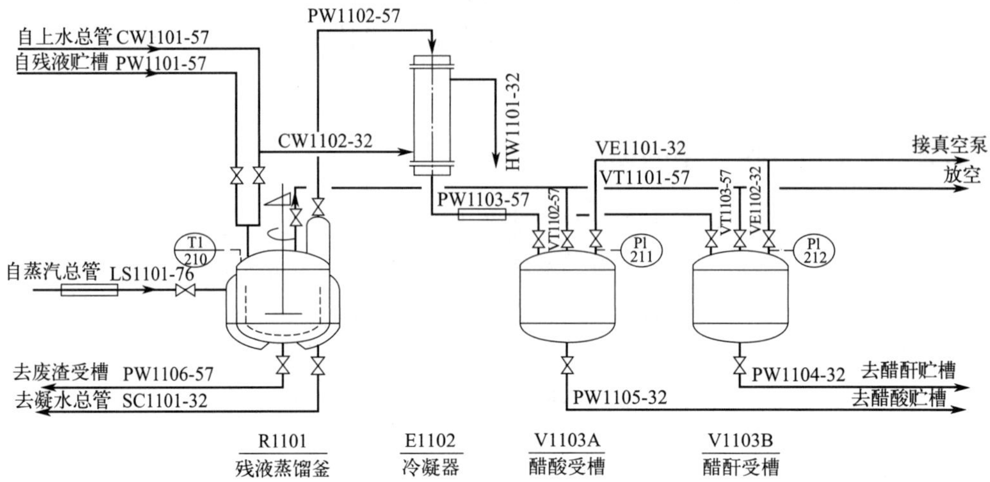

图 10-10 带控制点工艺流程图

10.7 合作美

合作是个人、群体之间为达到共同目的、利己利他并以最大限度获得个人利益的行为。正如叔本华所说，单个的人是软弱无力的，就像漂流的鲁滨逊一样，只有同别人在一起，他才能完成许多事业。的确，当鲁滨逊流落到孤岛时，星期五的出现不仅让他重获与人交流的机会，也为最终的救援行动提供了可能，合作让两人最终得以离开孤岛。

通过合作，人们能够避免重复工作和资源浪费，共同承担风险，减少因个人力量不足可能带来的损失。同时，合作还能激发创新思维，为行业的可持续发展注入新的动力，进而推动人类社会的不断进步和发展。

10.7.1 合作美的内涵

合作之美，是一种相互配合协作之美，是一种取吾之所长、补汝之所短之美，更是一种包容之美。合作的过程是感情上的合作、陪伴以及共同奋斗，同时合作双方之间有着宛如“战友”般的相互支持的依存关系。

在现代社会的发展中，科技的进步和创意的融合为各行各业带来了无限的可能性。而在化工领域，科技与创意的合作更是为化工设计注入了新的活力和美感。其中包含了设备与设备之间的合作、设计人员之间的合作、设计人员与工人之间的合作、工人与工人之间的合作等，让我们一同探索化工设计的合作美，创造出令人惊叹的化学奇迹。

长庆油田化工集团井下助剂公司是一个绿色、环保、低碳的智能化工厂，工人们抱着决心，坚持走绿色化道路，携手打造了一个绿树成荫、花团锦簇的化工厂。在这之前，车间生产时伴随产生的刺鼻气味侵害着工人的身体健康，工人们对于“杀菌剂”的工作非常苦恼。于是在听取员工意见之后工厂就开始了绿色化的道路，把员工健康以及环境安全放在第一位。

同样地扬子石化在习近平新时代中国特色社会主义思想的指引下，落实集团公司部署要求，守护一江碧水，打造无异味工厂，奋力建设绿色卓越奋进新扬子，打造现代化绿色材料和高端化学品基地。例如扬子石化在全体员工的努力下共创绿色化工厂，共创环境友好型、人类友好型化工厂（图 10-11）。

图 10-11　扬子石化

在合作中感受共赢。在化工设计之初就需要把环境保护放在一个重要地位之上，为环境着想，这是设计者与从业人员以及自然之间的合作。在工厂运行中适当参考员工建议，吸取经验教训并且进行改进、优化，这是管理者与工作人员之间的合作。化工设计者体验不同要素相互配合协作的美感，能够使化工厂的经济效益、员工的权益都得以保障，从而出现共赢的局面（图 10-12）。

图 10-12　化工厂中的合作

10.7.2 化工设计课程中的合作美

化工设计中的合作美不仅体现在设备与设备之间、图纸与图纸之间，更体现在人与人之间。

在化工厂设计这门课程之中，介绍了设备布置图是建筑图的前提，建筑图是管道布置图的依据，二者相互依存。因此，设备布置图、建筑图和管道布置图其实质上是人与人之间合作的体现。设计者之间需要通过图纸与建造者进行合作，在这个过程中还需要与其他非工艺人员进行配合，其中就包含了建筑设计、设备的机械设计、电气设计、自动控制设计、卫生工程设计，这些设计需要其他专业的设计人员进行非工艺设计，因此在这一过程中合作就显得尤为重要。在设计过程之中，会出现设计条件的变更，这就需要及时的沟通合作，事后进行汇报，从而按照计划进度保质保量地完成任务。因此，一份完美的设计成果离不开沟通与信任的共同合作。

英国诗人约翰·多恩说过："没有人是一座孤岛。"化工设计概论中的合作，建立在合适、沟通、信任之上。只有添加了"并肩作战"这一味良方，一座高效、优良的化工厂才得以诞生。也是因为这种合作美的体验，我们才更加清晰地感受到与其他人的联系，当所有人为了一个目标而共同努力时，我们更加团结、更有凝聚力，激励我们创造一个更加美好的未来。

10.8 节能精神美

节能精神美在7.3节已做过简单阐述，这里我们可以从另一个角度理解这种美。在化工设计这门课程中，经济合理是工程设计的原则之一，其中就包含着节约能源和原材料。在工艺路线的选择和工艺流程的设计过程中，化工分离工程对于化工产业节能减排起着重要作用，而设计出一条可行性佳、资源利用效率高的合成路线是节能减排的根本所在。通过优化合成工艺，开发高效能催化剂，利用新式反应器等方式，减少生产过程中的能量和资源消耗是关键。

一个化工厂的设计，节能是其必须考虑的一个方面，节能所带来的环保效益和经济效益在设计过程中占很大一部分。设备的选择、改进与升级对化工节能起到至关重要的作用。

例如对于精馏塔的优化，精馏塔作为化工厂最常见的分离提纯设备，由于其分离效果好，可操作性强而备受重视，随着科技的进步和化工行业的发展，衍生出了很多种的精馏塔优化方案。而热泵的出现在节能方面起到了一定的作用，热泵是一种将低位热源的热能转移到高位热源的装置，其运作遵循蒸气压缩的逆卡诺循环原理，低压冷媒汽化从空气、水源或土壤中吸收热量，进行热交换，经过压缩机的压缩变为高温高压气体，随后在换热器中液化释放大量热量，从而达到加热的效果。它可以通过压缩机在塔顶蒸汽冷凝的同时向塔釜再沸器提供热源，从而达到节能的目的。例如热泵的使用可以回收塔顶蒸汽的汽化潜热，提高过程的热力学效率（图 10-13）。

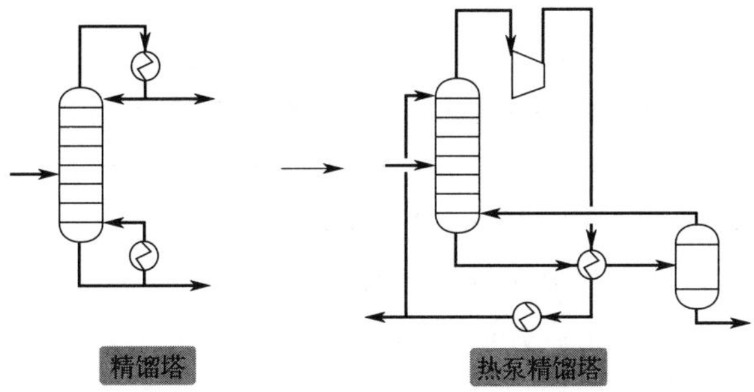

图 10-13　热泵精馏塔

还有一种设备叫蓄热器，其主要用于锅炉和其他容器的热量传递过程中，在用户用汽量少的情况下，开启蓄热器，把多余热量进行储存，而在用汽量大的时候，再将蓄热器中的热汽释放出来供使用者使用，从而做到在减少不必要的热量浪费的同时调节用汽高低峰的用汽量，助力用汽平衡。

技术升级对于化工节能减排来说也起着至关重要的作用，随着科技的进步，化工设备也在进一步朝着节能减排的方向发展，例如某电厂对脱硫浆液循环泵进行变频改造从而达到节能的目的。

现如今随着化工产业的发展、可持续战略和“双碳”目标的提出，化工产业节能减排越来越受到重视。将节能减排意识融入从而达到现实中节能减排的目的。

将对于节能精神美的情感体验融入化工设计概论课程中，不仅能培养学生的节能意识，让其感受到一种责任感，使之树立可持续的绿色生态价值观，让他们清楚地认识到实现“双碳”目标必然要将节能减排贯彻落实到化工产业发展的全过程，同时也能培养学生在生活中节能环保的生活理念，以达到循环利用、节能环保的目标。当学生们主动采取行动，减少能源消耗和污染物排放时，就会感到正在为地球做出贡献，这种强烈的责任感、由内而外的满足和自豪感促使其更加珍惜资源，保护环境。“勿因善小而不为”，积少成多，才能真正地做到节能环保，为未来的生态环境以及发展做考虑，真真正正实现可持续发展战略。

10.9　简洁美

简洁是一种简明扼要的美。通过最简单的语言能够清晰地达意，简单明了的图纸能够明确地让人知道它的所示即简洁美。简单相对于复杂，是一种更为直观的感受，小朋友往往对于复杂的题目存在着畏难情绪而不愿意去看，这也同样适用于成年人。简洁往往能够造就心理上的接受，给人带来舒适的体验。

10.9.1 简洁美的内涵

化工中的简洁美多存在于方程式以及化工设计图纸当中，简单的化学方程式能表达出一系列的反应，简明扼要的图纸往往能够造就一个大型的化工厂。化学方程式是化学反应的记录，简洁的图纸是设计师与工人沟通的桥梁。简洁美促进了沟通与交流，一定程度上降低了沟通的成本。化工简洁美的土壤之下，往往隐藏着盘根错节的复杂根茎，那些错综复杂的过程、反应、现象，在完全融会贯通、化繁为简之后以明确简单的语句或者方程式展现出来方形成了简洁美。简洁美不仅仅是一种信息传达沟通便捷之美，也蕴含了其背后所付出的辛劳之美。

10.9.2 化工设计课程中的简洁美

简洁美在化工设计中是反应方程式和物料衡算以及能量衡算公式符号的体现；是简单的公式背后的复杂推算以及实验过程所带给现如今从业人员的经验与便捷；更是在化工设计图纸中的简洁清晰。化工设计中一些标准化零件，可以按照比例反映出来，在明细中进行详细的标注；外购部件则可以通过其外形轮廓的简图来表明；对于规律分布重复的结构可以只用点划线表示其连接位置，而不用画出其投影。通过简单的线条来表示复杂的零件，例如图 10-14 的反应器图例，通过简单的图例表现所需的设备。这不仅方便了设计者，也方便了看图人员。干净利落的图纸往往带给人一种清晰明确的感受，能够直接通过图纸让人脑海里有一个工厂大致的模样，这是一种通过图纸来表达沟通的简洁美。

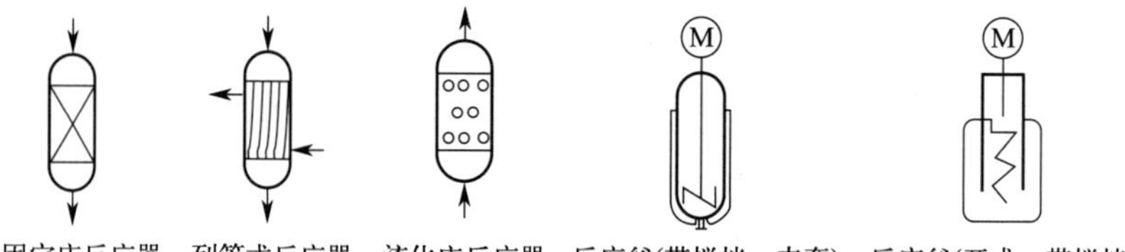

图 10-14　不同类型反应器示意图

同样，化工设计中的简洁美也体现在通过化工流程模拟软件、化工装置及系统设计软件、化工装置布置设计软件等软件所展示出来的图纸和数据上。化工流程模拟软件是化工过程合成、分析和优化最有用的工具，工厂的布置在化工厂建设之中是非常重要的一个环节。这些工作可以通过软件来进行图纸的绘制，从而达到简洁准确的表述，一定程度上避免了文字叙述所存在的误差。例如 Fluent 软件，它被广泛用于多相流、旋转机械、传热与相变、旋转与湍流、化学反应与燃烧等方面，可以通过图像和数据清晰地表现出结果，在一定程度上避免了文字表述所带来的误差。

如 Fluent 分析烟气脱硫吸收塔中烟气流动的结果，通过图纸清晰地表现出了烟气流动的状态（图 10-15）。

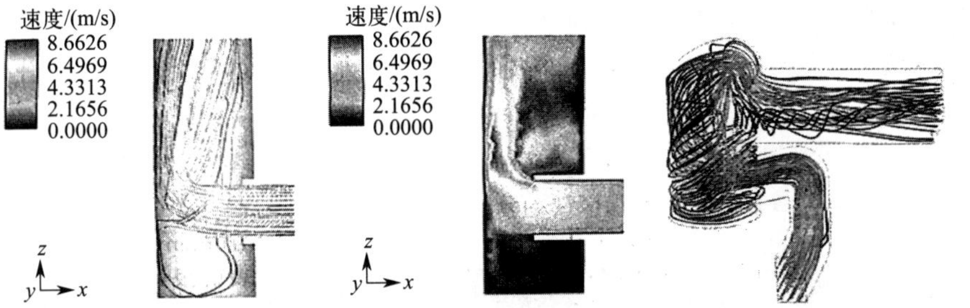

图 10-15　流动烟气脱硫吸收塔中烟气流动状况

简洁美在化工设计概论中之所以广泛出现，是因为这是一种最简单有效的信息沟通以及传达方式的本质体验。简洁美给人带来的干净利落的体验，宛如一阵清风，轻轻拂过心田，让人感受到纯净和舒适。与此同时，简洁美也能让我们更加专注于事物的本质和核心。当我们摆脱了繁杂和冗余的干扰时，我们能更加清晰地看到事物的内核，从而拨开云雾，进行更加深入的理解和欣赏。

思考题

1. 结合本章合适美内容，酚醛树脂是一种广泛应用于生产制品（例如电器、家具）的合成树脂，其生产工艺环节繁多、复杂，容易产生大量的废水和废气。假如你是酚醛树脂合成工艺的设计者，你会怎样实现生产中的合适美呢？（提示：可从原材料选择、工艺流程、工艺设备方面考虑）

2. 结合本章安全美的内容，你知道化学品安全标签的要素有哪些吗？你能从其中体会到什么美呢？

3. 结合本章标准美的内容，针对标准美在化工设计中的重要性，你认为标准美在化工工艺设计的流程中到底应当占据哪一个环节的中心地位？

4. 结合本章合作美的内容，化工设计的合作美也体现在多领域合作中，化工设计师需要与材料科学家、机械工程师、环境工程师等专业人士进行紧密的合作，你能举出化工设计与其他领域合作的例子吗？

5. 结合本章节能精神美的内容，将节能减排概念贯彻落实至化工设计的全过程与各方面，对于实现“双碳”目标有哪些方面的意义？

本章DIY

结合本章合适美内容，完成“家美，生活更美：探索合适美的 DIY 家居装饰活动”。

1. 给定一张照片作为家居装饰的背景环境，组织学生分组，按照不同的兴趣和审美对家居环境进行 DIY 装饰，可以是制作简易家具、布艺装饰、墙画设计等。

2. 创意分享：每组学生展示自己的作品，并分享创作理念和灵感来源，其他学生和老师给出建议和意见。

3. 总结评比：根据装饰与环境的适配程度，以及装饰的创意性、实用性、美观性等标准，评选出最佳 DIY 作品。

克劳德·莫奈《撑阳伞的女人》

《撑阳伞的女人》是法国印象派巨匠克劳德·莫奈于1875年创作的一幅油画作品，现收藏于美国华盛顿国家画廊。该画描绘了莫奈的妻子卡米尔身穿白色连衣裙，手持一把绿色遮阳伞，和他们的儿子让·莫奈在阳光明媚的田野上漫步的场景。微风吹拂的头巾，她的衣摆随她身姿转动，使整个画面看起来有动态效果。莫奈采用仰视的角度，将阳伞、女人、阴影连接成了一条虚实间或的“深色带”，呈舒缓的弧形纵贯画面。莫奈在处理卡米尔的面部和上半身时，也使用了较暗的色彩，而卡米尔被明亮阳光包围，仿佛一个模糊的剪影，腰间还有一抹黄色视觉焦点与下方黄色野花相呼应。

扫码阅读彩图

《撑阳伞的女人》表达了一生只爱一人的主题，展现了莫奈对妻子卡米尔无限的爱。世人曾这样形容莫奈对卡米尔的情感：“我曾以为留住光就可以留住你。”

约翰内斯·维米尔《戴珍珠耳环的少女》

“她是向你靠近还是离你远去?”没人能得到定论。她就是荷兰艺术巨匠约翰内斯·维米尔的一件神秘作品——《戴珍珠耳环的少女》。这幅作品是约翰内斯·维米尔于1665年创作完成的一幅油画，荷兰艺术评论家戈施耶德曾将这幅画比作“北方的蒙娜丽莎”。和维米尔其他远观静态叙述视角的画作不同，这幅画通过对光影的合理运用，在深色背景中突出了人物的立体感。画面中的少女并没有置身于戏剧性的叙事场景，而是变成一个心理主体。她动人双眸中光线流转，双唇轻启，似是欲说还休。珍珠耳环的修饰又给整幅画带来视觉焦点。

关于画中少女的身份我们似乎永远无法得知，这幅画令人难以忘怀，它永远悬挂于海牙莫瑞泰斯皇家美术馆。她的身姿扣人心弦又柔和微妙，同时她以一种神秘的方式表现了现代视角下的经济、政治和爱。

惠斯勒《蓝与银的夜曲：切尔西》

《蓝与银的夜曲：切尔西》是惠斯勒《夜曲》系列当中的第一部画作，画这幅画时已是他离开美国家乡跨上欧洲大陆的第 17 个年头，飘荡多年，最后选择在切尔西安定下来。该画展现了傍晚的泰晤士河宁静祥和的氛围，画中岸上的渔夫正眺望着河上的渔船，远处对岸灯火倒映在水中，使得整幅画面充满诗意感，是早期现代主义背景下古典传统绘画延续发展时期的代表作。不知你是否与画中人一样，目睹画中景时，思绪也同样飘到了自己那遥远的故乡……

第11章

化工工艺学课程中的美育元素

11.1 课程概况

化工工艺学课程从化工生产的工艺角度出发，运用化工过程的基本原理，阐明化工工艺学的基本概念和基本理论，该课程以典型化工产品生产工艺为主线，详细论述典型产品生产所涉及的化工过程基本理论知识和关键设备。

11.1.1 课程美育设计

化工工艺学课程是化工及相关专业的一门重要基础课程。以培养高等工程技术应用型人才为目标，以化工工艺学为主线，突出“宽、精、新、用”思想，即强调口径宽阔、简明精练、新技术新工艺、应用型实用化，使课程体系更加科学化、教学内容更加合理化，便于学生熟悉和掌握生产第一线生产技术岗位所必需的基本理论和专业知识。本章从人文精神、工艺原理、工艺设计三方面挖掘课程中的美育元素。通过体验化工工艺学课程中的反应原理美、工艺流程美、设备设计美、科学精神美、节能精神美和数学模型美，带领学生从美的视角发现化工工艺学课程科学理性的外表下美的内涵。在化工工艺学课程美育教学过程中，授课团队将课程美育知识与专业教育融为一体，将传授专业知识与培养学生审美教育相结合，将讲述化工行业发展与培养学生美学精神相结合，以化工专业课程内容为主体，借鉴美育学科融合的研究成果，挖掘专业课程中的美育元素，从而培养学生综合运用专业知识与技能解决实际工程问题的创新思维。

11.1.2 课程美育目标

化工工艺学课程美育的教学目标是培养学生通过专业基础知识中的美学元素，培养审美情感价值观，进行情操教育和心灵教育。本课程的美育目标如下：在培养学生的抽象美的同时认识到化工过程中的反应原理美；在培养学生的逻辑美的同时认识到化工过程中的工艺流程美；在培养学生的实用美的同时认识到化工过程中的设备设计美；在培养学生的探索美的同时认识到化工过程中的科学精神美；在培养学生的人文美的同时认识到化工过程中的节能精神美；在培养学生的和谐美的同时认识到化工过程中的数学模型美。化工工艺学课程美育可以帮助学生发现课程审美点，培养专业审美素养，通过审美激发课程学习兴趣和专业想象力，促进感性与理性思维能力的协调发展，培养多学科多专业的跨界思维能力、鉴赏能力，激发专业创新内驱力，助力专业创新力的形成。

11.2 反应原理美

化工生产，特别是有机化工生产中，由于采用的部分原料组成复杂，往往不单单发生所期望的化学反应，还有可能发生副反应，消耗原料生成其他物质，从而影响目标产物的质量与产量。因此，需要分析这一系列化学反应的原理，发现其中的内在联系，将其简单化、高效化，以取得较高的经济效益。

11.2.1 反应原理美的内涵

化学反应原理包括化学反应的焓变、反应方向、反应限度、化学反应速率，以及外界条件（浓度、温度、压强、催化剂等）对平衡和速率的影响。对化学反应原理的深入认识有助于带来新的灵感，提高思辨能力，更好地完成生产工艺条件的确定以及生产流程的设计。反应原理美即抽象美。

11.2.2 化工工艺学课程中的反应原理美

甲醇由一氧化碳加氢合成，但由于现实生产中无法准确控制反应条件，存在很多的不可控因素，因此一氧化碳加氢还可以发生许多复杂的化学副反应（主要分为平行副反应和连串副反应），产生很多影响甲醇纯度的副产物，而且这些副产物在碱类催化剂作用下还可以很快地发生脱水、缩合、酰化或酮化等反应，生成烯烃类等更多种类的副产物。

副反应的存在不仅会增加原料的消耗和缩短催化剂的寿命，还会影响甲醇产品的质量。特别是生成甲烷的反应为强放热反应，这不仅不利于对反应温度的操作控制，而且生成的甲烷无法随产品冷凝，将停留在系统中循环，更不利于主反应的化学平衡和反应速率。所以我们要像侦探一样，随时面对各种难题，洞悉各种副产物产生的反应原理，抓住“真凶”，尽最大努力改变和控制这一关键因素，使最终结果尽可能地向理想方向发展。

（1）线索一之反应热效应

一氧化碳加氢合成甲醇是放热反应，其反应热效应与温度和压力的关系成正比，并且在高压条件下低温时反应的热效应较大，且低于573K时反应热效应随压力的变化幅度更大。所以从这个角度考虑，甲醇合成在低温条件下操作要求更加严格，因此需要选择合适的温度及压力，使得反应热效应随温度及压力的变化很小，反应更容易控制。

（2）线索二之化学平衡

一氧化碳加氢合成甲醇是在一定温度和加压条件下进行的气固催化反应，化学平衡常数与 CH_3OH 的逸度成正比例关系，而与 CO 和 H_2 的逸度成反比例关系，因此要合理控制三者的逸度。

（3）线索三之催化剂

催化剂就像喷射器一样，能大幅度提高反应速率，且尽量降低反应温度压力（降低设备投资）。但是催化剂的种类多种多样，各有利弊，所以其对于反应的适配性要格外注意。我国目前广泛使用的 C_{301} 型铜基催化剂为 CuO-ZnO-Al_2O_3 三元催化剂，其最适宜温度为503～543K，反应压力为5～10MPa。

最适宜温度与转化深度及催化剂老化程度息息相关，一般为了延长催化剂的寿命，反应初期宜采用较低温度，使用一定时间后再升至适宜温度，其后随催化剂老化程度的增加，反应温度也相应提高。因此就算是活性高、性能好的铜基催化剂，也因其热稳定性较差，需要严加把控反应温度。

反应原理还可以用来指导我们的行为，并帮助我们解决新的问题，使我们不必对每一种生活情景适应就能拥有灵活处理实际问题的能力，甚至一些原理的学习可以为其他原理或更复杂的原理的学习打下基础，从而学得更加容易。

化学反应不是单独存在的个体，不同化学反应之间是紧密联系在一起的，化工工艺学就需要深入贯彻反应原理，找到合适的反应路径，得到理想产品。

反应原理是抽象的，只有在化工工艺学中不断地实践，才能具象为合适的工艺条件。如同中国居民平衡膳食宝塔（图 11-1），我们探索不同食物之间的口味营养搭配，然后用一步步精心设计的烹饪使它们成为一道色香味俱全的美食，这个过程和结果都给我们带来了美好幸福的感受。从美的视角出发，化工反应原理不再是沉闷晦涩的，而是有滋有味的。先有了这样美的感受，然后才能学习它的思维，掌握它的方法，最终实现创新。

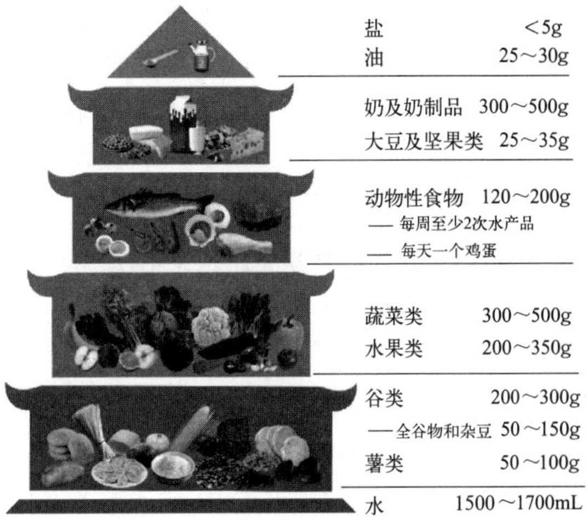

图 11-1　中国居民平衡膳食宝塔

原理是自然科学和社会科学中具有普遍意义的基本规律。反应原理美在于其符合辩证唯物主义思维方式，充分利用这种思维方式，能够更轻松地理解和掌握反应原理的基本规律，在大脑中形成一种知识架构，并在大量观察、实践的基础上，经过归纳、概括，打开思想，设想更多的可能，利用更好的反应原理，创造更加完美的反应方向。

11.3　工艺流程美

工艺流程亦称“加工流程”或“生产流程”，指通过一定的生产设备或管道，由工业企业的生产技术条件和产品的生产技术特点决定，从原材料投入到成品产出，按顺序连续进行加工的全过程（图 11-2）。

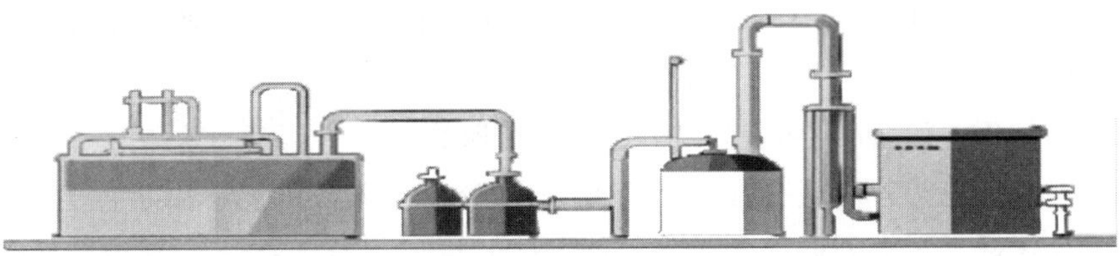

图 11-2　化工厂工艺流程

一个完整的工艺流程，通常包括若干道工序，如低压法甲醇合成包括制气、压缩、合成、精制等工艺过程。可见，工艺流程的基本内容，就是工人利用劳动工具，改变劳动对象的形状、大小、位置、成分、性能等，使其成为预期产品。

11.3.1 工艺流程美的内涵

工艺流程的建立需要根据原材料、产物、生产要求等条件，由设计人员通过分析对比各种途径的利弊，进而采取最佳方案。在这过程中，需要不断进行试验与总结，开拓新思路、开创新方法，让整个流程行云流水，近乎完美。工艺流程的整体性可以培养学生的思维密度和深度，提高创新思维和审美情感价值观。工艺流程美就是逻辑的内涵之美。

11.3.2 化工工艺学课程中的工艺流程美

工艺流程设计和技术开发是以创新思维和高标准要求，做好化工工艺流程设计，推进化工过程技术开发的过程。化工工艺流程设计是化工过程设计的基础和核心。PFD、物流数据表以及设备一览表是构成工艺流程设计的三大要素，从它们出发，进而进行设备工艺设计和工艺系统设计，以完成工艺设计。

设计出一个简洁合理的生产分离流程，需要综合考虑产品、工艺、经济、社会、安全、环境等因素，这个设计过程犹如塑造人的外貌一样，需要根据不同特征采用相应的美化方式和工具。设计遵循的原则有：技术成熟先进，产品质量好；节能降耗，资源充分利用；安全生产；保护环境；经济效益高等。下面选取两个案例来体现流程设计的美感。

（1）合成气净化流程

合成气制取完成后，无论选择什么原料，制得的合成气中都含有硫化物、一氧化碳、二氧化碳等气体。因此，在合成气送去后续加工之前，必须将其中的杂质除去，防止后续加工生产过程催化剂中毒。净化一般包含四个步骤：脱硫、一氧化碳变换、脱碳（CO_2）、脱除残余 CO 和 CO_2 以实现最终净化。这四个步骤可采用的方法分别有很多，但万法不离其宗，即在满足后续工艺流程对原料气要求的同时，使整个净化过程操作可靠、经济合理。在净化方法中，含量较多的有毒气体 CO 通常通过变换反应用水将它变为 CO_2 以及等体积的氢，而脱硫、脱碳的方法很多，为区别起见，根据操作温度分为“热法净化”流程和“冷法净化”流程。

热法净化：采用热 K_2CO_3 法脱 CO_2，以及甲烷化法脱少量 CO 与 CO_2 的操作。

相比于热法净化流程，冷法净化流程的优点为经净化后的气体惰性物含量少，后续工艺若为氨合成则不需要排放惰性气体，可以降低原料气的消耗。这不仅体现了人类创造力的无限可能，同时也启迪后人在这一领域持续创新发展。这些方法的涌现是新学科在原有基础上的崭新发展，为化工领域注入了不断创新、壮大的动力。

(2) 烃类裂解反应流程

烃类裂解反应包含断氢、断链、异构化、芳构化等一系列复杂反应，其产物多达数十种乃至数百种，因而裂解气的组成非常复杂，含有各种烃类及杂质，而且其组成随裂解条件和原料的不同而异。在纷繁复杂的外表之下，始终潜藏着简明的原理，只需把握其本质特征，便能有序地一一揭示。由于各种有机产品的合成对原料纯度的要求是不同的，故裂解气净化与分离的任务是按加工需要除去裂解气中有害杂质，分离出单一的烃馏分，为基本有机化学工业和高分子工业提供合格的原料。

工艺流程设计的本质就是让不同化学物质重组和分离（图 11-3），这就要求工艺流程的搭建必须有逻辑，只有理清楚重组、分离合适的顺序，才会是一个优秀的化工工艺学流程。

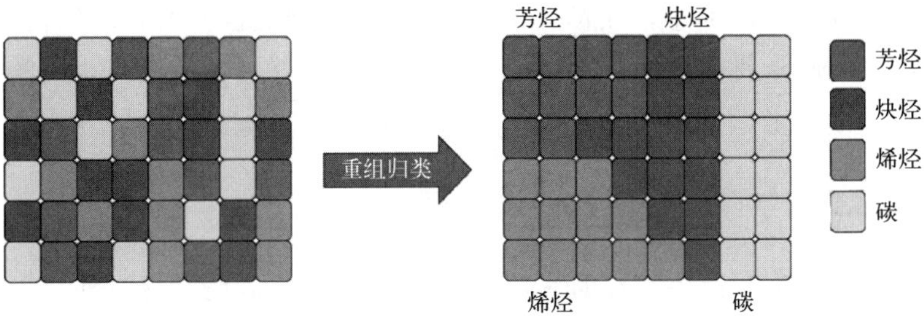

图 11-3　烃类裂解过程中一些主要产物及其变化示意图

精馏分离法，作为深冷分离工艺的核心，是一项裂解气分离的技术。其使命是逐一分离碳一至碳五的馏分，精炼提纯乙烯和丙烯产品，犹如在解谜游戏中将相似物质巧妙分类。这个过程可以比作消消乐游戏，其中我们通过精密操作，将相同类型的元素一一归类，正如游戏中的消除相同图案一样。而在深冷分离流程中，根据裂解气分离的顺序，我们将其细分为三个独特的流程：顺序分离流程、前脱乙烷流程和前脱丙烷流程。这就像在进行一场有趣的实验，遵循着一系列规则，队伍有序排列，一步一步地展开。顺序分离流程和前脱丙烷流程的冷箱在脱甲烷塔之前，属于前冷流程；前脱乙烷流程的冷箱在脱甲烷塔之后，属于后冷流程。前冷流程乙烯收率更高，脱甲烷塔的负荷较低，其缺点是脱甲烷塔操作弹性低，流程复杂，仪表自动化要求高等，故前冷流程更适用于生产规模较大、自动化水平较高、原料气较稳定及需要获得纯度较高的富氢场合。而后冷流程即前脱乙烷流程适用于处理较重裂解气，尤其适用于含碳四馏分较多的裂解气分离。人无法十全十美，就像反应流程一样，我们所能做的是充分发挥其优势，巧妙规避其缺陷。当然，这需要我们持续不断地进行实验与创新。在这个过程中，成功常常是通过 99%的努力实验和 1%的幸运所达成的。

通过以上案例可以看出，任何一种技术都存有利弊，在进行工艺流程设计时无法设计出一个完美无瑕的路线，设计人员必须采取全面分析对比的方法，根据项目具体要求，收集资料，全面分析，反复对比后选出优点较多、符合国情、切实可行的技术路线和工艺流程。一个设计就相当于选角色一样，只有经过层层考验、筛选，才能找到“最美的设计流程”，其中所遭遇的艰难险阻，也成了寻美路上的垫脚石。

11.4 设备设计美

工业生产中任何流程都需要设备作为载体，设备的质量决定了产物的质量，所以根据具体需求及限制条件设计出一个理想型设备的过程叫作设备设计。

11.4.1 设备设计美的内涵

设备不仅仅要在功能上实用、好用，同样在千篇一律的重金属设备中，还应具备视觉上的美感，让忙碌的工人能够有视觉上的冲击、精神上的愉悦，工作效率及质量将会大大提高。当然，在追求更好更美的同时，要秉持“绿水青山就是金山银山”的理念，始终对环境无害。设备设计美即实用美。

11.4.2 化工工艺学课程中的设备设计美

在进行工艺设备设计时，除了要考虑设备的造型及材料外，更重要的是根据工艺要求，使得设备与工艺流程、工艺操作条件、工艺控制水平等相适应，又能充分发挥设备的能力。

就像我们要想喝热水，可以使用玻璃杯，玻璃热传导较慢又易于清洗，但玻璃杯存在易碎的问题，于是我们可以改用不锈钢材料，虽然不锈钢杯子更耐摔，但不锈钢导热过快会非常容易烫手，热量散失迅速热水会很快变凉。因此，我们不断地在设备设计中寻找一种解决办法。比如化学工艺学中经常会遇到一类叫作可逆放热反应的反应类型，我们通常会去确定其最佳反应温度线。因为对于这类反应，当反应温度太低时反应速率很小（一般化学反应速率会随着温度的升高上升），而当反应温度太高时反应进行程度也很小（如果不及时移除反应热，易使催化剂温升过高，不仅会导致副反应，而且会使催化剂因发生熔结现象而活性下降），所以需要找到一个合适的温度范围，使反应速率较高，进行程度较大，这个合适的温度就叫作最佳反应温度。因此，我们想要在设计的工业反应器中按最佳反应温度进行反应，则反应速率最大，即在相同的生产能力下所需催化剂用量最少、合成效率最高。

但理想很美好，现实却很残酷，实际生产中完全按最佳反应温度线操作是极其困难的，并且还需要考虑催化剂活性适宜的温度范围。这便对反应器设计提出了以下两点要求：一是反应器应能将热量及时移出，以尽量接近理想温度分布；二是尽量组织热量交换，充分利用反应余热，降低能耗。

办法总比困难多，科学的进步就是在一次次遇到问题到解决问题中实现的。经过科研人员的不懈努力和创新，工业上采用了分段冷却，设计出了多段反应器。

甲醇合成的冷激式绝热反应器（图 11-4），其将反应器床层分为若干绝热段，段间直接加入冷的原料气使反应器冷却。

这类反应器的特点是：外形为桶状美观大方，结构简单易懂，原料由上到下一气呵成，催化剂装填方便，生产能力大，冷激气和反应气的混合及分布均匀，材料绿色科学，这便是设备设计者智慧与美的结晶。

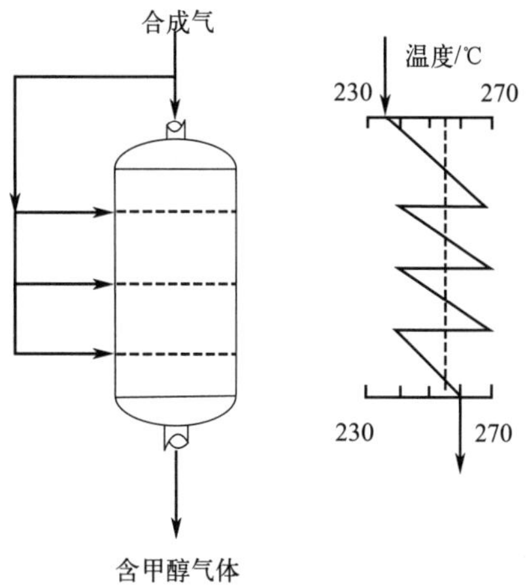

图 11-4 甲醇合成反应器及反应温度分布

此外，在满足设备功能性要求的同时，现代工业设备设计还要兼顾产品的外观设计。设备虽然越精简越好，但是设备的外观是最先映入使用者眼帘的，它是设计者与使用者之间沟通的媒介，美的外观设计能使使用者得到最高的心理享受。多种多样的设备形态能给人传达不同的美的感受；材质不同的设备外观具有不同的空间感、真实感，会给人留下不一样的触觉和视觉上的享受；对于有些动态设备来说，流畅性和灵巧性也很重要，具有神秘感和个性，这些是静态设备所不能比拟的。同时，根据使用环境和周围设备颜色合理使用、搭配设备的色彩，可以在很大程度上提升设备的外观美。

所以，在设备设计中，一件精心设计、外形美观、造型独特的机器设备不仅可以增加产品的美感，还可以增加使用者对产品的好感度和使用信心，使机器设备更加人性化、更易上手操作，提高产品的使用效率和便利性。与此同时，设计还要考虑环境保护等因素以及保证产品应有的功能、使用寿命、质量等要求。设备在整个化学工艺学中起着至关重要的作用，正如人的身体对于人来说，没有健康的身体，做什么都会事倍功半。

11.5 科学精神美

探索科学真理的道路上，“善学者尽其理，善行者究其难”，探究科学前沿永不辍足。探究科学要求我们发现和提出有价值的化学问题，设计和实施可行的操作方案，寻找和探究化学规律，优化和完善工艺设计。探究科学的过程不是古板无趣的，相反，它是一门心灵升华的美学，它需要我们投入情感，感受对科学精神的探索。在化工工艺学这门课程的科学探索中，你可以领悟到科学精神的独特魅力。

人们很早之前便开始将催化现象运用到生产生活之中，从古人利用酵素发酵酿酒，到中世纪炼金术士利用硝石催化剂制作硫酸，再到 18 世纪发明的铅室法，即用氧化氮制作硫酸。19 世纪的科学家们开始了对催化作用的广泛研究，人们逐步地发现了催化剂，并从天然催化剂中获得灵感，可以根据工艺生产需要合成新型催化剂。一代代科学家在艰苦的生产生活实践中，努力探索自然规律，进而认识和改造自然，更多地体现出一种求真精神。

科学发现的目的在于揭示自然的奥秘，探寻其中的奥妙。大自然的美让人震撼，无数科学工作者为之折服，投身于科学研究。科学工作者希望用自己的方式表达这种审美的情感，传递给能体验它的人。

科学家们从大自然中发现各式各样的催化反应，经过持续的研究和科学的探索，他们试图解释催化剂的作用机理，于是产生了不同的理论与假设。现在一般认为催化剂是指一种在不改变反应总标准吉布斯自由能变化的情况下提高反应速率的物质；也可以表述为在化学反应里能提高化学反应速率而不改变化学平衡，且本身的质量和化学性质在化学反应前后都没有发生改变的物质。与我们经常提起的“牛顿因为苹果砸到他头上就诞生了万有引力定律”相反，任何一种科学理论的提出，都需要科学家们拿出翔实的证据来进行说明，并且需要反复验证，最终才能确定这种理论的正确性。

图 11-5　催化剂反应原理

在人们认识和改造自然的生产生活中，科学精神逐渐形成，与科学新知、科学思想相伴而生、同向并行。有了科学家们在催化剂领域里持之以恒的科学精神，才有了如今化工工艺学行业的快速发展。科学家们观察大自然，研究大自然，从植物的光催化氧化中获得启示，发明了人工光催化剂，成功实现了对太阳能的转化利用。还有石油的催化裂化工艺，科学家们不断地探索研究发明催化剂以实现对化石能源的最大化利用。催化剂的原理就像滚石一样（图 11-5），催化剂能够帮助滚石找到更轻松的路径，科学家们不断地深入研究，以寻求更快速的反应路径。科学精神内涵的独特魅力就在于科学精神的实践探索之美，化工工艺学中催化技术的发展历程正体现了科学精神美的丰富内涵。

11.6　节能精神美

随着社会各界节约资源以及保护环境意识的逐渐觉醒，化工工艺行业也在积极落实节能环保的政策，改进工艺技术，达到节能环保的效果。在化学工艺学中，设计师一直秉承节能的美学精神，在理论实践中贯彻节能的人文精神。

节能精神美是一种积极主动的社会责任和奉献精神美，体现了人类对自然环境的尊重和珍视，同样具有美学内涵。其精神美的内涵主要包括以下两个方面。

（1）工艺的优化精神美

在现代化生产过程中，节能的美学内涵不仅体现在设备的选择和使用上，更要体现在对整个生产线的工艺流程和流程操作的优化上。通过改进生产技术、优化流程等手段，可以大大降低能源消耗，实现节能目标。

（2）设计的创新精神美

现代化生产设备的开发和应用必须具备先进的节能技术，从源头上减少能源消耗并支持环保。为此，工程师必须在设计过程中不断引进创新、推陈出新，并将节能作为一个重要的设计标准。

氨合成是一种能够产生大量氨气的重要工业过程。在氨合成工艺中，由于能源消耗高和二氧化碳排放大，因此节能精神显得至关重要。

氨合成过程中的能源消耗主要体现在天然气的净化和压缩，制气/制氢，催化剂、温度的选择以及反应热的利用上。采用先进的工业技术，可以达到节能降耗的目标。

首先，采用循环热量的回收和利用技术。氨合成的反应是放热反应，可从反应的产热回收中获得大量的热能和热量。采用循环冷却水技术、蒸汽再生技术以及热泵技术等，可将产生的热能回收再利用，达到节能环保的目的。制气采用二段转化，采用良好设计的二段转化炉可以充分利用烟气的热量。

其次，选择合适的催化剂与化学反应的节能与否有着直接的关系，通过有目的地改变相关催化剂的整体活性和结构，对催化剂进行改良，能够使化学反应更高效、节能地发生。良好的催化剂可以促进反应正常进行，节约化工生产中能源的消耗。

最后，选择合适的温度也是优化反应速率和降能减耗的常用手段之一，它能够最大限度上提高反应的产率和速率，在一定程度上使能耗降到最低。

氨合成反应是可逆放热反应，反应中能量消耗较高，在反应气体组成、压力以及催化剂等不同条件下，虽然低温有利于反应正向进行，提高氨的产率，但反应速率太低；而高温又不利于反应的稳定性。因此，在选择最合适的温度、催化剂的同时保持反应工艺效率，是化工工艺课程中需要掌握的基础知识技能。

氨的应用广泛，本身就可以合成各种含氮化合物和化肥。科研人员经过对氨合成化学反应的充分研究，从动力学、热力学、工艺装置等角度，通过改变一些反应条件，就能在最大程度上节约原材料和燃料的成本，降低综合能效。技术人员关于节能降耗技术的研究体现了人类对大自然客观规律的尊重、对社会的关心，充分展现了节能精神美。人类在尊重大自然的客观规律的基础上改造自然，创造价值。在服务社会的同时也不忘节约资源和保护环境，从中体现的责任意识和担当意识反映了节能精神的道德美。

氨合成工艺 20 世纪初就已经出现，在其发展的一百多年时间里，科学家们从未停止改进工艺、节能降耗的脚步。这一百多年来，人与环境、人与自然和谐共处的思想不断地深入科学家们的内心，促使他们不断追求更加高效、更加节能的工艺条件。表面上这是环境保护的客观要求，实际上这是节能的人文精神美的体现。化工工艺的发展包含着人文美、道德美，节能精神美更是当今时代工业化高速发展的精神财富，促进绿色化工工艺的发展，帮助人与自然和谐共处。

11.7 数学模型美

模型（model）作为原型的替代物，是为了某个特定目的而对原型的简缩、模仿和提炼。模型无处不在。数学模型是针对现实世界的特定对象，为了一定目的，进行必要的简化和假设，运用数学的符号、关系式等，来概括表达问题的数量关系和空间形式的一种工具。数学模型的历史可以追溯到人类开始使用数字的时代。在人类发明和使用数字的过程中，各种数学模型被不断地建立起来，并不断地改进，以应对和解决在各种各样的社会实践中遇到的问题。

11.7.1 数学模型美的内涵

建立数学模型是解决实际问题与运用数学工具之间联系的一座必不可少的桥梁。和创造一个有魅力的艺术作品一样，数学模型也是一种创造，而且是必须符合美学原则的创造。数学模型之美，首先蕴含在它所揭示的客观规律的科学性和合理性中；其次表现为它的和谐统一之美；最后展现在它的价值之美中。数学模型美是和谐的内涵之美

11.7.2 化工工艺学课程中的数学模型美

以烃类裂解为例，由于烃类热裂解反应与原料的复杂性，很难轻易地通过原料各组分的裂解性质及其共裂解的关系来预测产品分布，因此，对原料烃建立了若干评价模型（数学模型的一种），规定了若干原料性质指标：族组成（PONA 值）、氢含量、芳烃指数（BMCI 值）、特性因素等。这些指标可以通过相对简单的物料衡算、馏程分析、密度测量等方法计算出来，方便预估产品收率、判断结焦程度等。

评价模型是我们对某一事物的价值评估，针对反应与原料的复杂性确立了多个性质指标，描述一个问题可能会因为角度、方法、求解路径等不同而建立不同的模型，但是因为问题本身的规律性和客观性，模型与模型之间有着本质的联系，计算结果也会在一定的误差范围内有着惊人的相近度，体现了数学模型的和谐统一之美。这些性质指标的规定离不开对烃类裂解反应原理的研究，既是在客观反应原理的基础上建立的，又体现了数学模型美的科学性和合理性。

审美究其根本是一种终极的人文关怀。数学模型的价值美是通过探讨数学模型，彰显对人的终极关怀。

在化工工艺设计中，也常常利用收集到的最新资料与数据，采用计算机回归分析技术，得到现代化学工艺学设计中常用的理化数据的数学模型，一旦有了这些事先建立好的模型，有关人员在每次需要的时候加以利用，便能省时省力地完成设计任务。因此，数学模型的建立很大程度上推动了化学工艺学设计的发展。这是数学模型对人的工具价值美。

大数学家欧拉非常巧妙地将“普雷格尔河穿城而过，并绕流河中一座小岛而分成两支，河上建了7座桥。当地居民想设计一次散步，从某处出发，经过每座桥回到原地，中间不重复”这个不可能问题转变成一个数学模型，用点和线画出网络状图，证明这种走法不存在，从而解决了这个长期困扰人们的七桥问题（图11-6）。

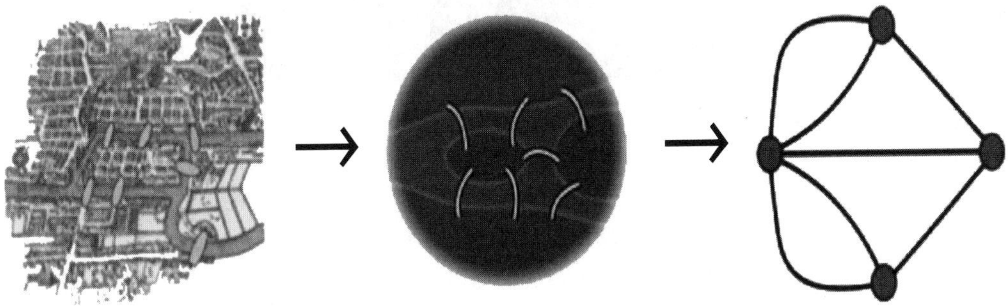

图11-6　柯尼斯堡七桥（一笔画）问题

只有建立正确的数学模型来规划工艺，才能少走弯路，更好地实现化工工艺目标。

思考题

1.“思维是地球上最美丽的花朵，而探索精神是其中最灿烂的一枝”，科学精神犹如夜空中的星辰，在这片星辰大海中，是否有一颗正指引着你前进的道路，结合实例谈一谈。

2.氰化物的毒性特别大，环境风险十分高，同时制备过程能耗巨大。结合化工专业知识，谈谈如何在氰化物的制备过程中实现节能降耗的目的。

3.反应原理是抽象的，结合本章谈谈如何将抽象的原理过程转变成易于学生理解的知识。

本章DIY

在化工的工艺设计中，不同类型的设备的工艺设计参数起着至关重要的作用。涉及参数设计的设备有换热器、泵、风机、吸收塔、反应器等，假如你是一名设计师，选择一个参数设计出一件经济合理、外形美观的产品。

约瑟夫·赖特《气泵里的鸟试验》

扫码阅读彩图

《气泵里的鸟实验》是于1768年德比的约瑟夫·赖特的布面油画作品，这幅油画现藏于英国伦敦的国家美术馆，且被认为是英国艺术的杰作之一。

该画记录的是17世纪60年代真空泵问世之初，为演示真空相关的物理知识，罗伯特·玻意耳开展了43项实验，而其中“41号实验”，是把鸟或老鼠这类小动物关在真空泵内，观察空气被抽走时它们的反应，说明生物生存对空气的依赖。这项有些残忍却又充满戏剧性的实验，在后来获得了热烈反响，直至百年后到了该画作者赖特生活的时代，“41号实验”已经成为英国广为人知、用来普及物理知识的最佳例子。画作生动地融合了实验潜在的危险和观者情绪，逼真的细节构成以及令人身临其境的情节设置，完美地展示了工业革命的时代精神以及理工实验的严谨之美。

拉斐尔《雅典学院》壁画

这幅艺术史上的杰作创作于1510—1511年期间，年轻的拉斐尔被罗马教皇选中，为重新装修梵蒂冈宫绘制壁画。该画体现了文艺复兴时期的人道主义与自由主义，表达了作者对古希腊文化的推崇与敬仰。拉斐尔借用柏拉图兴办雅典学院的主题，塑造了不同时期、地域、学派的著名哲学家齐聚一堂，热烈讨论学术的画面。画面的中心是柏拉图和亚里士多德——这是古希腊唯物论和唯心论之争；柏拉图手指天空，暗示着柏拉图式的理想主义哲学中一切存在的东西都源于理念，亚里士多德掌心朝下，暗示着实际主义哲学。该画通过栩栩如生的细节、高超的焦点透视法、协调的色彩处理方式，完美营造了百家争鸣的氛围，展现了学术探讨之美。

马格里特《这不是一支烟斗》

《这不是一支烟斗》是比利时画家马格里特于1926年创作的一幅超现实主义作品，画面中心是一支烟斗，下方文字同时写道："这不是一支烟斗。"整幅作品体现了图像与文字内容间的矛盾，画家将图形文字原有的功能偷梁换柱，打乱了语言和图像间的传统关系，通过图画和文字的巧妙交织，让文字永远只是它自己的绘形表现。这幅画提醒我们，画面上的烟斗只是真正烟斗的一个艺术表现形式，而并不是一个烟斗的实在，这是"一幅关于烟斗的画"而非烟斗本身，忽略了两者的差异也就丢失了艺术存在的根据，所以这幅作品提示了画所模仿世界要和本质世界有所区别，同时也告诉我们需要学会透过现象看本质。

第12章

化工过程分析与合成课程中的美育元素

12.1 课程概况

化工过程分析与合成是化工类专业的主干核心课程，本课程融合物理化学、化工原理、反应工程、传递过程、化学工艺学等相关基础课和专业课内容，应用系统工程学的原理和方法进行化工过程开发与设计，属于化工系统工程的分支。

12.1.1 课程美育设计

在化工工程、系统工程、化学工艺学和过程控制等学术领域的基础上，化工过程分析与合成已逐渐崭露头角，成为一个新兴的学科领域，其主要内容是运用系统工程的思维来模拟和分析工艺过程。然而，烦琐的流程模拟过程经常导致教学效果显著下降。因此，有必要培养学生系统性和工程性的思维方式，鼓励并引导他们灵活地应用化工领域的基础知识，并采用系统优化的思想、策略和工具，对过程系统进行分析、合成与决策。

为贯彻国务院和教育部将美育融入高等教育各环节、推进五育并举的要求，我们在课程设计中注重培养学生的想象力和创新思维能力。通过审美化教学，引导学生感知化工流程的精细与流畅度，欣赏这种美感，从而增强他们在模拟优化复杂化工流程和解决实际问题方面的能力。在流程模拟过程中，我们强调节约能源和绿色化工生产的重要性。节约能源和减少排放不仅能提高学生对化工行业的认识，还能倡导节能减排的行为，这与中国传统文化中提倡的“节约”以及“勿以善小而不为”的理念相契合。

通过审美化教学，我们让学生分析并解决实际的化工生产问题，通过科技手段来实现节能减排、降低浪费的目的，切身体验这个过程所带来的愉悦美。这不仅是对学生知识和技能的培养，更是对他们审美意识和社会责任感的提升，全面促进其想象力和创新思维的发展。

12.1.2 课程美育目标

① 通过运用简洁优美的数学模型来解决一些分离序列的规划难题，让学生深刻感受到科技之美。

② 结合节能减排技术，阐述化工过程优化在理解和改造自然界方面的重要意义，培养学生对自然之美的感知及对和谐之美的追求，引导学生做具有创造力和审美能力的新时代化工人。

③ 通过系统工程的思维方法，引导学生理解复杂工程系统的整体优化之美。培养他们在面对复杂问题时，能够系统化地分析和解决问题的能力，增强其在工程设计和实施中的逻辑性和条理性。

④ 倡导学科交叉的美，鼓励学生将化工与物理、化学、生物、数学等多学科知识相结合，探索新的研究方向和解决方案。通过多学科的综合学习和应用，

培养学生的创新思维和跨学科协作能力。

⑤ 通过分形几何的美，展示自然界和化工系统中的复杂结构。让学生理解分形几何在化工过程中的应用，培养他们的空间思维能力和对复杂系统的敏锐观察力。

⑥ 培养学生的创新思维能力，让他们在面对技术难题时能够提出突破性解决方案。通过实际案例和创新项目，鼓励学生大胆尝试、勇于创新，体验从思维碰撞中产生的美感和成就感。

12.2 系统工程美

过程系统工程的发展共经历了三次重大飞跃。20 世纪初，第一个飞跃出现，科学家首次着手于探索物理过程的内在规律；20 世纪 50 年代，第二个飞跃出现，各领域学者开始采用微分方程描述动量、能量和质量的传递规律；20 世纪 60 年代，第三个飞跃出现，化学工程和系统工程、运筹学、数值方法、过程控制理论开始相互融合，过程系统工程成为一个真正的综合性交叉学科，为该学科后续在生产生活的巨大变革打下了坚实的基础。

化工过程分析与合成是过程系统工程的重要组成部分之一，而作为一个交叉学科，过程系统工程在化工教育领域占据了不可忽视的位置。

12.2.1 系统工程美的内涵

在系统工程中，一系列完整的化工单元过程、高度层次结构化的化工过程系统以及丰富多样的系统结构，都为我们带来了无穷的美的想象。

系统工程美的内涵，是对于复杂问题的快速解决和高效管理，包含了整体美、有序美和多元美这几个方面。它不仅仅是一种技术与方法的集合，更是一种追求和谐、统一与效率的艺术。

12.2.2 化工过程分析与合成课程中的系统工程美

(1) 系统工程的整体美

化工过程系统由一系列独立的化工单元过程组合而成，涵盖了物料、设备、信息与能量四个子系统。这些子系统相互联系、相互影响，在设备的基础上，通过物料、信息、能量三者的流通转化，驱动整个系统的运行，实现能量的有效利用，呈现出“1+1>2”的效果。部分联结整体，整体又分别限制部分的运作，体现出系统工程的整体性。系统中各部分相互配合，打造整体最优效果，在需求得以满足的同时，整个系统也呈现出和谐美、完整美和统一美（图 12-1）。

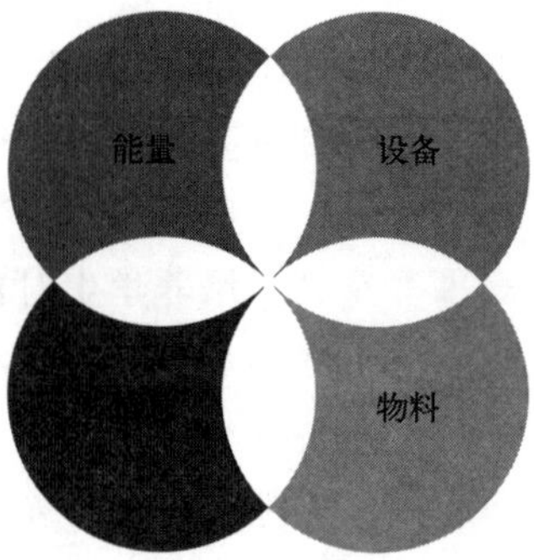

图 12-1　化工过程系统的组成

不仅在化工过程系统设计中需要注意整体性，而且在生活中的任何学习生产活动也需要注重整体性，它们都是从宏观到微观的分解，再从微观到宏观的构建，甚至人类社会也是如此。“没有人是自成一体，与世隔绝的孤岛，每个人都是广袤大陆的一部分。”系统工程的整体理念已经深入我们生活的每一个细节中，让我们在合作中感受“美美与共”的情怀。

系统工程整体美也体现在各个部分与整体之间的和谐统一上。每一个细节、每一个组件，都像是精心打磨的宝石，彼此镶嵌，相得益彰。使用起来，你会感受到这种和谐带来的舒适和顺畅，仿佛一切都那么自然，那么恰到好处。这是一种和谐、严谨、高效、智能的美。使用这样的系统，人会感受到一种愉悦和满足，仿佛在与一个完美的艺术品互动。

（2）系统工程的有序美

化工过程系统采用多阶层式以及嵌套式模型，集团企业、化工厂、生产装置与单元合成环环相扣、彼此依托，保证系统工程流程的有序运行。

在化工系统工程的流程表示中，存在多种方法，其中层次设计法（即洋葱模型）（图 12-2）与合成树模型都相当清晰直观。层次设计法（洋葱模型）将化工过程分为四层，由内到外分层优化，当外层优化发现不足，再对内层进行调整优化，往复多次。而合成树则是以画树状图的方式来直观地呈现化工过程，逐层分化，层层递进，将复杂的流程简洁化。

图 12-2 洋葱模型

通过这样的模型，我们可以将复杂的内容简化合并得到一张简洁清晰的模型图，通过对复杂的内容的处理、分类、合并，我们可以逐层深化学习过程，这不仅可以降低学习难度，而且能够更好地理解课程内容，在生活中，也有利于规划时间，提高学习效率，使得生活学习更加有序。这让我们直观感受到了系统工程的有序性，以及由此生发出的美感。其美感具体体现在一种深邃而精致的秩序之中。它犹如一幅精心绘制的蓝图，每一个细节都经过精心策划，每一个步骤都遵循着严格的逻辑；它像是一首和谐的交响乐，各个部分相互协调，共同演奏出美妙的旋律。系统工程的有序美让人感到清晰明了和稳定可靠；它像是一盏明灯，照亮了我们前进的道路，让我们在复杂的问题面前能够保持冷静和理智。

（3）系统工程的多元美

系统工程领域中，系统结构大多是复杂多元的，这包括多级串联系统、多级并联系统、分支系统、循环系统以及综合系统等，多种多元化的系统结构以各种各样的方式结合，构成了种类繁多的系统。

过程系统中的工艺流程存在着较大的不确定性，正因为物质性质丰富多样，同一种原料会因不同的影响因子而发生不同的变化，同一种产品也可以通过不同的流程来制造，这样的多元化也催生了生产的多样性，多元化使得我们生活中充斥着丰富多样的物质，共同构建了这个多姿多彩的世界。

当我们欣赏到化工系统工程多元之美时，也可以联想到人生的多样性。人与社会之间有着千丝万缕的联系，每个人都在为实现自我价值而奋斗着，每一个生命个体都有其独特的成长环境和生活经历，这就是我们所说的多重性。人的一生往往会面临各式各样的选择和岔路，选择不同，道路不同，路途上的风景也有所不同，最终的结果也各式各样。然而不管做了怎样的选择，沿途的风景都是独一无二的，为我们带来了独属于自己的体验，也正是这样的多样性，才塑造了我们这样独特且与众不同的个体。

12.3 环境安全美

环境安全反映了人与环境之间的和谐关系，它是基于适应性生存的前提而建立的。在人类的发展历程中，人类与那些威胁环境安全的灾难之间的斗争是长期存在的。因此，研究灾害对环境的影响以及灾害与环境安全的关系具有重要意义。目前，由人类发展引发的人为灾害正在对环境安全构成严重的威胁。关于人类是否会因其自身发展的文明而走向灭亡，以及如何防止自身的灭亡，已经变成了一个值得人们深入思考和解答的重要问题。

12.3.1 环境安全美的内涵

有数据显示，97%的有毒有害废弃物产生于化学工业与核工业。随着我国经济发展速度不断加快，化工生产规模也不断扩大，这给生态环境及人类生活带来了严重的污染和破坏。因此在化工流程设计中，通常会权衡化工生产给环境带来的影响。

环境安全也一直是化工企业的核心关注点。环境安全问题是化工生产中的关键问题，更是必要问题，所有化工生产过程的设计都要考虑环境安全问题，如果环境与安全无法保证，所有设计都会变为空谈，无法真正落实。化工厂应当将环境安全问题摆在首要位置、关键位置，保障工人安全，保证“三废”达到排放标准。

化工生产过程中必须严格遵守环境安全排放标准，贯彻“安全第一、预防为主、综合治理”的生产方针，高度重视环境保护，并将减少污染物排放作为首要任务。归根到底，这是对自然美的追求，对人与自然相处的和谐之美的追求（图 12-3)。

图 12-3 维护国家环境安全海报

总而言之，环境安全美的内涵包括对自然环境和人类健康的深刻关怀，它体现了可持续发展理念和对生态系统的保护。在环境设计和工程中，要追求减少污染、节约资源、提高能源效率，强调人与自然和谐共存的重要性。通过使用绿色技术和可再生资源，减少对环境的负面影响，这不仅保护了生态多样性，还为未来世代创造了一个可持续的生活环境。同时，环境安全美还包括创建健康、舒适的居住和工作环境，确保空气、水和土壤的清洁，为人们提供高质量的生活空间。这种对环境和安全的综合考虑，不仅仅是对当下生活质量的提升，更是对未来的责任和承诺，展示了科学、伦理和美学的高度统一。

12.3.2 化工过程分析与合成课程中的环境安全美

（1）中国石化扬子石油化工有限公司夯实安全生产基础

中国石化扬子石油化工有限公司在《2022年扬子石化履行社会责任报告》中表示，将进一步重视学习安全生产并确保执行，推广有感知的领导方式，评价基层领导人员的HSE履职能力，加强全员参与意识，常态化制度化“两学一做”，实施HSE体系要素化管理，启动安全生产标准化一级企业创建行动，制订安全管理硬措施并整改安全审计、督导问题。

扬子石化实施HSE管理体系，确立了环境安全的重要地位，贯彻落实了保护环境、保障人员安全的责任制，企业上下通力合作，使得生产系统化、制度化、规范化、科学化，保障企业平稳发展，规避事故风险。

尊重自然，也是尊重生命，保护环境的同时也是在保护每个人的生命安全。有了安全，才有发展。扬子石化深谙这一道理，并给予高度重视，在安全方面严格要求，严格监督，正因如此，扬子石化才能得以蒸蒸日上的发展。

人与自然之间的纽带与相互之间的影响是自古以来的重要命题，扬子石化以自身严格的管控回答了这一问题，同时也得到了正向的反馈。了解扬子石化在环境安全方面的举措，我们可以感受到生产与环境之间紧密的联系，以及其中的美学元素，生产与环境从来不是独立的命题，二者互相制约，又和谐共生。

（2）高校参与化工产业安全环保整治提升攻坚行动

事实上，环境不只受到化工厂“三废”排放的影响，也受到各高校实验室实验废物排放的影响。高校应严格管控实验室的废物排放，从根源杜绝问题，不能因为实验产生的废物量相对较少就轻视环境问题，相关部门还应将环境与安全问题摆在首位，对实验全程重点关注，以促进校园实验室相关的环境安全问题得到改善，从而体现化工环境安全美。

（3）中石化绿色企业行动计划

2022年，中国石化在推进“绿色企业行动计划”方面采取了多项措施，关注基层需求，致力于绿色基层建设，为绿色发展奠定了坚实基础。通过实施清洁能源、绿色产品、资源能源有效利用、污染物排放、温室气体排放和绿化等项目，已取得初步成效。截至2022年底，中国石化成功创建了114家绿色企业，并完成了1.99万个绿色基层单位的创建，达到了年度目标。12家企业获得了“中国石化绿色企业”的荣誉称号，也展现出对自然美的热爱。

“绿色企业行动计划”以“奉献清洁能源，践行绿色发展”为理念，在化工生产的各方面渗透绿色思想，贯彻始终。中国石化持续推进绿色企业行动计划，贯彻落实清洁生产，严格把控化工生产中的每一步，针对环境安全问题给出了自己的解决方案（图 12-4）。

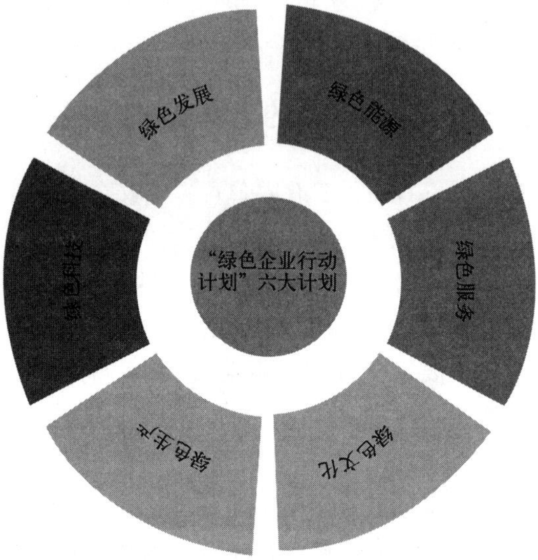

图 12-4　绿色企业行动计划

通过以上的例子，我们可以清晰地认识到，在化工行业，对环境安全问题的重视已经成为必然趋势。众多企业和化工厂在发展过程中不断优化生产“三废”的处理工艺，不断寻求降低生产危险性和环境破坏的途径。

民众以危险性了解化工，同时对化工生产流程中的废弃物颇有微词，但化工作为发展国民经济的支柱产业，在人的衣食住行方面都起着重要作用，没有化工人类生活只会大大受限，因此化工在生活中的重要作用与潜在的危险性形成了一种矛盾。

正如前文所述，安全是发展的前提。这就好比数字中，没有最前面的“1”，再加上多少个“0”也没有意义一样。如果没有安全的基础，化工厂再拥有多少原料、采用多新颖的技术都无法为社会带来真正的利益。

因此，化工行业的从业者都应当深刻认识到这一问题，并将减轻化工生产危险视为每个化工人的责任。他们应该夯实安全的基础，做好生产的准备和收尾工作，这样才能确保化工的“1”处于稳固地位。只有在此基础上，他们才能不断探索新的可能性，为社会创造更多的价值。

类比数字中 1 与 0 的关系，我们更加深刻地理解了环境与安全对于化工行业的重要性。这不仅是对环境与安全的关注，更是对美育理念的体现。并且只有在追求美的过程中，我们才能真正地理解、尊重并保护我们的环境和生活。

12.4　道德精神美

道德，是社会意识形态之一，是人们共同生活及其行为的准则和规范。道德通过社会的或一定阶级的舆论对社会生活起约束作用。

12.4.1 道德精神美的内涵

当今社会对于工程师而言，工程设计能力不再是唯一的评价标准，道德精神逐渐成为新的评价标准，并受到业界与公众的广泛重视。道德对人的行为规范起到了一定的约束作用，使得企业与工程师个人的行为受到道德限制。秉承着道德精神所完成的事业，从而促进自然环境与人类社会和谐共生，充分散发着美的气息。道德精神美表现为一种深刻的情感共鸣和内心满足。当我们看到他人因为坚守道德原则而无私奉献时，我们会被其高尚的品格打动，产生深深的敬佩之情。这种情感共鸣让我们体会到道德精神美的魅力，也让我们更加珍视和追求这种美。

同时，道德精神美还表现为一种内心的平静和安宁。在面对复杂的人际关系和纷扰的世事时，那些拥有高尚道德精神的人，能够保持内心的平和与坚定，不为外界所动摇。这种内心的平静和安宁，不仅让他们自身感到愉悦和满足，也会让周围的人感受到一种正能量和积极向上的氛围。

在追求道德精神美的过程中，我们不仅能够提升自己的品格和修养，也能够为社会传递正能量并营造积极向上的氛围。

12.4.2 化工过程分析与合成课程中的道德精神美

（1）科学家的道德精神美

刘若庄，我国著名物理化学家、中国计算化学的奠基人、中国科学院院士、北京师范大学化学学院教授。

在教材、教师都极度缺乏的情况下，他完全依靠自己的力量，编写教材、请各种地方的老师来教学，这使得量子化学研究室一开始就以高起点开展教学和科研工作，在研究室教学中也逐渐形成了理论与实践相结合、占领学术制高点的人才培养模式。他创立的研究室也成为中国运用量子化学手段研究实际化学体系的重要基地，兼中国理论化学对外联系的重要窗口之一。

刘若庄自小就养成质朴、笃实的品格，在父亲“无一日不读书”文人情怀的潜移默化和母亲严厉的教育影响下，刘若庄养成了一生保持阅读的习惯，读书就此成为他生命中不可分割的一部分，也为他日后开展科研工作提供了有力后盾。同时，父母诚实做人、认真做事的精神更让刘若庄印象深刻，成为其做人的毕生追求。刘若庄这种质朴、笃实的精神，正是我们要学习的榜样，正是美好道德的实例。

无论什么行业，对高尚的道德精神的追求都是至关重要的。在化工领域，科学家们这种高尚的道德精神体现在对数据的准确性和实验的可重复性的不懈追求，以及对创新和问题解决的不懈努力。化工工作者需要具备严谨的逻辑思维和实验技能，以应对复杂的化学反应和工艺流程，从而为社会提供更安全、更可持续的产品和解决方案。

科学家勇攀高峰、敢为人先的创新精神给化工行业带来了无限活力，无穷无尽的化学变化给了我们无数美的想象；追求真理、严谨求学的求实精神使得化工流程设计从纸面落到实际，否决了空谈的科学理论；淡泊名利、潜心研究的奉献精神则推动着科学家们在探索未知领域时不畏艰险，不断突破自我，为人类文明进步做出不懈的努力。

科学家高尚的道德精神给人的感受是多元而深刻的。这种美感不仅源自对知识的渴望与追求，更在于科学家们对于未知世界的探索、对于真理的坚守和对于创新的执着。

首先，科学家高尚的道德精神展现了一种深邃的美感。他们像探险家一样，深入到自然界的每一个角落，寻找着那些不为人知的秘密。这种对未知的渴望和勇气，就像一首壮丽的史诗，让人感受到一种震撼心灵的力量。

其次，科学家高尚的道德精神体现了精确和严谨的美感。科学家们对待每一个实验、每一个数据都极其认真，他们追求的是真理的精确和严谨。这种对待科学的态度，就像一座精致的雕塑，每一个细节都经过精心打磨，让人感受到一种完美的艺术感。

最后，科学家高尚的道德精神也传达了一种对社会的责任感和使命感。他们不仅追求个人的成就和荣誉，更关注科学对于社会的影响和贡献。这种责任感和使命感，就像一首悠扬的交响乐，让人感受到一种崇高的情感和追求。

总之，科学家高尚的道德精神给人的感受是复杂而深刻的。它既有深邃的探索之美、精确和严谨的科学之美，又有创新和挑战的生命之美以及对社会的责任和使命之美。这种美感不仅激励着我们追求知识、探索未知，更让我们感受到了一种对生命和社会的热爱和关怀。

(2) 工程伦理美

时代的发展伴随着化工生产水平的提高，化工在生产生活中的需求逐渐增多，地位也逐渐稳固，但是发展的同时也带来了问题与隐患，化工生产伴随的事故加深了人们对化工行业的偏见。

偏见产生的原因主要有两个：一方面是公众对化工行业知之甚少，未知性将民众的恐惧放大，但究其根本是因为化工行业本身就具有极大的不稳定性，并且在化工过程中的任何微小变化都会带来巨大的改变；另一方面是高校对工程伦理教育力度不足，这也导致未来工程师对一些工厂问题的解决不够谨慎，部分企业更是以经济要素为重，忽视工程安全与环境污染，要从根本上杜绝这种思想，应该从高校工程伦理教育抓起。

化工行业的支柱是化学工程知识和对于物质性质的了解，而工程伦理是化工行业的基石，正所谓“万丈高楼平地起”，轻视工程伦理问题，企业就无法站稳脚跟，在此基础上建设的任何生产流程都摇摇欲坠。工程伦理教育是专业课教育与伦理教育的结合，在传统工业注重科学技术的基础上，对行业工程师施加了限制，企业必须以伦理道德为基础，重视工程伦理问题，辅以优秀的工程设计，用正确的方法促进企业发展。

化工行业人员应当培养心怀祖国、服务人民的爱国精神，勇攀高峰、敢为人先的创新精神，追求真理、严谨治学的求实精神，淡泊名利、潜心研究的奉献精神，集智攻关、团结协作的协同精神，以及甘为人梯、奖掖后学的育人精神。只有加强化工行业的伦理意识，才能从根本上改变行业现状，改变民众对化工行业的刻板印象，消除民众的偏见，人民才能理智地看待化工的作用。

工程伦理美并非传统意义上的视觉或艺术美感，而是一种内在的道德和理性的美感。例如，工程伦理强调工程师在从事工程活动时应遵循的道德规范和原则。当工程师能够坚守道德底线、尊重人权、保护环境、确保工程质量和安全时，他们的行为就会展现出一种道德美感。这种美感不仅体现在个人的道德修养上，也体现在整个工程行业的道德风尚上。

又如，工程伦理要求工程师在决策和行动时要保持理性，遵循科学原则，尊重事实和数据。当工程师能够以科学的态度和方法解决工程问题时，他们的行为就会展现出一种理性美感。这种美感体现了工程师对知识的追求、对真理的热爱以及对科学的尊重。

此外，工程伦理强调工程师要对社会、环境和公众利益负责。当工程师能够承担起自己的责任、积极应对挑战、勇于承担责任时，他们的行为就会展现出一种责任感。这种美感体现了工程师对社会的关怀、对环境的尊重以及对公众利益的重视。

总之，工程伦理给人带来的美感是一种内在的道德和理性的美感，它体现了工程师在从事工程活动时应遵循的道德规范和原则，以及对社会、环境和自然的关怀和尊重。这种美感不仅有助于提升工程师的个人素养和道德水平，也有助于推动整个工程行业的健康发展。

12.5 曲线分析美

曲线图是一类常见的研究工具，用于分析物品的组成、评估当前的流程，以达到找出更加合适的流程设计的目的。通过曲线图，我们可以更直观地看到实验分析数据，这有助于评定方案的可行性并进行优化。

12.5.1 曲线分析美的内涵

曲线图将生硬的数据整合进一张图中，合理规划纵横轴，以曲线的形式美观、清楚、均衡地表达，将复杂的数据简单化，使得数据变化清晰直观，便于资料整合与旁人理解。曲线图简洁之中又不缺乏美感，绘出的曲线横纵变化明显，让人赏心悦目的同时又给人的工作带来便利，是自身美与简洁美的结合。

12.5.2 化工过程分析与合成课程中的曲线分析美

(1) 曲线的简洁美

在化工课程学习过程中，我们常常会用到简洁曲线图来对数据进行分析，例如残余曲线和精馏曲线。

残余曲线一般用在间歇蒸馏过程中，其中表示蒸馏釜内剩余液体浓度随时间变化的曲线，其箭头的方向为温度升高的方向，也是时间增加的方向。

而精馏曲线常用作精馏塔负荷曲线，通常是气相上限在下、液泛线在上。如果计算结果是气相上限在上、液泛线在下，那么在气相下限与气相上限、液泛线与气相上限之间的区域以及气相上限以上的区域分别表示精馏塔处于什么工作状态。在这两个例子中，曲线直观地将计算结果表达出来，一目了然。

曲线图将一系列复杂无章法的数据整合，再清晰地反映出来，让数据直观也美观地展现在我们面前，为我们的学习研究提供了便利，曲线图的广泛应用让各种学科、行业中一些复杂的问题得以简化，为很多工作提供了帮助。

再着眼于我们的日常生活，我们在进行数据统计、总结时也会用到曲线图，不仅可以将数据有序地整理在一张图像中，也可以清晰地观察到它的规律与变化趋势，例如，我们在学习生活中，有时会将自己的成绩以折线图的形式汇总，既能很直观地看到自己的成绩水平，也能看出自己成绩的起伏变化，以便于针对未来学习生活做好查漏补缺，制订规划。将曲线分析应用于生活各个方面，让我们的生活更加便捷美好。

(2) 曲线的自身美

曲线本身也是一种美。曲线描述的是在特定条件下移动的点的路径，这使得曲线展现出柔和和温和的特质。在绘画中我们常常可以见到一些优美而富有表现力的曲线，这些曲线往往给人以和谐与柔和的美感，给人带来愉悦之情。由于曲线是人体的主要结构线条，当人们看到曲线时，自然会联想到人体的流畅、舒展、起伏变化和生动活泼的感觉，因此曲线是一种柔美的线条。曲线的美在于它是变幻万千的，它能够给人一种直观的视觉享受，因此，曲线常常会被用在建筑、艺术、摄影中，同时，曲线的融入也给予了这些设计以灵感。

跟直线相比较，曲线更流畅、舒适、使人感到亲切。同时，曲线图还能让人感受到变化的韵律之美（图 12-5）。

图 12-5 曲线建筑

它的应用也不只在化工过程分析与合成课程中，数学、物理等课程都会用到曲线图来简化思路、降低问题难度，使得所研究的现象、事例过程、数据更加清晰直观，为一些专业性问题的研究提供了极大的帮助。

12.6 学科交叉美

学科交叉美在 10.2 节已做过简单阐述，这里我们可以从另一个角度理解这种美。

学科交叉是指学科之间的交融和融合，逐步孕育出一系列交叉学科，这些交叉学科的壮大极大地促进了科学的进步及其向综合性方向的发展。在新时代，加强各学科交叉是我国创新驱动战略实施过程中必须重视的一个问题。学科之间的交融，首先为我们提供了更为丰富的理论支撑和观点，从而更容易产出有创意的研究想法。其次，通过有效地调整学科结构，我们可以通过学科教育来培育出满足社会需求的专业人才。

在化工过程分析与合成的学习过程中，我们经常需要借助其他学科的专业知识来解决一些棘手的难题。利用学科交叉的思维方式，不仅让我们更容易地了解实验现象、数据以及流程中的信息，还能起到复杂问题简单化的效果。

过程系统工程的三次飞跃就是学科交叉美在化工专业的一项重大应用。在学科交叉理念的指导下，它逐步进化为化学工程与系统工程、运筹学、数值方法、过程控制理论的融合（图 12-6）。

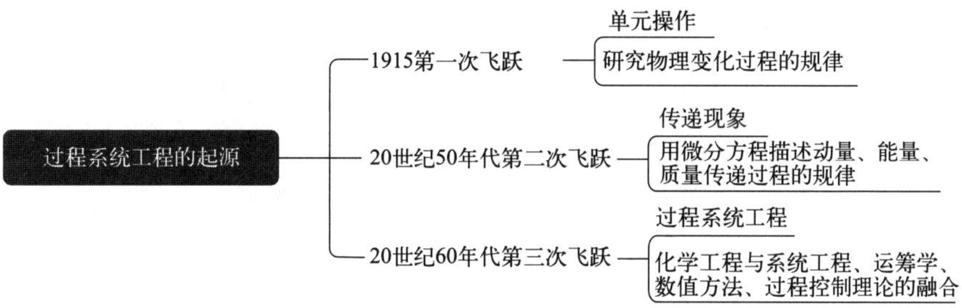

图 12-6　过程系统工程的起源

以 Aspen 模拟技术为例，它是化工过程分析与合成课程与计算机课程的融合，通过绘制详细的平面图，我们可以清晰地看到化工实验的整个流程，这为我们提供了一个可以应用所学理论知识解决实际工程问题的操作平台，把我们的想法有效地具象化，清晰直观地展现在面前。借助 Aspen 模拟技术，我们能够模拟实际工厂生产中难以达到的各种条件和流程，这有助于我们更为明确地评估和优化所设计的流程。

在化工流程设计与分析中，也常常伴随着数据的整理、计算和分析，这就涉及化工过程分析与合成课程与数学的交叉结合。我们在学习化工过程分析与合成的过程中，不仅运用数学计算知识与技巧进行数据的分析处理，还采用了数学课程中的图像分析法，绘制曲线图、流程图等多种图像，使数据更加直观清晰、易于观察理解，同时也方便了我们的处理与分析。

在化工专业课程学习中，我们也会在 Aspen 等软件上绘制化学工艺学流程示意图，这是化工与计算机的融合（图 12-7）。

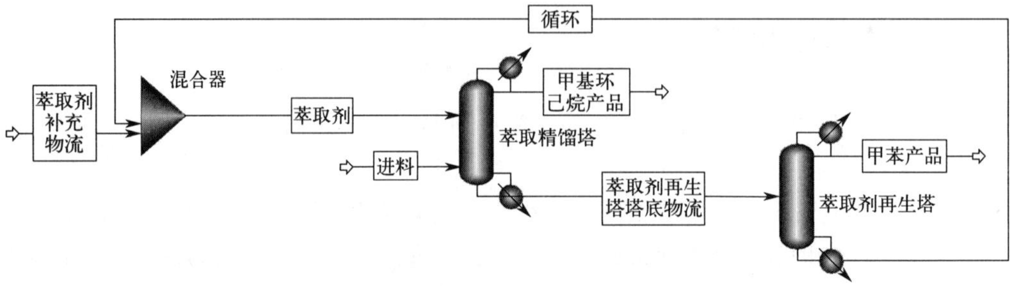

图 12-7　Aspen 流程图

在我们漫长的学习生活中，常常会出现学科交叉的情况。事实上，知识并不是一个个单独的模块，而是互相联结的。我们在学习某一课程时，也不能死板地局限自己的思想，而是要将多个学科的知识串联起来，巧妙利用自己所学的多方面专业知识，解决各种复杂的问题。学科之间的交叉，大大激发了人的创造力，使得很多看似复杂的问题在多学科交叉之下迎刃而解，展现出智慧之美。

12.7 工程思维美

科学的精髓在于探索，而工程的真正意义在于实践。

工程思维是一种以价值观念为核心的构建性、创造性思维，其目标是通过追求效率来形成价值。以灵感为始基，研制项目，开发产品，最终走向市场，直到获得成功(图 12-8)。

图 12-8　工程思维发挥作用的流程

12.7.1 工程思维美的内涵

工程思维相较于科学思维最大的区别就是实际工程中的可行性，化工行业的流程设计最终是要落到实处，投入实际生产中的，我们在关注流程在理论上理想化的同时更要重视工程的可行性，设计出的工程必须是可实现的，必须在实际生产中具备合理性。

从现实性层面来看，工程思维适应于人的生存与发展需求，是一种实现现实性构建人工世界的途径与方法，属于实际存在和人类世界思维活动的范畴。相对于科学思维，工程思维主要是解决具体问题，满足现实中人的需求，更加体现出一种现实主义美。

工程思维美的内涵可以从多个方面来理解，它体现了逻辑与秩序之美、创新与创造之美、功能与实用之美、精确与严谨之美、协调与整体之美以及可持续与环保之美。工程思维强调逻辑性和有序性，通过系统化的思考和计划有条不紊地解决复杂问题，这种逻辑和秩序感带来了独特的美感。在面对技术挑战时，工程师需要突破传统思维，提出创新性的解决方案，体现出创造力和创新精神的美。此外，工程设计不仅追求美观，还注重功能性和实用性，通过合理的设计实现高效、经济和安全的目标，这种功能与实用性的结合本身就是一种美。高度的精确和严谨是工程学科的要求，从数据分析到设计执行，每一步都需要细致入微，展示了科学和艺术的结合之美。工程项目通常涉及多学科、多领域的协调与合作，通过系统化的整合和优化实现各个部分的和谐统一，这种协调和整体性带来了宏观上的美感。现代工程越来越重视可持续发展，通过绿色技术和环保设计追求对自然环境的最小影响，这种可持续与环保理念的融合，体现了工程思维的社会责任感和未来导向美。工程思维美不仅仅是技术和科学的美，它还包含了人文关怀、创新精神和社会责任感，形成了一种综合性的美学体验。

12.7.2 化工过程分析与合成课程中的工程思维美

在进行换热网络设计时，我们需要综合考虑能量利用与投资费用，既要做到投资费用小，能量利用率又要达到最大，也要让设计方案切实可行。最小投资费用网络（图 12-9）和最小能量费用网络（图 12-10），这两种都不是最佳方案。真正的最佳换热网络既考虑设备费用，又考虑能量利用，达到了最小投资的最佳换热，让方案切实可行，这就是工程思维美的体现（图 12-11）。

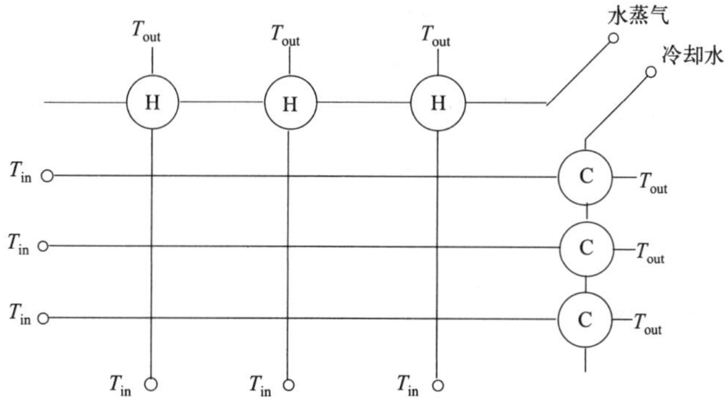

图 12-9 最小投资费用网络图

H—热流股；C—冷流股

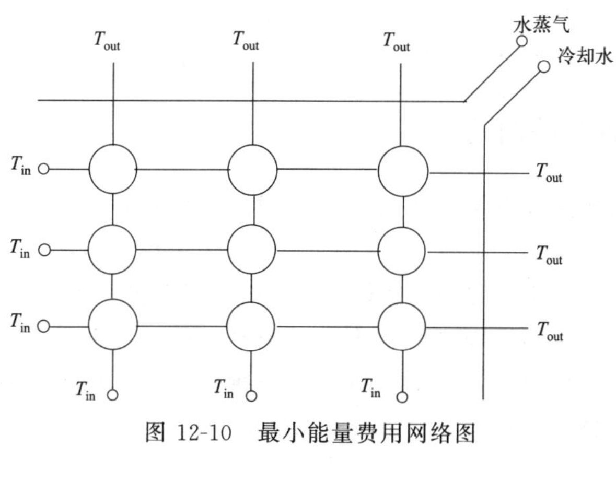

图 12-10 最小能量费用网络图

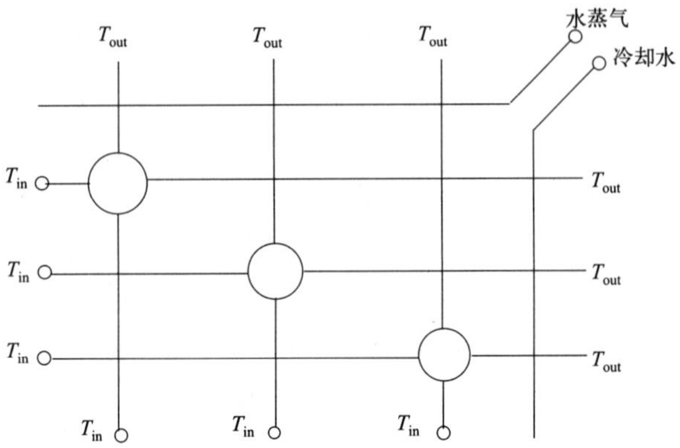

图 12-11 最小投资费用最佳换热网络图

科学思考的途径可以分为三个主要阶段：个体的抽象、局部的抽象以及整体的抽象。技术思维可以被视为一个整体的抽象过程，首先是对原理的深入分析，接着是对特定技术的分析，即对原始技术的探讨，最后是对各种技术方法的整合和完善。工程思维的路径可以理解为局部的抽象思考，它实质上是将某一理念和任务转化为整体的具体实践、行动策略和方案构建，这是一个将观念和思维转变为特定的人工系统的有创意的实践活动。与科学思维相比，工程思维更具实用价值。工程思维从现实情况出发，结合当下的现实因素，以工程可行性与合理性为宗旨，设计出一个充满了现实主义美的工艺流程。工程思维是科学思维与实际的桥梁，工程思维不追求极致完美的东西，它追求的是现实可用的东西，以便满足我们的现实需求。因此，在我们的日常生活中，每个人都应当融入一些工程的思考方式，工程的思维方式使我们能够在极短的时期内实现最大的效益。工程的核心在于实现，它代表了一种现实主义的审美追求。

12.8 顺序规则美

顺序规则美是美学中的一个重要概念，指的是将不同元素按照一定的规律排列，使得整体呈现出和谐、有序、统一的美感。将化工过程分析与合成和顺序规则美结合在一起，可以让我们更好地理解顺序美学的理念，从而将其与化工过程分析与合成学习过程相结合，优化我们设计出的流程。

12.8.1 顺序规则美的内涵

顺序规则美强调了整体与各部分间的紧密联系，在一个完整的体系里，各部分间的互动应当是和谐、有序的，并且在大小、形状、色彩和质感上都应遵循特定的组合原则，以确保整体展现出统一且和谐的审美效果。

接下来，顺序规则美也着重强调元素间的相互联系。在一个有组织的结构中，各种元素应根据特定的规则和次序进行组合，确保整体的完整性，同时也保留其独特性，使得整个系统既有条理又和谐统一。

因此顺序规则美是指在一个整体中，通过有机的部分之间的关系、元素之间的关系、适度的不规则和变化以及对比和平衡等因素的有序组合，使得整体呈现出和谐、有序、统一的美感。

12.8.2 化工过程分析与合成课程中的顺序规则美

化工过程的优化和设计需要遵循一定的规则和顺序，才能保证工艺的稳定和高效。例如，在设计化工反应器时，首先需要确定反应的机理和动力学，然后选择合适的反应器类型、尺寸和操作条件，最终达到理想的反应效果，这种设计过程就符合了顺序规则美的要求（图 12-12）。

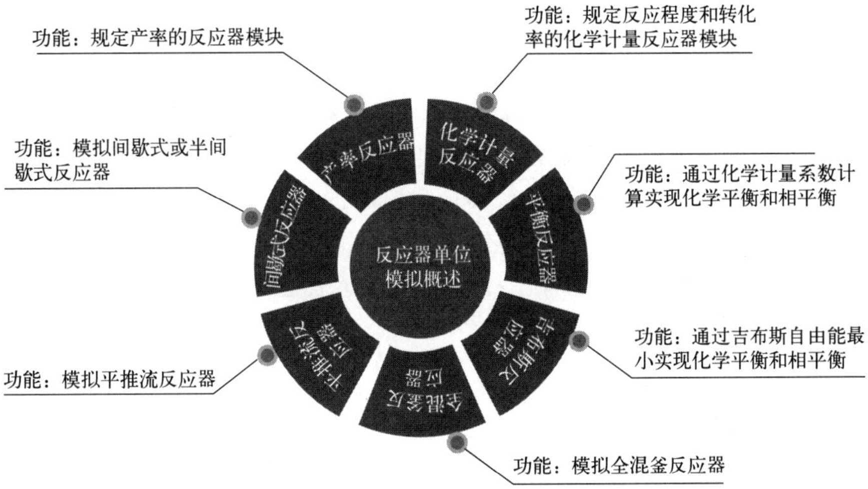

图 12-12　反应器单元概述图

同时，分离序列的合成也可以体现顺序规则美。

分离序列合成问题的核心是：在确定了进料流股的状态（如流量、温度、压力和成分）以及分离产品的具体要求后，有系统地制订分离策略，以实现总成本的最小化。

在化工生产过程中，蒸馏分离技术是一种经常被采用的分离手段。在蒸馏的过程当中，各种成分的沸点各不相同，因此，我们可以通过对混合物进行加热，使其某一部分开始沸腾并蒸发，接着把蒸发出的气体冷凝回液态，从而达到分离的目的。在蒸馏分离过程中，为了实现最佳的分离效果和工艺经济性，需要综合考虑不同组分沸点的差异、蒸馏塔的设计以及操作参数等多个因素。同理，在萃取分离过程中，合成分离序列时需要综合考虑萃取剂的种类、用量以及溶液的 pH 值等多个因素，以及后续的处理步骤，例如溶剂回收和废弃物处理等（图 12-13）。

因此，在分离序列的合成中，设计者需要遵循这些规则和原则，以构建一个合理、高效、可控的分离序列。这样，分离序列的合成就体现出了“顺序规则美”的概念，同时也能够为化工过程的优化和升级提供重要的参考和指导。

排列的顺序也是美的一种体现。在进行软件编程的过程中，各种不同的代

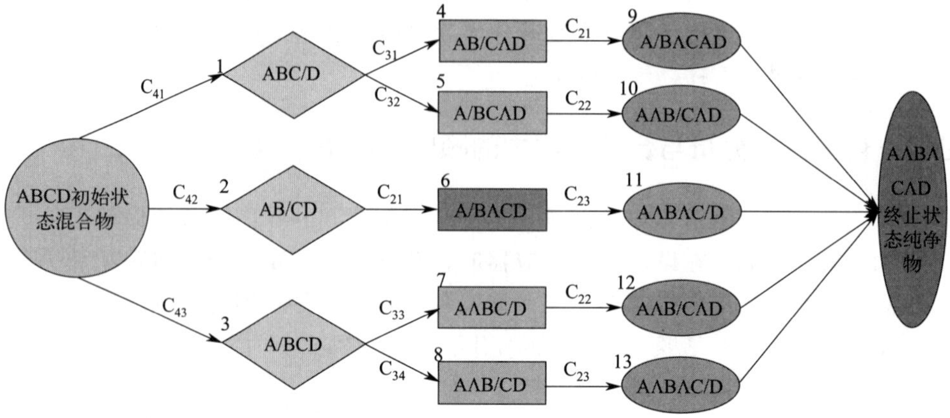

图 12-13　混合物分离流程图例

码需要遵循特定的顺序和逻辑联系来编写，以确保程序能够正确地执行。这些编写代码的规则和原则就是顺序规则美的一种体现。在建筑设计中，建筑师需要按照一定的顺序和逻辑关系设计建筑物的不同部分，以实现建筑物的美观、实用和安全。在音乐创作中，不同的音符和旋律需要按照一定的顺序和逻辑关系排列，以实现音乐的和谐、节奏感和情感表达。这些排列规则和原则同样是顺序规则美的一种体现。

12.9　创新思维美

伴随着物质性质的多样性，化工的知识内容也相当丰富、变化多样，流程设计更不是简单的反应拼凑，而是综合多方面的因素设计出的最合理的流程线，正因流程设计的门槛和要求，创新思维是化工行业必不可少的一部分。只有具有创新能力的人才能在工艺流程上有自己的想法，依靠这些想法来优化和改进，设计出高完成度的流程。

12.9.1　创新思维美的内涵

化工工艺生产流程需要在千变万化的反应思路中进行筛选、突破，只有具备创新思维，才能寻找到真正合适的生产方式，才能在当下的工艺现状中寻得突破。创新思维美在化工行业中主要就体现在工艺流程中，设计者利用创新思维，不断提出新的生产方式，突破当下的理论桎梏，体现出了创新美。

12.9.2　化工过程分析与合成课程中的创新思维美

设计化工工艺流程，是要从千万种可能中找到最优方案，这种甄别过程中最重要的便是创新思维。设计是在创新思维的基础上建立的，没有创新思维就无法在物质的万千性质中筛选出最为合理的合成思路，更无法寻找、设计和优化路径，只能在前人的基础上借鉴模仿，创造不出新的反应路线。

例如，在化学工业的生产过程中，为了实现特定的转化效率和提高选择性，常常需要使用高效的催化剂。化工工程师运用创新思维，不断地探索新型的催化剂，并对其进行深入的分析和优化，目的是提升反应的效率并减少能源消耗。

工艺流程的设计，流程运行过程中的改进、优化，都离不开设计者的创新思维，创新思维贯穿了整个流程设计的过程，是流程设计的支柱。带着创新思维看世界，不论是化工工艺流程，还是生活，都要站在创新的角度，开辟新的道路，这才是对创新思维的贯彻。

在化工过程分析与合成课程中，我们不仅在学习过程中体验到美学的思维方式，而且这种美学观念是普遍存在于课程中的，几乎无所不在。同样地，学习化工过程分析与合成也是一种美学感悟的学习。美并不是孤立存在的，而是与其他事物共同存在时所展现的独特性质。

思考题

1. 结合系统工程整体美的理念，试着思考你与群体的关系。

2. 举出几个可以在流程上体现环境安全美的实验例子。

3. 结合化工专业，谈谈你对道德精神美的认识。

4. 通过本章学习，思考人们对化工行业产生偏见的其他原因。

5. 除了残余曲线和精馏曲线，再举出一个简洁美观的曲线图，并阐述它的含义。

6. 举一个涉及学科交叉的化工实验案例。

7. 科赫雪花是基于科赫曲线的一种变体，因其形状与自然界雪花相似而得名。它体现了哪些方面的美?

8. 假设你是一名化学工程师，当你被要求设计一种全新的化妆品成分时，你认为该成分至少需要具有哪些特性?

9. 运用工程思维，考虑如何设计和开发一种化妆品成分。从原材料的选取、生产工艺、质量控制三个方面阐述你的想法。

10. 当你考虑化工过程中的顺序规则美时，你会如何将这一美学概念融入实验室装置的布局中？思考一下实验室布局的思路，使得设备、试剂和工作空间的排列方式呈现出一种整齐有序的美感。可以考虑设备摆放的顺序、色彩搭配或者标识设计等方面。

11. 在化工领域中，创新思维是如何与美学相结合的？提供几个化工领域的实际案例，并解释这些案例如何展现了创新思维与美的关联。

本章DIY

1. 分形几何模型制作

所需材料：纸板、剪刀、胶水、彩色纸。

步骤：

(1) 准备一些分形几何的模型图纸，例如三角形分形、谢尔宾斯基三角形等。

(2) 使用纸板剪出模型所需的形状，并按照指导将它们组装起来。

(3) 在模型上加入一些化工过程的元素，例如用彩色纸表示不同的反应物或产物。

(4) 展示模型，并讨论其中的分形几何美与化工过程的联系。

2. 分形几何素材拼贴

所需材料：杂志、彩色纸、剪刀、胶水。

步骤：

(1) 准备一些杂志、彩色纸等材料。

(2) 从准备的材料中剪切出分形几何形状，并将它们组合成一个拼贴作品。

(3) 在拼贴作品中加入化工过程的图像或符号，以展示化学合成与分形几何的联系。

(4) 分享作品，并解释其中的设计理念和美学思考。

3. 分形几何晶体制作

所需材料：硼酸、热水、玻璃容器、线、色素（可选）。

步骤：

(1) 学习晶体的形成原理，并探讨晶体中可能存在的分形几何结构。

(2) 将硼酸溶解在热水中，制备饱和溶液。

(3) 将线缠绕在小木棍或笔上，形成晶体生长的“种子”。

(4) 将“种子”悬挂在玻璃容器中的溶液中，让晶体逐渐生长。如果有兴趣，可以在溶液中加入色素，观察晶体生长的过程。

(5) 观察并记录晶体的形态，比较它们与分形几何的相似性。

4. 探究顺序对化学反应颜色的影响

在化学反应中，反应物加入的顺序可能会影响反应过程中的颜色变化。设计一个简单的实验，观察不同的反应物加入顺序对颜色变化的影响。

步骤：

(1) 选择反应物：取氢氧化钠（NaOH）溶液和酚酞指示剂溶液。

(2) 设计实验：

方案 A：先加入氢氧化钠溶液，再滴加酚酞指示剂。

方案 B：先加入酚酞指示剂，再滴加氢氧化钠溶液。

(3) 进行实验：

观察并记录每种方案中溶液颜色的变化。

(4) 结果分析：

比较不同顺序下颜色变化的差异。

讨论哪个顺序的颜色变化更明显或更美观，并解释原因。

5. 探索创新思维美在化工中的应用——用植物提取天然染料

(1) 选择植物材料：选择一些常见的植物材料，例如红甜菜（提供红色染料）和红卷心菜（提供紫色染料）。

(2) 设计提取方案：

方案 A：用传统方法提取。将植物材料切碎。放入水中煮沸，直到颜色释放到水中。过滤得到染料溶液。

方案 B：用创新方法提取。将植物材料切碎并放入容器中。加入少量乙醇（或其他环保溶剂）并搅拌。通过超声波处理或微波加热，加速染料释放。过滤得到染料溶液。

(3) 进行实验：记录两种方法的提取时间、染料颜色的浓度和纯度。

(4) 结果分析：比较两种方法的效率（提取时间、染料浓度）和环保性。观察和比较染料颜色的美观度。讨论创新方法在提高效率和美观度方面的优势。

(5) 创意展示：用照片或图表展示两种方法提取的染料颜色和浓度对比。用简洁的文字描述创新方法的美学和实用性。

美学作品赏析

伦勃朗《浪子回头》

扫码阅读彩图

高尔基说过：“你不能失去信仰，不能因为怀疑而毁灭那伟大的爱。”《浪子回头》创作于伦勃朗爱子病故的第二年——1688年，是伦勃朗一生中最后的创作。该画以《圣经》中路加福音里浪子的故事为蓝本：一个孩子要求父亲将属于自己的一份家产分给自己，而孩子拿到家产后就离开了家，将家产挥霍一空后，饱受贫穷饥饿之苦，突然醒悟，回到了家，甘愿作一个仆人。但他的父亲原谅宽恕了他，解释道：“因为我这个儿子，是死而复活、失而又得的。”画面所描绘的是小儿子回到家后父亲热情地拥抱他，欢迎他回家的场面。小儿子双膝跪地，忏悔地跪在父亲的面前。

伦勃朗在构造画面时没有将父亲和小儿子放在画面的中心位置，而是利用光照面积给人以视觉上的冲击，以凸显画面主题，由此来增加画面的戏剧效果。同时又给人以暗示，将父亲和小儿子与大儿子进行对比，体现出亲情的浓烈与冷淡。在颜色上整体画面灰暗，但父亲和他大儿子身着红色袍子，突出了他们俩的地位，又同时进行了对比。父亲对小儿子表现出了热情，而哥哥一脸怀疑和冷淡。各人物造型不一、神态不同，体现了各个人物的性格，将故事的主题体现得淋漓尽致。

文征明《惠山茶会图》

该画由明代画家文征明所作。描绘的是其好友蔡羽、汤珍等游览无锡惠山，饮茶赋诗的场景，创作这幅画时正值文征明九次乡试落第之时。该画以清丽山水为主，作家与友人在茂密松林之间攀谈，从这幅画中我们并没有感受到作者乡试落第的失望与沮丧，而是娴雅安然的气息，展现了作家乐观旷达的心态及与友人间的情谊之深。

克拉姆斯柯依《月夜》

“我能否将你比作夏天？你却比它更加可爱温婉。”莎士比亚的十四行诗其中一段诗句可与这幅佳作所描绘意境完美契合。这幅画在美术史上被称为“爱情诗”，它继承了俄罗斯艺术的民族性与文学性，叙述了一个美丽的故事。画面描绘了夏初的一个夜晚，一位身着白衣的女子，神色哀伤地斜倚靠在池塘边的长椅上；皎洁月光衣她以华裳，池塘泛起涟漪，映衬着洁白的睡莲和墨绿的菖蒲，枝头蔷薇初开，暗含幽香，参天大树隐秘于暗处，幽深神秘——这是一个多么静谧的夜晚啊！整体银灰色的色调奠定了画面的哀伤以及诗意的基调，环境的塑造与女子神态又是如此和谐，前者极好地为女子的形象平添一分幽邃，她凝视着池塘，是在因何事而哀愁？又或许是在思念着谁？

参考文献

[1] 刘建兰. 物理化学 [M]. 北京：化学工业出版社，2020.

[2] 管国锋，王磊. 化工原理 [M]. 5 版. 北京：化学工业出版社，2025.

[3] 冯新，宣爱国，周彩荣. 化工热力学 [M]. 2 版. 北京：化学工业出版社，2019.

[4] 陈涛，张国亮，范晓彬. 化工传递过程基础 [M]. 4 版. 北京：化学工业出版社，2024.

[5] 刘晓勤. 化学工艺学 [M]. 3 版. 北京：化学工业出版社，2021.

[6] 李绍芬，辛峰. 反应工程 [M]. 4 版. 北京：化学工业出版社，2013.

[7] 李国庭，崔群. 化工设计概论 [M]. 2 版. 北京：化学工业出版社，2015.

[8] 施云海. 化工热力学 [M]. 3 版. 上海：华东理工大学出版社，2022.

[9] 浙江大学，华东理工大学. 化学工艺学 [M]. 4 版. 北京：高等教育出版社，2025.

[10] 傅献彩. 物理化学：上 [M]. 北京：高等教育出版社，2005.

[11] 肖衍繁，李文斌. 物理化学 [M]. 天津：天津大学出版社，2004.

[12] 曾繁仁. 曾繁仁学术文集：第 3 卷：现代美育理论 [M]. 北京：人民出版社，2021.

[13] 杜卫. 美育论 [M]. 北京：教育科学出版社，2000.

[14] 陈炎，廖群. 中国审美文化中史：先秦卷 [M]. 济南：山东画报出版社，2000.

[15] 吴东胜. 美育通论 [M]. 广州：暨南大学出版社，2018.

[16] 赵伶俐，杨旬，齐颖华. 审美化教学原理与实践 [M]. 长春：吉林人民出版社，2005.

[17] 曾繁仁，潘黎勇. 中国美育思想通史：明代卷 [M]. 济南：山东人民出版社，2017.

[18] 赵伶俐. 人生价值的弘扬：当代美育新论 [M]. 北京：北京师范大学出版社，2016.

[19] 彭锋. 朱光潜“意象”概念的批判性分析 [J]. 首都师范大学学报（社会科学版）. 2024（01）：40-48.

[20] 叶朗. 美学原理 [M]. 北京：北京大学出版社，2009.

[21] 朱光潜. 谈美 [M]. 北京：中华书局，2010.

[22] 柳鸣九. 萨特研究 [M]. 北京：中国社会科学出版社，1978.

[23] 王静，朱逸茜，刘敬超. 建筑美学 [M]. 北京：清华大学出版社，2022.

[24] 张大均. 教育心理学 [M]. 北京：人民教育出版社，2004.

[25] 卢家楣. 情感教学心理学 [M]. 上海：上海教育出版社，2000.

[26] 杜卫. 美育学概论 [M]. 北京：高等教育出版社，1997.

[27] （德）席勒著，徐恒醇译. 美育书简 [M]. 北京：中国文联出版社，1984.

[28] 曾繁仁，高旭东. 审美教育新论 [M]. 北京：北京大学出版社，1997.

[29] 曾繁仁. 生态文明时代的美学探索 [M]. 济南：山东大学出版社，2013.

[30] 仇春霖，顾建华，王旭晓，等. 大学美育 [M]. 2 版. 北京：高等教育出版社，2005.

［31］ 孙荣春．大学美育［M］．苏州：苏州大学出版社，2007.
［32］ 陈元贵．大学美育［M］．北京：高等教育出版社，2014.
［33］ 高荆梅，马蕾．大学美育［M］．西安：西北工业大学出版社，2017.
［34］ 王德岩，王文革．大学美育讲义［M］.2版．北京：清华大学出版社，2017.
［35］ 姚军．大学美学［M］．北京：国防工业出版社，2010.
［36］ 教育部高等学校社会科学发展研究中心，吉林大学．中国美育年鉴2012［M］．北京：北京大学出版社，2013.